从零开始

Illustrator CC 2019 设计基础+商业设计实战

陈博 王斐 编著

人民邮电出版社
北京

图书在版编目（CIP）数据

从零开始 ： Illustrator CC 2019设计基础+商业设计实战 / 陈博，王斐编著. -- 北京 ： 人民邮电出版社，2020.1（2024.1重印）
ISBN 978-7-115-52228-3

Ⅰ. ①从… Ⅱ. ①陈… ②王… Ⅲ. ①图形软件 Ⅳ. ①TP391.412

中国版本图书馆CIP数据核字(2019)第223878号

内 容 提 要

本书是 Adobe 中国授权培训中心官方推荐教材，针对 Illustrator CC 2019 初学者，深入浅出地讲解软件的使用技巧，用实战案例进一步引导读者掌握软件的应用方法。

全书分为设计基础篇和设计实战篇，共 16 章。设计基础篇共 9 章，第 1 章主要讲解软件相关的基本概念和操作；第 2 章主要讲解基本的绘图工具和命令；第 3 章主要讲解高级绘图工具和命令；第 4 章主要讲解颜色系统和颜色工具；第 5 章和第 6 章分别讲解笔刷和符号的应用；第 7 章主要讲解高级路径命令；第 8 章和第 9 章分别讲解文字的处理和滤镜的应用。设计实战篇共 7 章，通过 7 个实战案例分别讲解了 Illustrator CC 2019 在标志设计、文字设计、杂志广告设计、易拉宝设计、名片设计、插画设计和封面设计中的应用。

本书附赠视频教程，以及案例的素材、源文件和最终效果文件，以便读者拓展学习。

本书适合 Illustrator CC 2019 的初中级用户学习使用，也适合作为各院校相关专业学生和培训班学员的教材或辅导书。

◆ 编　　著　陈　博　王　斐
　责任编辑　俞　彬
　责任印制　马振武
◆ 人民邮电出版社出版发行　　北京市丰台区成寿寺路 11 号
　邮编　100164　　电子邮件　315@ptpress.com.cn
　网址　http://www.ptpress.com.cn
　北京九州迅驰传媒文化有限公司印刷
◆ 开本：787×1092　1/16
　印张：11.5　　　　2020 年 1 月第 1 版
　字数：253 千字　　　2024 年 1 月北京第 13 次印刷

定价：49.80 元

读者服务热线：(010)81055410　印装质量热线：(010)81055316
反盗版热线：(010)81055315
广告经营许可证：京东市监广登字 20170147 号

前言

Illustrator是全球著名的矢量图像处理软件之一，由Adobe公司出品，是众多数字艺术设计软件中的旗舰产品。它在平面设计领域应用广泛，其强大的图像处理功能为图像的处理和制作带来了很大的便利。它还是学习电脑软件的一个非常好的切入点，既能提高读者对数字艺术设计的兴趣，也能为学习其他美术设计软件（如网页、三维和影视类软件）打下良好的基础。本书采用Illustrator CC 2019进行讲解和制作，通过对本书的学习，读者不仅能熟练操作Illustrator CC 2019，并使用它制作作品，还能掌握大量平面设计技巧。

内容导读

本书针对Illustrator CC 2019的应用功能来划分章节，循序渐进地归纳整理Illustrator设计法则，一步一步帮助读者理解其中的奥秘。

本书分为设计基础篇和设计实战篇，共16章。设计基础篇共9章，讲解了Illustrator CC 2019的基本概念和新建图像、打开图像等基本操作，基本绘图工具和命令，高级绘图工具和命令，颜色系统和相关的颜色工具，笔刷和符号的应用，高级路径命令，文字的处理和滤镜的应用等；设计实战篇共7章，通过7个实战案例讲解了Illustrator CC 2019在标志设计、文字设计、杂志广告设计、易拉宝设计、名片设计、插画设计、封面设计中的应用。

本书特色

循序渐进，细致讲解

无论读者是否具备相关软件学习基础，是否了解Illustrator CC 2019，都能从本书找到学习的起点。本书通过细致的讲解，帮助读者迅速从新手进阶成高手。

实例为主，图文并茂

在讲解的过程中，每个知识点均配有实际操作案例，每个步骤都配有插图，帮助读者更直观、清晰地看到操作的过程和结果。

视频教程，互动教学

本书配套的视频教程内容与书中知识紧密结合并相互补充，可以帮助读者掌握实际的设计技能，以及处理各种设计问题的方法，达到学以致用的目的。

作者简介

本书由陈博和王斐共同编写。其中，设计基础篇主要由王斐完成，设计实战篇主要由陈博完成。

陈博，ACA认证设计师，担任国内多家上市教育机构的教学教研总监，担任多家大型集团公司的UI、UE和产品经理方向高级企业讲师，有近20年一线职业教育经验，在教学教研方向有着深刻的职业领悟和丰富的经验。

王斐，北京印刷学院教师，UI、UX国际认证讲师，互动媒体设计师；擅长多媒体互动设计、数字媒体终端开发设计、网站设计及二维动画软件技术，长期研究新媒体艺术与应用；教学科研成果丰富，发表过多篇国际、国内学术论文；出版过《网页配色黄金罗盘》《网页设计Photoshop Dreamweaver Flash三合一宝典》《版式设计与创意》等多部图书。

资源获取

本书附赠资源包括配套视频教程，以及案例的素材文件和结果文件。扫描下方二维码，关注微信公众号“职场研究社”，并回复“52228”，即可获得资源下载方式。

职场研究社

读者收获

在学习完本书后，读者不仅可以熟练地掌握Illustrator CC 2019的操作，还将对平面设计的技巧有更深入的理解。通过由浅入深地学习，读者可以掌握软件的基本操作和功能应用，将软件与设计工作融会贯通。

本书在编写过程中难免存在错漏之处，希望广大读者批评指正。如果读者在阅读本书的过程中有任何建议，都可以发送电子邮件至luofen@ptpress.com.cn 联系我们。

编者

2019年12月

目录

设计基础篇

第 1 章 基本概念和操作

第 2 章 基本绘图工具和命令

第 3 章 高级绘图工具和命令

第 4 章 颜色系统和颜色工具

第 5 章 笔刷的应用

第 6 章 符号的使用和立体图标

第 7 章 高级路径命令

第 8 章 文字的处理

第 9 章 神奇的滤镜

设计实战篇

第 10 章 标志设计

第 11 章 文字设计

第 12 章 杂志广告设计

第 13 章 易拉宝设计

第 14 章 名片设计

第 15 章 插画设计

第 16 章 封面设计

设计基础篇

第 1 章
基本概念和操作

本章主要讲解Illustrator CC 2019的基本概念和操作，首先讲解Illustrator CC 2019在设计工作中的应用，以及矢量图与位图的相关知识，让用户对Illustrator的设计知识有一个初步的了解；接下来讲解Illustrator CC 2019的界面、文件基本操作，以及辅助绘图工具的使用，为用户后续的软件学习打下良好的基础。

1.1 Illustrator 的应用领域

Illustrator是Adobe公司开发的功能强大的工业标准矢量绘图软件，广泛应用于平面广告设计、网页图形设计等领域。发布之初，该软件只拥有简单的绘图功能，经过漫长的发展过程，如今它已经升级到功能非常强大的CC 2019版本。相比于以前的版本，CC 2019版本增加了很多新功能以及颇具创造性的工具，为广大用户提供了更广阔的创意空间，同时更加易用，更为完整。

Illustrator CC 2019功能非常强大，可以完成多种设计工作，下面对Illustrator的核心应用领域进行简单介绍。

1.1.1 标志和 VI 设计

Illustrator CC 2019作为功能强大的矢量绘图软件，可以非常便捷地设计企业标志、品牌商标等,如图1-1所示。

Illustrator CC 2019还可以以标志为核心进行VI设计,如图1-2所示。

图1-1

图1-2

1.1.2 插画设计

使用Illustrator CC 2019可绘制一些线条简练、颜色概括的时尚小插画，如图1-3所示。

图1-3

1.1.3 平面设计

使用Illustrator CC 2019可以设计专业的平面设计作品，包括广告单页、画册、折页、时尚图案、名片等，如图1-4~图1-7所示。

图1-4

图1-5

图1-6

图1-7

1.2 矢量图与位图

如果立志要成为一名设计师，就必须掌握矢量图与位图这两个概念。它们是设计的最基本的概念，只要接触图片就必然会接触这两个概念。

1.2.1 矢量图形与矢量对象

作为软件的使用者，用户不必对矢量这个概念有很深刻的理解，明白矢量图形是从数学的角度来描述的图形，指的是一系列由线连接的点就足够了。矢量图形包含所绘线条的位置、长度和方向，是线条的集合，这也是矢量图形文件尺寸十分小的主要原因。

矢量对象是矢量文件中的图像元素，而且每个对象都是一个独立的实体。它们都具有本身的颜色、形状、轮廓、大小和位置等基本属性。因为矢量对象具有独立性，所以在对其进行各种操作（包括清晰度、弯曲度、位置、角度等属性的调节）时均不会影响文件中的其他对象。

矢量图形和矢量对象与分辨率无关，也就是说它们是按照最高的分辨率显示到输出设备上，而且它们被放大无数倍以后依然清晰。在Illustrator CC 2019中打开图1-8所示的矢量图，将其放大，就会发现图片没有出现位图那样的锯齿现象，而是始终保持平滑的边缘。

矢量图形最主要的优点在于可以很平滑地印刷输出，尤其是在输出文字类路径时能保持非常优质的平滑效果。矢量图形输出后仍可以保持文字边缘的整齐以及曲线的光滑。因为矢量图形有着这样的特性，所以它常常被应用于线条明显、具有大面积色块的图案，例如商业设计实战中的标志设计和插画设计。

图1-8

以标志设计举例，因为标志既会使用在很小的名片上，也会使用在户外大型广告牌上，如果使用位图制作标志，文件体积会太大以至于超过电脑的承受能力，而用矢量图来设计制作则非常方便。图1-9所示是全球知名的苹果公司的标志应用在不同情况下的实景照片。

图1-9

1.2.2 位图图像

位图图像是由无数细小的像素组成的图像，组成图像的每一个像素都拥有自己的位置、亮度和大小等。位图图像的大小取决于像素数目的多少，而图像的颜色则取决于像素的颜色。

位图图像的清晰度与分辨率有关，分辨率代表单位面积内包含的像素，分辨率越高，在单位面积内的像素就越多，图像也就越清晰。因此，位图放大以后会出现锯齿现象，如图1-10所示。

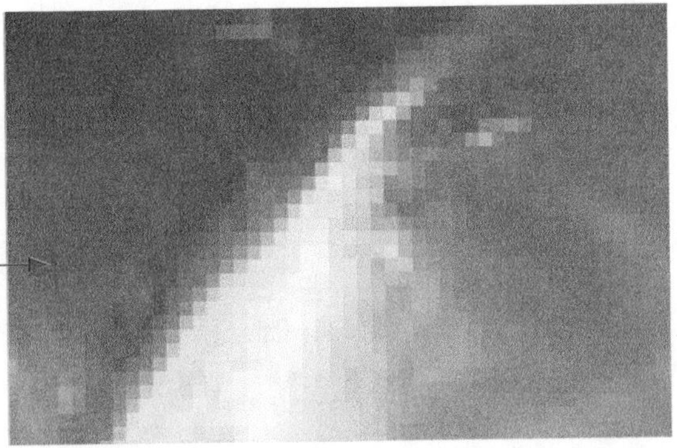

图1-10 位图及其局部放大的效果

但是，位图也有矢量图无法比拟的优势：它具有十分丰富且细腻的图像层次和多种多样的图像效果，适合表现风景和人物照片。

综上所述，用户在制作图像的时候可根据最后的制作要求和用途，选择用矢量图或位图进行制作。

1.2.3 矢量图与位图之间的关系

看完上面对矢量图和位图的讲解，不难发现这两种图像各有千秋。因此，在进行设计工作时不可能只是单一地依赖一种模式，而应该将两种模式结合起来使用。图1-11所示是结合位图和矢量图设计的家居用品画册。

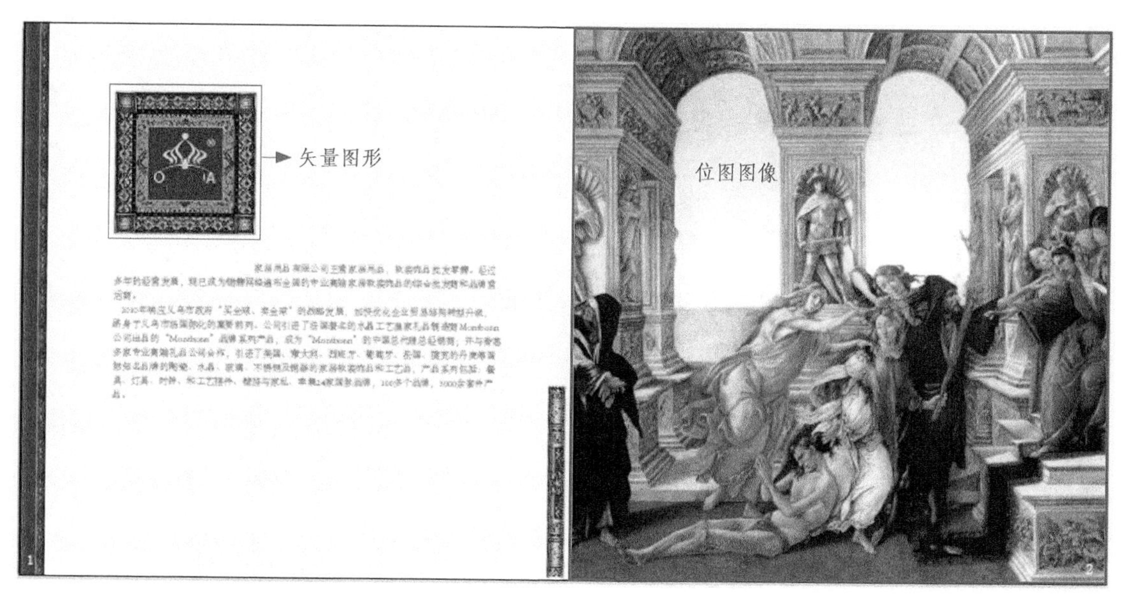

图1-11 家居用品画册

1.2.4 矢量图和位图的相互转换

1. 将矢量图转换为位图

在Illustrator CC 2019中选中矢量图，执行快捷键【Ctrl】+【C】命令复制图像，然后在Photoshop中新建一个文件，执行快捷键【Ctrl】+【V】命令会弹出图1-12所示的对话框，在其中可以选择不同的粘贴选项。一般情况下选择默认的“智能对象”选项即可，这个选项的特点是保留导入图片的矢量特点。单击“确定”按钮后会看到画布中出现导入的变换框，如图1-13所示。按【Enter】键确认后，“图层”面板中将出现一个“矢量智能对象”图层，如图1-14所示。

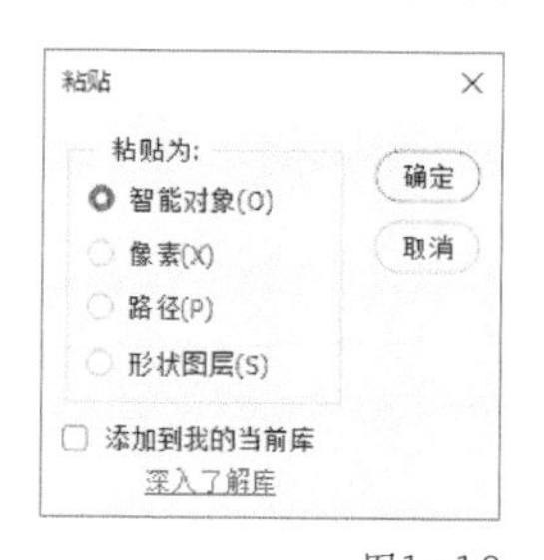

图1-12

图1-13

图1-14

除非在“矢量智能对象”图层上单击鼠标右键执行其中的“栅格化图层”命令将其转换为普通的图像图层，如图1-15所示，否则这个图层将始终保留矢量的特性，可任意放大缩小。对当前图层执行一些滤镜或变形效果的时候，不需要转换它的矢量属性，例如对矢量图层执行“滤镜→素描→水彩画纸”命令之后，会发现Photoshop不会出现低版本中弹出的“提示栅格化”对话框，而是在当前图层添加一个“智能滤镜”的附加效果。这个功能可以最大限度地发挥矢量图的优势。

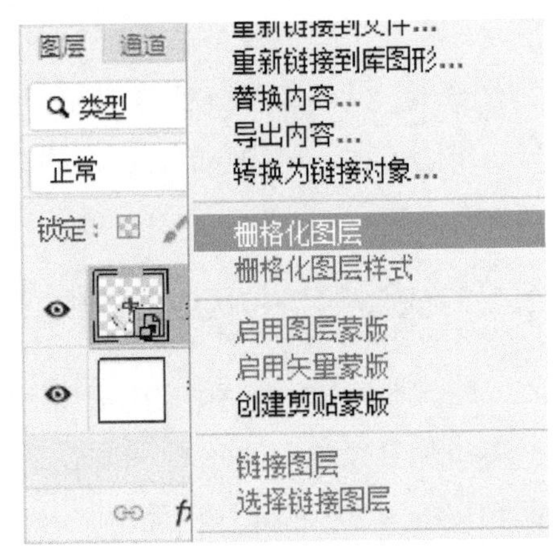

图1-15

2. 将位图转换为矢量图

在Illustrator CC 2019中导入一张位图照片之后，选中它执行控制面板中的“图像描摹”功能，即可将其转换为矢量图。图1-16所示是单击“图像描摹”功能右侧的下拉按钮弹出的多个描摹选项。

单击其中的某个命令即可完成描摹的过程，图1-17所示是执行“黑白徽标”选项的结果。还可将其进行“扩展”为可编辑的路径状态，图1-18所示是扩展后的效果。

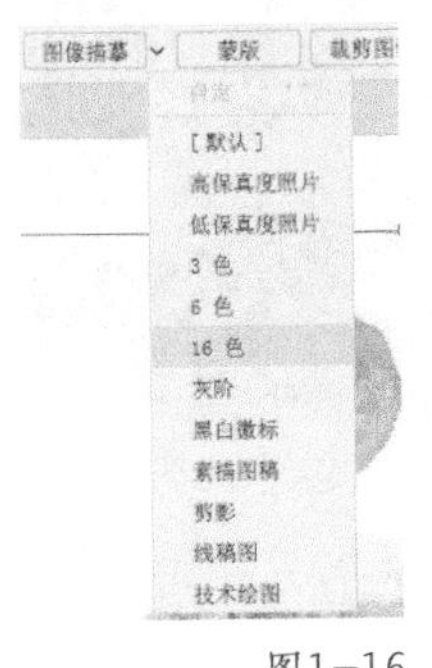

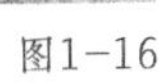

图1-16

图1-17

图1-18

1.3 Illustrator CC 2019界面全接触

Illustrator CC 2019支持多个画板同时操作，可以在一个文件内同时处理多个相关的文件，如宣传页的正反面、画册的多个页面、VI的多个页面等。这样很大程度上提高了工作效率，如图1-19所示。

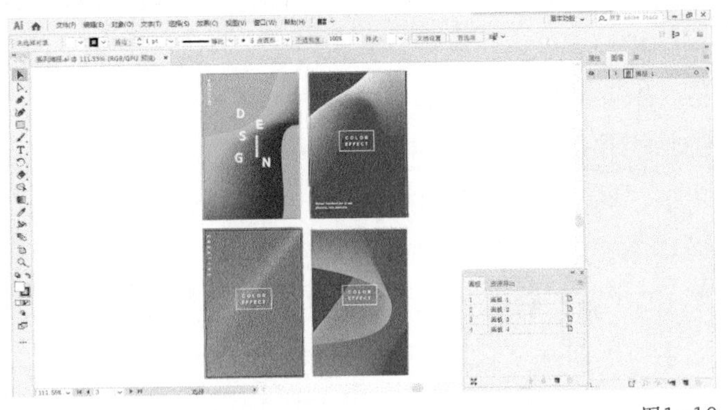

图1-19

同时操作多个画板还有一个好处，当需要将不同画板的文件分别导出为独立的JPEG文件时，用户可以在导出对话框中勾选“使用画板”选项，然后单击“范围”选项并设置画板的范围。如导出第一块画板就在“导出”面板的“范围”输入框里面输入数字“1”即可，如图1-20所示。

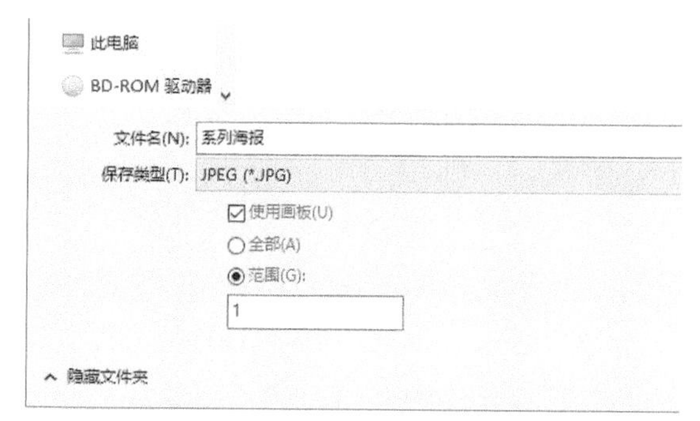

图1-20

1.3.1 工作区的认识

在软件中用户用来布置操作对象、绘制图形的区域被称为工作区。在软件中，工作区几乎占据了整个窗口的位置，如图1-21所示。

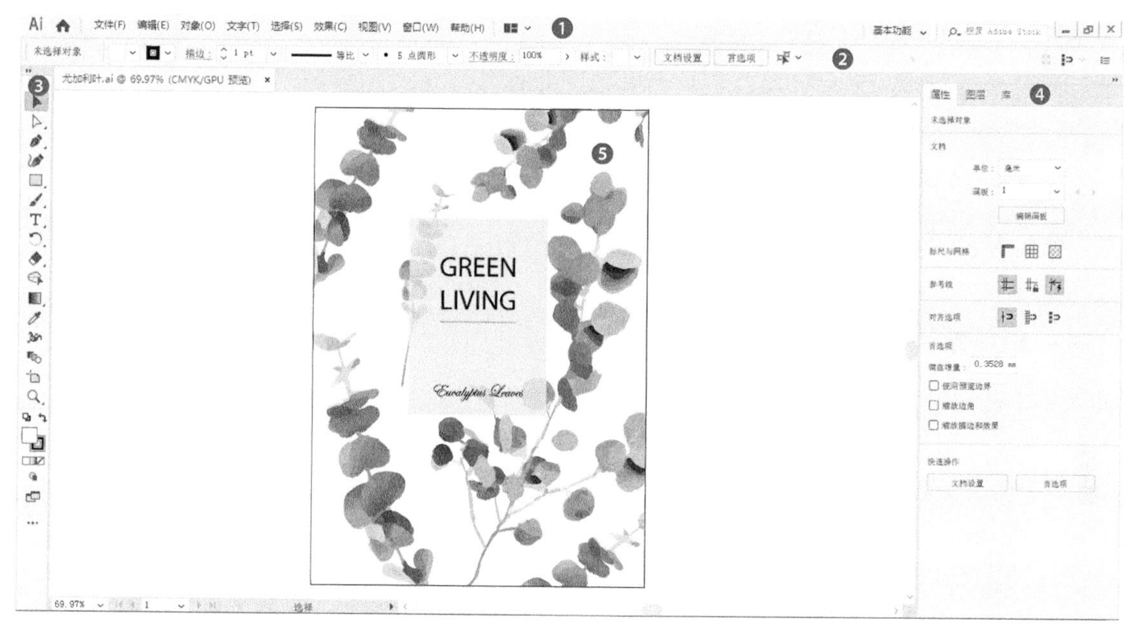

图1-21

提示 在学习菜单命令的时候注意要有意识地观察每个主菜单的特点，如“文件”菜单下集中了关于创建、保持、导出和导入文件、打印等有关文件基本操作的命令，“对象”菜单下集中了Illustrator对于路径对象的很多高级的编辑命令。

下面讲解工作区的各个功能区域。

❶菜单栏。大部分的基本操作都能从菜单栏里找到。

❷控制面板。对应不同操作状态的即时命令面板，如在没有选择任何对象的情况下，可设置文档的尺寸和软件的“首选项”，如图1-22所示。

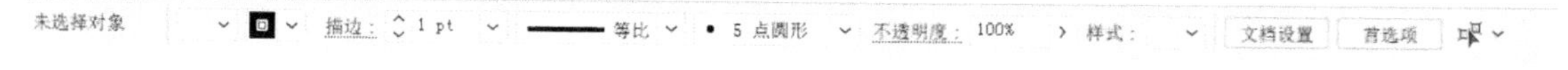

图1-22

当选中某个对象的时候，会出现能够修改其尺寸和坐标位置的选项，如图1-23所示。同时要注意，在控制面板的最左边会提示当前所选对象的属性，下图表示所选对象是一个“锚点”对象。

图1-23

❸工具箱。Illustrator的核心控制区，里面包含使用频率非常高的工具，包括选择工具、绘图工具、修图工具、文字工具、图形工具等。

提示 工具箱中若图标右下方有一个小三角，则表示里面有隐藏工具。在该工具图标上单击鼠标右键，就能打开隐藏的工具菜单。

❹浮动面板。包括描边、渐变、透明度、色板、画笔、符号等面板，通常情况下需要结合菜单和工具箱才能真正发挥面板的强大功能。

提示 通常情况下，执行快捷键【Shift】+【Tab】命令可以快速地隐藏所有的浮动面板，再按一次则取消隐藏。而按【Tab】键可以将浮动面板和工具箱一起隐藏。这一点和Photoshop是一样的，因为它们都是Adobe公司开发的软件，有很多相似甚至相同的操作方法，所以用户在具备Photoshop的学习基础上再学习Illustrator会轻松很多。

❺画板。绘图的工作窗口，也是在打印时有效的打印范围。

1.3.2 两种智能绘图模式

Illustrator CC 2019除了正常绘图模式外，还有两种智能的绘图模式，在工具箱中可单击图标进行切换，如图1-24所示。

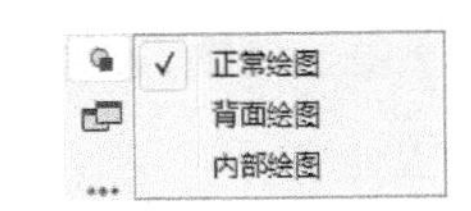

图1-24

1. 背面绘图

使用背面绘图模式时，新画的图形会出现在选中图形的下方，重叠的地方默认被遮住。Illustrator默认的方式是新画的图形总是在最上方，如果想让旧图形覆盖新图形就需要画完了再调整层次，而这一模式省去了这一步。

2. 内部绘图

在图形的内部绘图，不管怎么画，只有图形内部的会显示出来，其实生成的是一个自动蒙版的编组对象。

下面用几个图形来讲解这个模式。首先使用矩形工具按住【Shift】键绘制一个正方形，如图1-25所示。然后单击“内部绘图模式”按钮，正方形四角出现了虚线表示进入内部绘图模式，如图1-26所示。

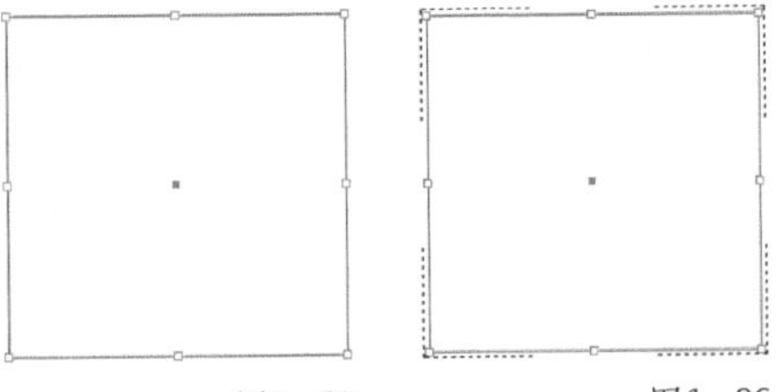

图1-25　　图1-26

使用五角星工具在矩形的中心点按住【Shift】和【Alt】键创建一个以鼠标指针落点为中心的五角星形状，如图1-27所示。然后使用工具箱里面的移动工具▶在图形的外部任何地方单击取消其选择的状态，此时会发现五角星进入到了矩形里面，如图1-28所示。

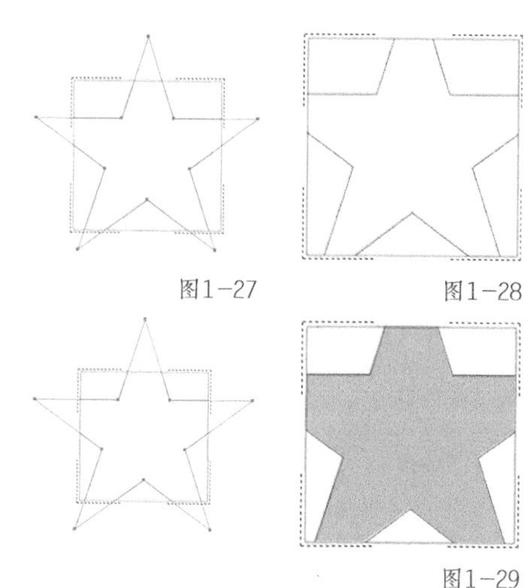

图1-27　　图1-28

此时如果使用群组选择工具单击五角星可单独选中它，然后为它设置一个颜色，如图1-29所示。

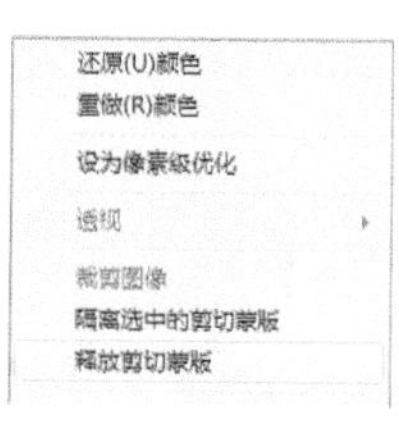

图1-29

如使用移动工具▶选中整个编组对象，然后单击鼠标右键，在弹出的右键菜单中将出现图1-30所示的“释放剪切蒙版”命令（这也印证了使用内部绘图将得到一个蒙版对象），执行这个命令五角星即可被分离出来，如图1-31所示。

图1-30 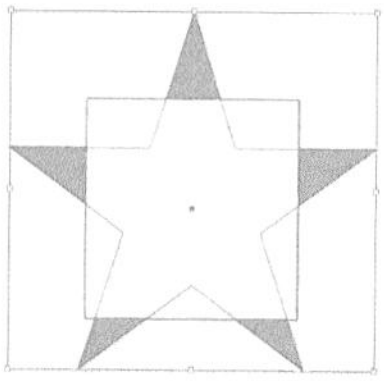　　图1-31

此时用移动工具可将正方形和五角星两个图形分别移动到不同的位置，如图1-32所示。

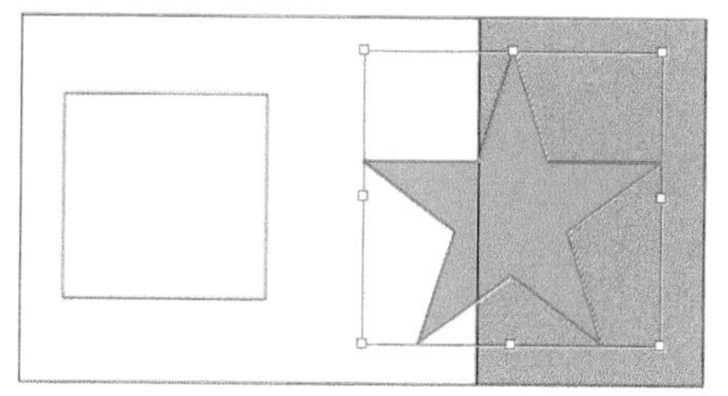

图1-32

1.4 文件基本操作

Illustrator CC 2019和很多的矢量图形软件在操作方法、概念上都没有太大的区别。前面的学习让用户对Illustrator CC 2019有了大体了解，从这一章起将引导用户在软件中进行实际的操作。因为不管用户应用怎样的软件，最为基础的内容是学习基本的操作知识，所以本章要求用户能熟练掌握软件的基本操作，为后续的软件应用打下良好的基础。

1.4.1 文件的基本操作

1. 新建文件

执行“文件→新建”命令，打开图1-33所示的“新建文档”面板，在此面板中可以设置文件的尺寸、单位、方向等。其中，“画板数量”功能可设置多个画板；“出血”功能可省去在低版本的Illustrator中创建印刷品文

图1-33

件的时候，通过手动拉参考线来得到出血尺寸的操作，帮助用户提高工作效率。

除了这种新建文件方式外，还可以执行快捷键【Ctrl】+【N】命令打开“新建文档”面板。

2. 打开文件

执行“文件→打开”命令，打开图1-34所示的“打开”面板，在其中选择需要打开的文件，然后单击右下角的“打开”按钮即可。也可以直接双击由Illustrator创建的后缀名为.ai的源文件来打开一个文件。

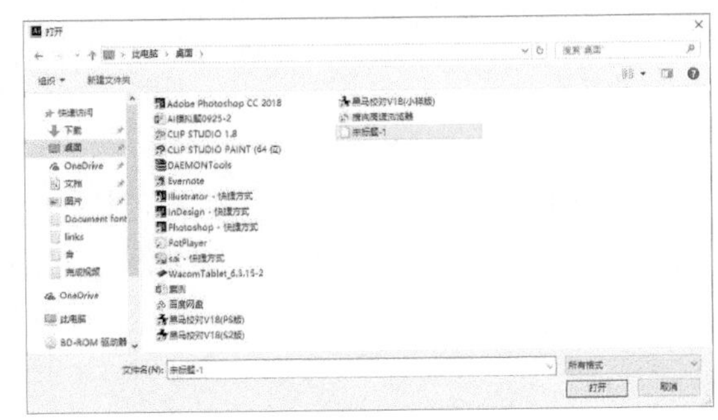

图1-34

3. 关闭文件

在Illustrator中执行“文件→关闭”命令或者执行快捷键【Ctrl】+【W】命令可关闭文件。如果文件在关闭之前没有保存，系统会弹出提示是否存储的对话框，如图1-35所示，可根据自己的情况来选择保存还是放弃。

图1-35

4. 保存文件

在Illustrator中执行“文件→存储”命令或者执行快捷键【Ctrl】+【S】命令可保存文件。

需要将当前的文件另存一个版本时，可执行“文件→存储副本”命令或者执行快捷键【Ctrl】+【Alt】+【S】命令为当前文件重新命名并保存为一个新的文件，如图1-36所示。

> **提示**　（1）由于有的时候计算机会出现死机的情况，所以用户应该养成随时执行快捷键【Ctrl】+【S】命令保存文件的良好习惯。
>
> （2）因为Illustrator保存文件的默认格式为.ai，所以很多人会使用AI来代替对Illustrator的称呼。

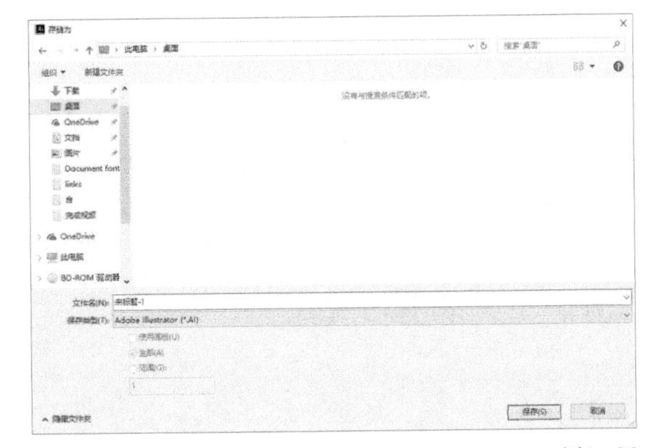

图1-36

5. 置入和导出文件

在Illustrator执行“文件→置入”命令，系统将弹出图1-37所示的“置入”对话框。这个命令主要是针对非Illustrator源格式文件的导入，如PSD、JPEG、TIFF等图片格式的导入。

当需要将Illustrator源文件格式导出为其他格式的文件时，执行“文件→导出”命令，系统将弹出图1-38所示的“导出”对话框。在其中可以选择多种常用的图片格式如JPEG、PSD、PNG等，还可以导出SWF动画格式等。

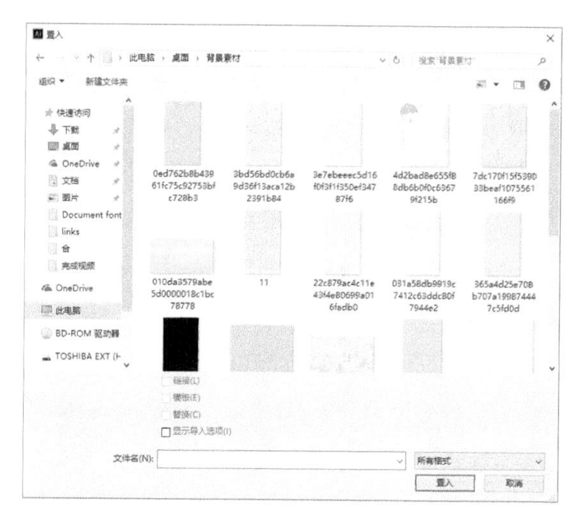

图1-37

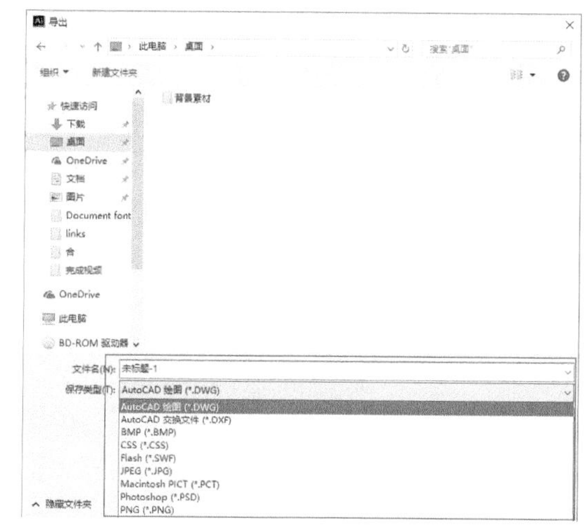

图1-38

6. 文件格式

日常操作电脑的过程中，经常会遇到以某一种格式存储的图像文件，在某一操作系统或者其他应用软件中无法打开的情况。当然，不仅是图像图形，还有许多格式的文件都需要特殊的软件才能打开。因此了解如何使用文件格式非常重要。还有许多软件可以实现不同图像图形格式之间的转换，这些软件同样非常重要。下面对常用的图像图形格式进行讲解。

AI格式

Illustrator创建的文件默认情况下存储为.ai格式的文件，这种文件只有使用Illustrator才可以打开。另外AI文件还分不同的版本，一般情况下低版本的Illustrator不能打开高版本的AI格式文件，或者即使打开了，也不能完整展示高版本Illustrator创建的AI文件的特性。所以，在存储文件格式的时候要注意选择软件的版本，考虑到印刷厂的电脑设备可能没有安装高版本的软件，则需要将其保存为低版本的AI文件。

首先在“存储为”对话框中选择.ai的格式，然后单击“保存”按钮，此时系统会弹出图1-39所示的格式“Illustrator选项”面板，在其中可以选择文件的不同版本。

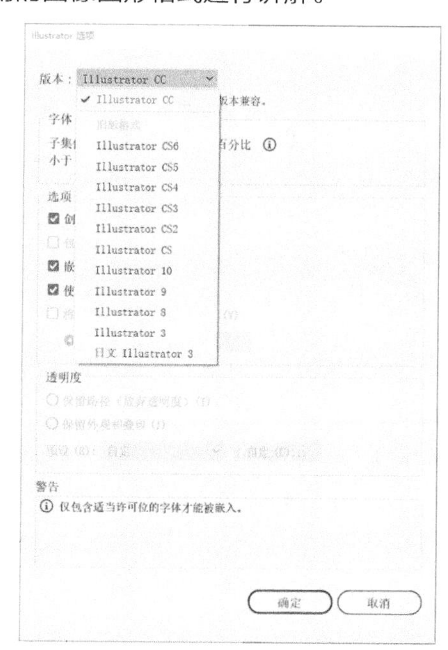

图1-39

提示 建议在保存文件时尽量选择低版本，如Illustrator CS 3.0，避免在Illustrator低版本软件中无法打开文件。

BMP格式

BMP是英文Bitmap（位图）的简写，它是Windows操作系统中的标准图像文件格式，被多种Windows应用程序支持。随着Windows操作系统应用程序的大量开发，BMP位图格式理所当然地被广泛应用。这种格式的特点是包含的图像信息较丰富，几乎不进行压缩，但由此导致了它与生俱来的缺点——占用磁盘空间过大。所以，目前BMP在PC机上比较流行。

GIF格式

GIF是英文Graphics Interchange Format（图形交换格式）的缩写。顾名思义，这种格式是用来交换图片的。20世纪80年代，美国一家著名的在线信息服务机构CompuServe针对当时网络传输带宽的限制，开发出了这种GIF图像格式。

GIF格式的特点是压缩比高，磁盘空间占用较少，所以这种图像格式迅速被广泛应用。最初的GIF只是简单地用来存储单幅静止图像（称为GIF87a），后来随着技术发展，GIF成为可以同时存储若干幅静止图像进而形成连续的动画。这使之成为当时支持2D动画为数不多的格式之一（称为GIF89a）。而在GIF89a图像中可指定透明区域，使图像具有非同一般的显示效果。目前网络上大量采用的彩色动画文件多为GIF格式文件，也称为GIF89a格式文件。

此外，考虑到网络传输中的实际情况，GIF图像格式还增加了渐显方式。也就是说，在图像传输过程中，用户可以先看到图像的大致轮廓，然后随着传输过程的继续而逐步看清图像中的细节部分，从而适应了用户的“从朦胧到清楚”的观赏心理。

但GIF有个缺点，不能存储超过256色的图像。尽管如此，这种格式仍在网络上大行其道，这和GIF图像文件短小、下载速度快、可用许多具有同样大小的图像文件组成动画等优势是分不开的。

JPEG格式

JPEG也是常见的一种图像格式，它由联合照片专家组（Joint Photographic Experts Group）开发并命名为“ISO 10918-1”，JPEG是一种俗称。

JPEG文件后缀名为.jpg或.jpeg，其压缩技术十分先进，它用有损压缩方式去除冗余的图像和彩色数据，获取极高压缩率的同时能展现十分丰富生动的图像，换句话说，就是可以用最少的磁盘空间得到较好的图像质量。

同时，JPEG还是一种很灵活的格式，具有调节图像质量的功能，允许用不同的压缩比例对这种文件压缩。例如，JPEG文件最高可以把1.37MB的BMP位图文件压缩至20.3KB。当然使用JPEG格式完全可以在图像质量和文件尺寸之间找到平衡点。

由于JPEG优异的品质和杰出的表现，它的应用也非常广泛，特别是在网络和光盘读物上，肯定都能找到它的影子。目前各类浏览器均支持JPEG这种图像格式，因为JPEG格式的文件尺寸较小，下载速度快，使得Web页能以较短的下载时间提供大量美观的图像，因此JPEG也就顺理成章地成为网络上最受欢迎的图像格式之一。

TIFF格式

TIFF（Tag Image File Format）是Mac中广泛使用的图像格式，它由Aldus和微软联合开发，最初是出于跨平台存储扫描图像的需要而设计的。它的特点是图像格式复杂、存贮信息多。正因为它存储的图像细微层次的信息非常多，图像的质量也得以提高，所以非常有利于原稿的保存。

该格式有压缩和非压缩2种形式，其中压缩可采用LZW无损压缩方案存储。不过，由于TIFF格式结构较为复杂，兼容性较差，因此部分软件可能无法正确识别TIFF文件（现在绝大部分软件都已解决了这个问题）。目前在Mac和PC机上移植TIFF文件也十分便捷，因而TIFF也是计算机上使用最广泛的图像文件格式之一。

PSD格式

PSD格式是著名的Adobe公司的图像处理软件Photoshop的专用格式Photoshop Document（PSD）。PSD其实是Photoshop进行平面设计的一张“草稿图”，它里面包含有各种图层、通道、遮罩等多种设计的样稿，以便于下次打开文件时可以修改上一次的设计。在Photoshop所支持的各种图像格式中，PSD的存取速度比其他格式快很多，功能也很强大。由于Photoshop被越来越广泛地应用，这种格式也逐步流行起来。

PNG格式

PNG（Portable Network Graphics）是一种新兴的网络图像格式。在1994年底，由于Unysis公司宣布GIF是拥有专利的压缩方法，要求开发GIF软件的作者必须缴一定费用，由此促使了免费的PNG图像格式的诞生。PNG一开始便结合GIF及JPEG两家之长，打算一举取代这两种格式。1996年10月1日PNG向国际网络联盟提出并得到推荐认可标准后，大部分绘图软件和浏览器开始支持PNG图像浏览，从此PNG图像格式生机焕发。

PNG是目前最不失真的格式之一，因为PNG是采用无损压缩方式来减少文件的大小，把图像文件压缩到极限以利于网络传输，且能保留所有与图像品质有关的信息，这一点与牺牲图像品质以换取高压缩率的JPEG有所不同。它还汲取了GIF和JPEG二者的优点，存贮形式丰富，兼有GIF和JPEG的色彩模式。它的第二个特点是能把图像文件压缩到极限以利于网络传输，但又能保留所有与图像品质有关的信息。此外PNG是显示速度很快，只需下载1/64的图像信息就可以显示出低分辨率的预览图像。并且，PNG同样支持透明图像的制作，透明图像在制作网页图像的时候很有用。把图像背景设为透明，用网页本身的颜色信息来代替设为透明的色彩，这样可让图像和网页背景和谐地融合在一起。

PNG的缺点是不支持动画应用效果，如果在这方面能有所加强，可以完全替代GIF和JPEG。

SWF格式

利用Flash可以制作出一种后缀名为SWF（Shock Wave Format）的动画，这种格式的动画图像能够用比较小的体积来表现丰富的多媒体形式。在图像的传输方面，不必等到文件全部下载才能观看，而是可以边下载边看，因此非常适合网络传输，特别是在传输速率不佳的情况下，也能取得较好的观看效果。SWF如今已被大量应用于Web网页进行多媒体演示与交互性设计。此外，SWF动画是基于矢量技术制作的，因此不管将画面放大多少倍，画面都不会因此而有任何损害。综上，SWF格式作品以其高清晰度的画质和小巧的体积，受到越来越多网页设计者的青睐，逐渐成为网页动画和网页图片设计制作的主流。

SVG格式

SVG也是目前比较火热的图像文件格式，它的英文全称为Scalable Vector Graphics，意思为可缩放的矢量图形。它是基于XML（Extensible Markup Language），由World Wide Web Consortium（W3C）联盟进行开发的。严格来说是一种开放标准的矢量图形语言，可应用于设计高分辨率的Web图形页面。用户可以直接用代码来描绘图像，可以用任何文字处理工具打开SVG图像，通过改变部分代码来使图像具有交互功能，并可以随时插入到HTML中通过浏览器来观看。

SVG提供了目前网络流行格式GIF和JPEG无法具备的优势——可以任意放大图形显示，但绝不会以牺牲图像质量为代价。其中字在SVG图像中保留可编辑和可搜寻的状态。SVG文件比JPEG和GIF格式的文件要小很多，因而下载速度也更快。SVG的开发将会为Web提供新的图像标准。

EPS 格式

EPS（Encapsulated Post Script）是PC机用户较少见的一种格式，而苹果Mac机的用户则用得较多。它是用PostScript语言描述的一种ASCII码文件格式，主要用于排版、打印等输出工作。

1.4.2 视图的基本操作

有关文件视图的基本操作命令几乎全部位于“视图”菜单下，也可以通过相关的快捷键来进行操作。下面就来具体地讲解一下相关的操作。

1. 放大和缩小视图

和Photoshop中的控制视图一样，使用工具箱中的放大镜工具可以起到放大或缩小图像的作用。光标在画面内为一个带加号的放大镜时，使用这个放大镜，单击可实现图像的放大；而光标为一个带减号的缩小镜时，单击可实现图像的缩小。也可使用放大镜工具在图像内圈出部分区域，来实现放大或缩小指定区域的操作。

2. 移动视图

当图像的显示比例较大时，图像窗口不能完全显示整幅画面，这时可以使用抓手工具来拖动画面，以显示图像的不同部位。

3. 视图的显示模式

在Illustrator中除了正常的视图显示模式外，还有一种“轮廓”视图显示模式。打开一张矢量插画作品，执行“视图→轮廓”命令，以轮廓图的方式观察对象，图1-40所示分别是正常视图模式和轮廓视图模式的显示。

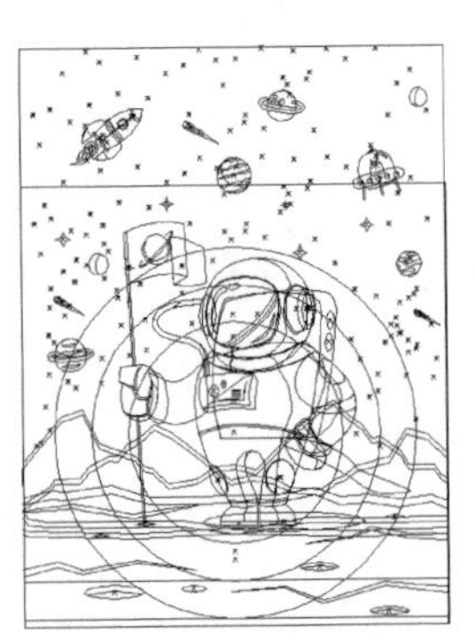

图1-40

提示　绘制比较复杂的场景时，如果一直使用正常的视图显示模式会导致屏幕刷新慢，如果只是为了观察版面的位置和比例，可以开启轮廓模式来加快屏幕的刷新速度。

1.5 辅助绘图工具的使用

1.5.1 标尺

用户可以在绘图窗口中显示标尺，以准确地绘制、缩放和对齐对象。标尺可以隐藏或移动到绘图窗口的另一位置，还可以帮助用户捕捉对象。

1. 打开和隐藏标尺

执行“视图→标尺→显示标尺”命令就可以显示标尺。在标尺显示之后，该菜单的同样位置处则会显示“隐藏标尺”命令，选择后标尺就会被隐藏起来。该组命令的快捷键为【Ctrl】+【R】。

2. 改变标尺原点

在默认情况下，标尺的原点位于页面的左上角，如图1-41所示。

但有时候，因为设计的需要，也可以改变标尺原点的位置。这时，只要拖动图1-42所示的标尺刻度左上角的位置，即可重新定位原点位置。

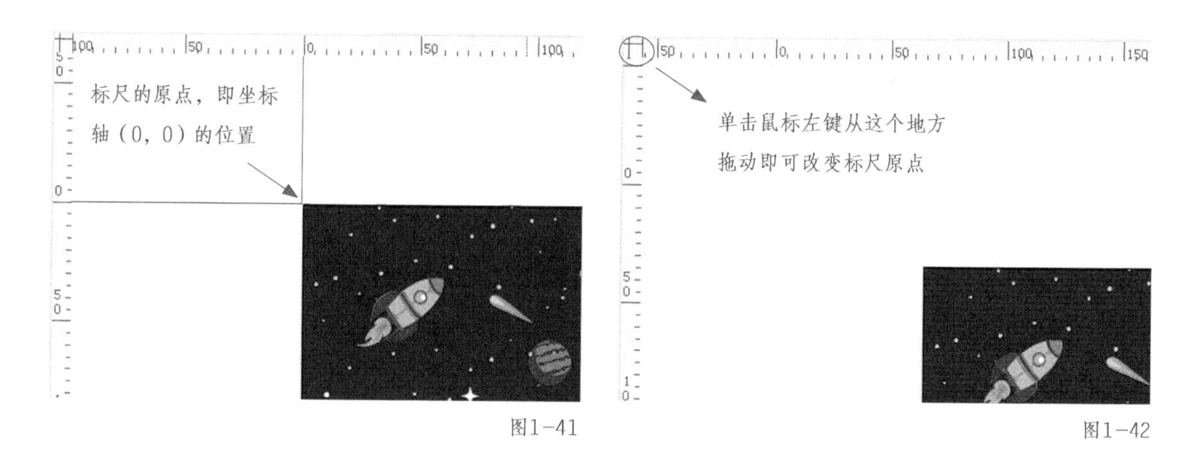

图1-41　图1-42

3. 标尺单位的更改

在默认情况下，标尺的单位为像素。需要更改默认的标尺单位时，在标尺的刻度上单击鼠标右键，在弹出的右键菜单中选择其他单位，如图1-43所示。

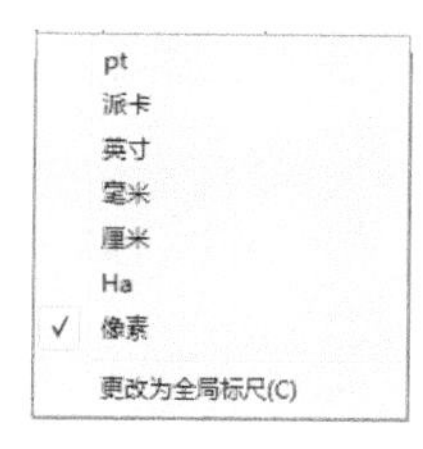

图1-43

1.5.2 网格

网格是一系列交叉的虚线或点，可以用来在绘图窗口中精确地对齐和定位对象。

1. 网格的显示和隐藏

执行“视图→显示网格”命令即可显示网格。

在网格显示之后，该菜单的同样位置处会显示“隐藏网格”命令，选择后网格就会被隐藏起来，如图1-44所示。

图1-44

2. 对齐网格

如果在作图时希望图形能够对齐到网格，达到精确计算和控制绘图过程，执行“视图→对齐网格”命令。

1.5.3 参考线

参考线是可放置在绘图窗口任何位置以帮助放置对象的直线。参考线共分为两种类型：普通参考线和智能参考线。其中，普通参考线分为水平参考线和垂直参考线。默认情况下，Illustrator CC 2019会显示添加到绘图窗口的参考线，但是用户随时都可以将它们隐藏起来，此外还可以在需要添加参考线的任何位置添加参考线。

用户执行“使对象与参考线对齐”命令，这样当对象靠近参考线时，对象就只能位于参考线的中间，或者与参考线的任何一端对齐。

1. 参考线的显示和隐藏

执行“视图→参考线→显示参考线”命令可以显示参考线。

在参考线显示之后，该菜单的同样位置会显示“隐藏参考线”命令，选择后参考线就会被隐藏起来。

2. 参考线的添加

可以直接从水平标尺上拖出水平参考线，或者从垂直的标尺上拖出垂直参考线来添加参考线。

3. 参考线的锁定与锁定解除

在作图的过程中，为了防止对参考线进行错误操作，默认情况下参考线是被锁定的。执行“视图→参考线→锁定参考线/解锁参考线”命令可对参考线进行锁定和解锁的操作。

4. 智能参考线

智能参考线是Illustrator CC 2019默认打开的一个功能。

它是在创建或操作对象和画板时显示的临时对齐参考线。通过对齐和显示X、Y位置和偏移值，这些参考线可帮助用户参照其他对象或画板来对齐、编辑和变换对象或画板。智能参考线在实战中非常实用且高效，后面的实战案例中将对此进行详细讲解。

5. 参考线的自定义

执行快捷键【Ctrl】+【K】命令可打开“首选项”面板，如图1-45所示。选择“参考线和网格”选项，然后修改参考线的颜色、样式等属性。同理，也可以在这个面板中修改一些其他的软件预置的默认参数，包括智能参考线、用户界面、文字、单位等。

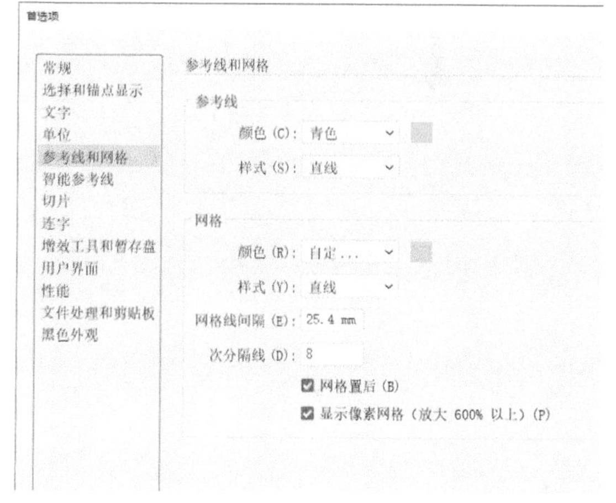

图1-45

提示 在Photoshop执行快捷键【Ctrl】+【K】命令也可以打开“首选项”面板，在其中可以修改软件的预置参数。

第 2 章
基本绘图工具和命令

本章主要讲解Illustrator CC 2019的基本绘图工具和命令，首先讲解基本几何造型工具、选择工具组、钢笔工具组和“路径查找器”面板等基本绘图工具，以及对象的顺序、排列、对齐、变形、锁定与解锁、显示与隐藏、群组与解组等绘图中的基本命令；接下来带领用户一步步完成多个实战案例的制作，帮助用户更深刻地理解基本绘图工具和命令。

2.1 知识点储备

在第1章对Illustrator CC 2019有了初步了解后，从本章开始，用户要充分调动手和脑去应用软件。因为Illustrator CC 2019是一个应用型软件，所以在学习中动手实践非常重要。只有用心地了解和体会，才可以将软件应用得非常熟练。

下面就从最为基础的绘图工具和命令开始学习。

2.1.1 基本几何造型工具

基本几何造型工具组包含图2-1所示的几种工具。这些工具虽然是最简单的矩形、椭圆形等形状，但是世界上所有复杂的形状都是由最基本的形状变化而来的，所以掌握这些工具非常重要。另外还需要掌握使用这些工具的技巧。

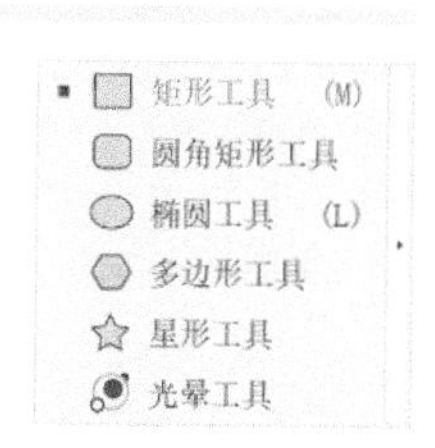

图2-1

1. 矩形工具和椭圆形工具

创建矩形的方法有两种，一种是选择矩形工具后直接在工作页面上拖曳鼠标；还有一种是在选择矩形工具的状态下单击画板上的目标矩形，打开图2-2所示的对话框，在其中输入矩形的宽度和高度，然后单击“确定”按钮。

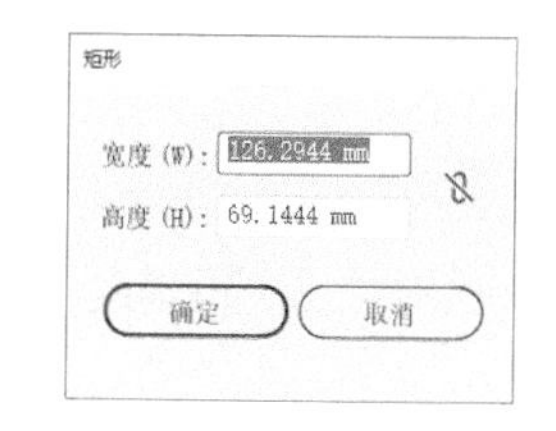

图2-2

如果需要创建正方形，设置相同的宽度和高度的数值即可。

椭圆形工具的创建方法和参数设置与矩形工具一样，可自行尝试操作一下。

提示 绘制矩形图形的过程中，按住【Shift】键，可以绘制正方形；按住组合键【Alt】+【Shift】，可以绘制以鼠标落点为中心的正方形；按住【空格】键则可以移动图形。此方法同样适用于其他的基本图形工具。

2. 圆角矩形工具

创建圆角矩形有两种方法，一种是选择圆角矩形工具后直接在工作页面上拖曳鼠标；还有一种是在选择圆角矩形工具的状态下，单击画板上的目标圆角矩形，打开图2-3所示的对话框，在其中输入圆角矩形的宽度、高度和圆角半径的数值，然后单击“确定”按钮。

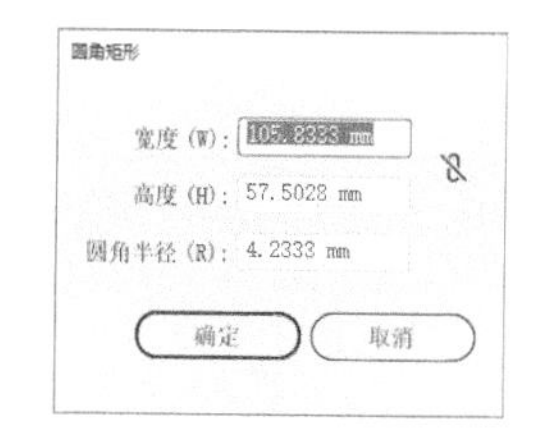

图2-3

圆角半径用来确定圆角的大小，图2-4所示从左至右分别是当宽度和高度都为20mm的时候，圆角半径是0mm、5mm、10mm的不同结果。

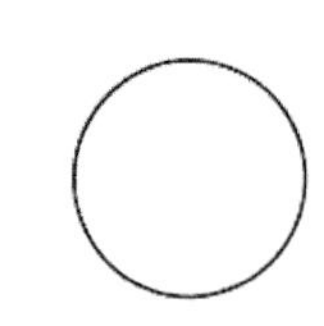

图2-4

提示 绘制圆角矩形时，在不松开鼠标左键的情况下，按住键盘的上箭头键或下箭头键可以改变圆角的半径；按住左箭头键则可使圆角半径变成最小的值；右箭头键则可使圆角半径变成最大值。

3. 多边形工具

多边形工具绘制的多边形都是规则的正多边形。多边形工具的对话框如图2-5所示。该对话框中边数的最小值为3，创建的图形为正三角形。边数的数值越大创建出的图形越接近于圆形。不同边数的绘制效果如图2-6所示。

图2-5

提示 绘制多边形时，在不松开鼠标左键的情况下，按住键盘的上箭头键或下箭头键可以增加或减少多边形的边数。

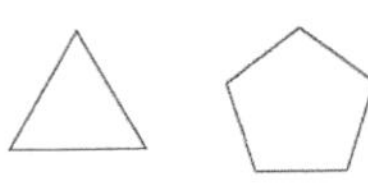
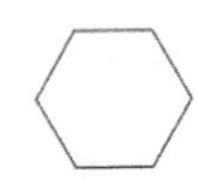
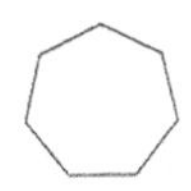
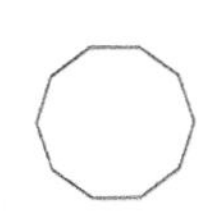

图2-6

4. 星形工具

星形工具可以绘制角点数不同的星形图形。星形工具的对话框如图2-7所示。半径1和半径2的数值的差值越大，绘制出的星形的锐度越大，反之越钝。而角点数则决定了有多少个星角，图2-8所示是不同参数设置得到的星形。

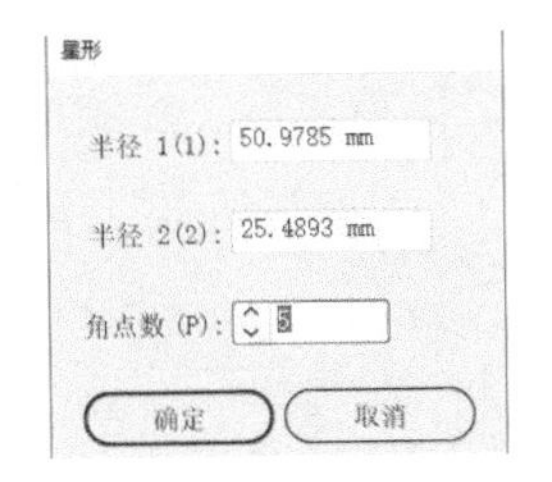

图2-7

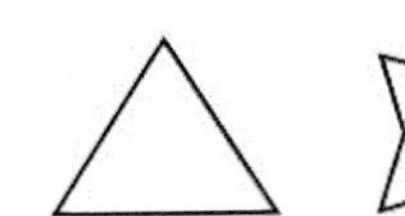

图2-8

提示 绘制星形时，在不松开鼠标左键的情况下，按住【Ctrl】键，可以保持星形内接圆的半径不变，对比效果如图2-9所示；按住【Alt】键可以保持星形的边是直线，同时可以利用上下箭头键来调整星形边数的多少。

图2-9

5. 光晕工具

光晕工具可以用来制作眩光效果，如阳光、珠宝的光芒等。这个工具比前面几个工具要复杂得多，实际上的使用频率很低。因此，在这里不做详细的讲解。从后面的案例学习中，用户能够体会到越是简单基础的工具越重要。

2.1.2 选择工具组

1. 选择工具

选择工具是用来选择图形或图形组的工具，这个工具非常基础，但非常重要。使用它单击或框选一个或几个对象之后，默认情况下在对象的周围会出现图2-10所示的定界框。用户可以通过定界框对对象进行缩放、旋转等操作。

提示 由于移动工具使用非常频繁，用户有必要记住调用它的快捷键，一种方法是在任何情况下按字母“V”，另外一种是在使用其他工具的时候按住【Ctrl】键可临时切换到移动工具或直接选择工具。

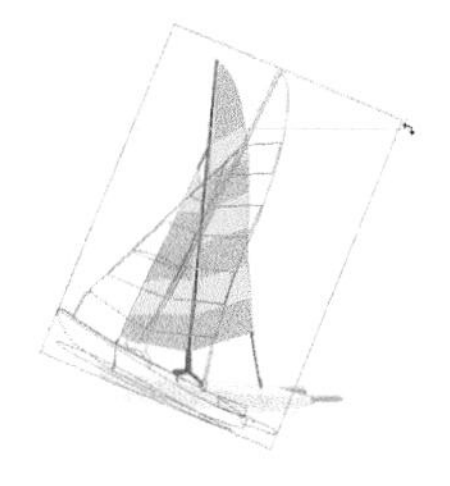

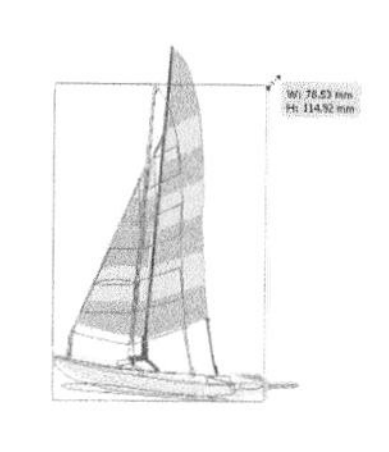

图2-10

2. 直接选择工具

直接选择工具用于选择一个或多个路径的锚点，选中锚点后可以改变锚点的位置和形状。被选中的锚点为实心状态，没有被选中的锚点为空心状态，如图2-11~图2-14所示。

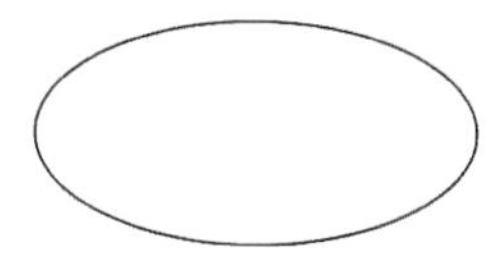

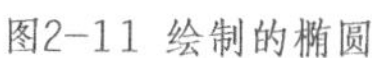

图2-11 绘制的椭圆

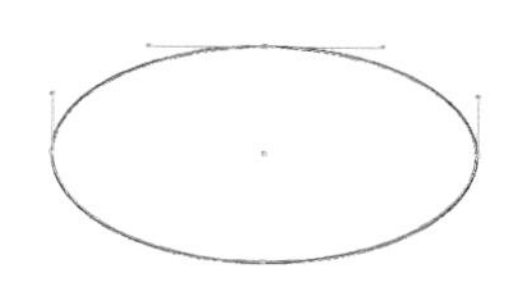

图2-12 选中的锚点

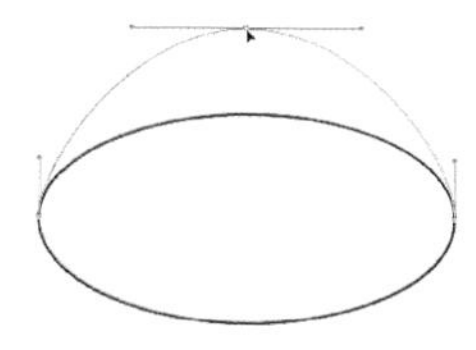

图2-13 拖曳选中的锚点

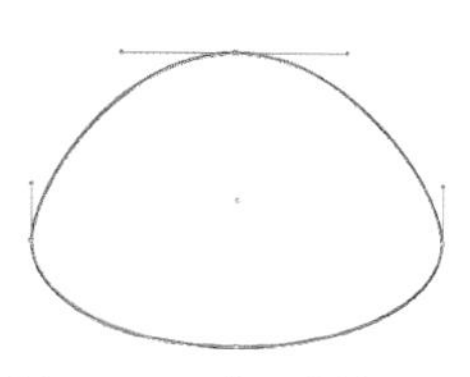

图2-14 更改后的椭圆形

提示 在某个锚点上单击，则该锚点会转变为实心状态且被选中；在图形内部单击则整个图形被选中。这与选择工具的操作原理一样。

3. 群组选择工具

群组选择工具针对的是编组的对象，图2-15所示打开的是一个编组的对象，如果使用移动工具去点选它会选中整个编组对象。而使用群组选择工具则可以在不解除群组的情况下，单击某个色块选中单独的路径对象并随意移动它，如图2-16所示。

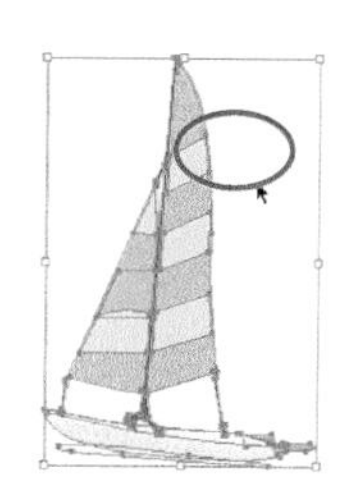

图2-15

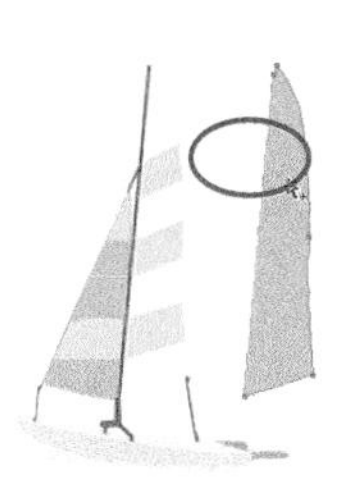

图2-16

4. 套索选择工具

用套索选择工具来选择图形，只有在鼠标选择的区域内的图形方可被激活，如图2-17和图2-18所示。

图2-17

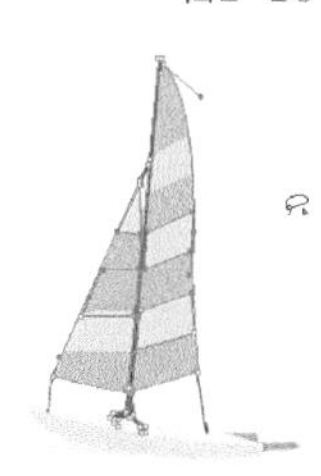

图2-18

5. 魔术棒选择工具

魔术棒选择工具可以基于图形的填充色、边线的颜色、线条的宽度等来进行选择。图2-19所示为使用魔棒工具单击图中的某一个黄色块后所有的黄色块路径都被选中。

图2-19

2.1.3 钢笔工具组

钢笔工具组是在绘制路径时使用得非常频繁的一组工具，它具体包含的工具如图2-20所示。

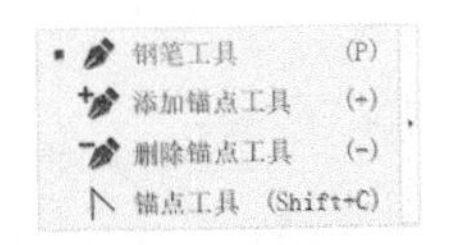

图2-20

1. 钢笔工具

钢笔工具是非常重要而且实用的绘图工具之一。在讲解该工具的使用之前，必须了解以下几个相关概念，只有掌握了这些概念才能更好地使用钢笔工具。

（1）路径：用于表达矢量线条的曲线叫作贝塞尔曲线，而基于贝塞尔曲线概念建立起来的矢量线条就叫作路径。路径由锚点、锚点间的线段和控制手柄组成（直线的路径只有前两项）。

（2）锚点：有4种类型，锚点之间的关系决定锚点之间的路径位置。

圆滑型锚点：锚点两侧有两个控制手柄，如图2-21所示。

直线型锚点：该锚点两侧没有控制手柄，一般位于直线段上，如图2-22所示。

曲线型锚点：锚点两侧有两个控制手柄，但这两个控制手柄相互独立，单个控制手柄调整的时候，不会影响到另一个手柄，如图2-23所示。

复合型锚点：该锚点的两侧只有一个控制手柄，是一段直线与一条曲线相交后产生的锚点，如图2-24所示。

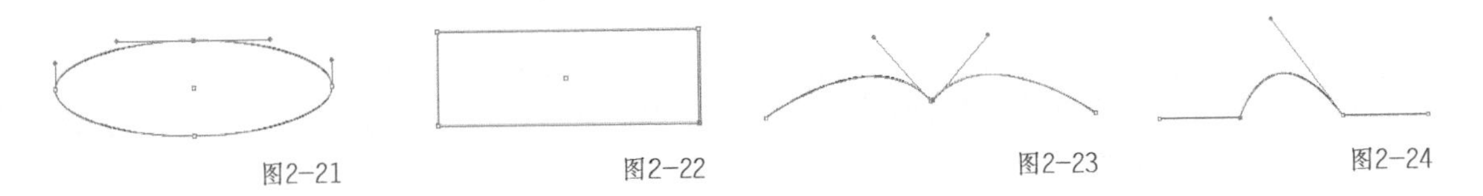
图2-21　图2-22　图2-23　图2-24

钢笔工具绘制直线的方法比较简单，只要用工具在起点和终点处单击即可，按住【Shift】键则可绘制水平或垂直的直线路径。

用该工具绘制曲线是一项较为复杂的操作。单击后释放鼠标左键，得到的是直线型锚点；单击并拖曳后释放鼠标左键，得到圆滑型锚点。调整手柄的长短和方向都可以影响两个锚点间的曲度。

2. 增加、删除和转换锚点工具

在绘制路径时，往往不可能一步到位，经常要调节锚点的数量，此时就需要用到增加、删除和转换锚点工具。

添加锚点前后的对比效果如图2-25所示。

删除锚点前后的对比效果如图2-26所示。

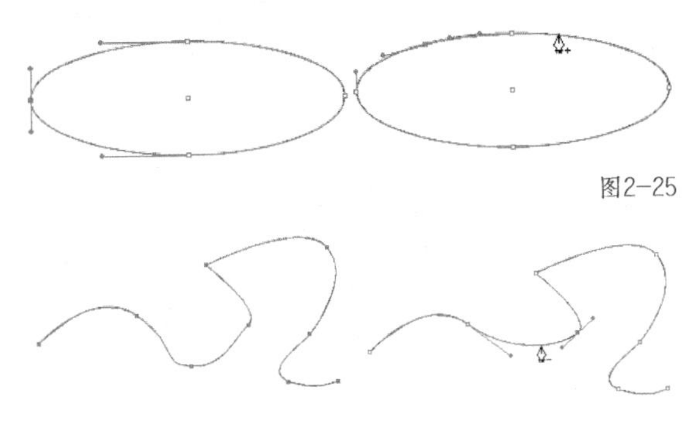
图2-25

图2-26

转换锚点前后的对比效果如图2-27所示。

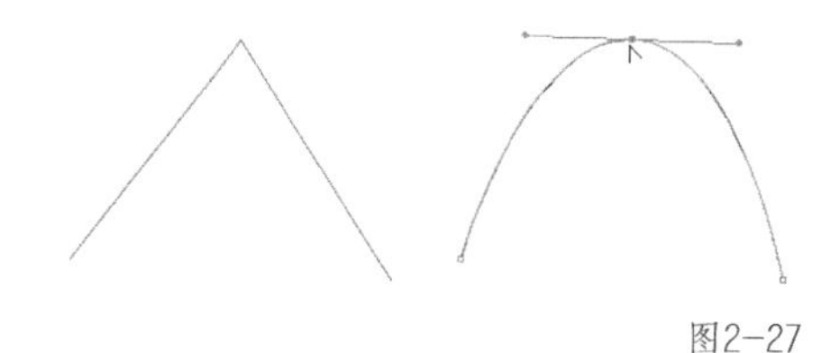
图2-27

2.1.4 路径查找器面板

Illustrator为广大用户提供了带有强大路径编辑处理功能的面板——路径查找器面板。该面板可以帮助用户方便地组合、分离和细化对象的路径。

执行“窗口→路径查找器”命令即可打开“路径查找器”面板，如图2-28所示。

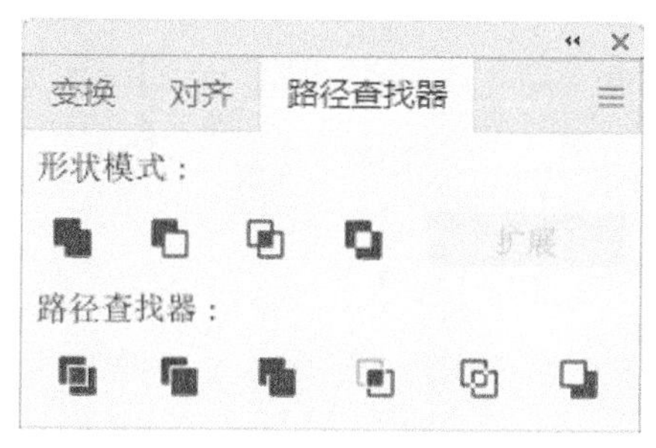

图2-28

在该面板中可以看到一共有上下两行，共10个按钮，根据实战经验，主要掌握联集、减去顶层、交集、差集、分割这5个按钮就可以创建出所有的复杂形状。下面重点讲解这5个按钮。

1.联集

用户对选择的路径执行“联集”后，当前的页面将产生一条围绕用户所选全部路径的外轮廓线，并且，此轮廓线还会构成一条新的路径，而与用户选择的路径相互重叠的部分则会被忽略。例如，如果用户选中的路径中有一条路径被另外一条路径完全包含，则这条被包含的路径将被全部忽略。

最终形成的路径的填充类型，由用户选中的路径中最下面的一条路径决定。选中多个对象执行“联集”的效果如图2-29所示。

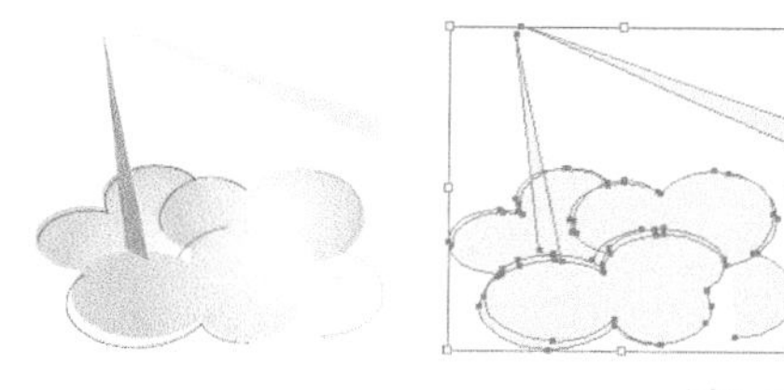
图2-29

2.减去顶层

与“联集”相反的是，“减去顶层”可以从一条路径中减去另外一条路径。用户在选中了两条相交的路径以后，执行该命令就可以从后面的对象中减去前面的对象。如果两个对象不相交，则后面的对象会保留，前面的对象将被删除，效果如图2-30所示。

图2-30

3.交集

“交集”可以保留所有选中对象的相交部分的路径，一次只可以对两个对象进行操作，效果如图2-31所示。

图2-31

4. 差集

“差集”和“交集”正好相反，可以保留对象中所有未重叠的区域，使重叠的区域透明，效果如图2-32所示。

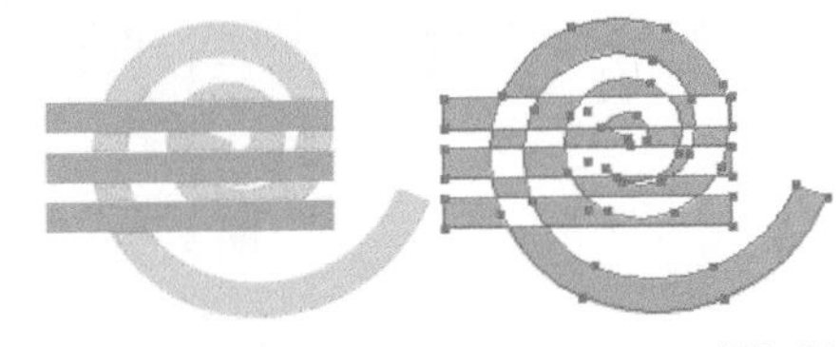

图2-32

5. 分割

“分割”可以将选中路径中所有重叠的对象按照边界进行分割，最后形成一个路径的群组。若接着执行解组命令，就可以对单独的路径进行编辑修改，效果如图2-33所示。

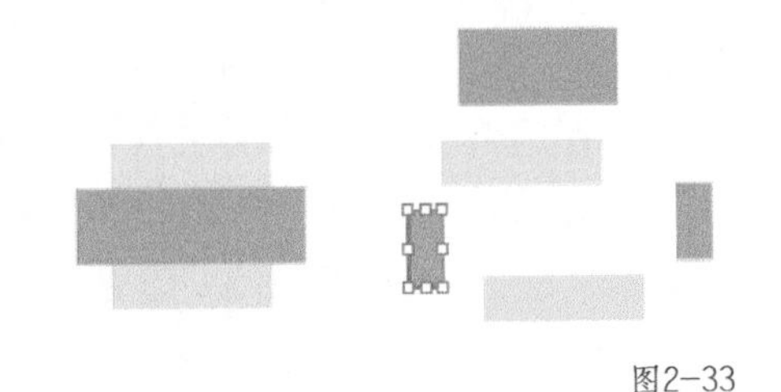

图2-33

2.1.5 对象的顺序、排列与对齐

在同一个绘图窗口中有多个对象时，便会出现重叠或相交的情况，此时就会涉及到调整对象之间的顺序、排列与对齐方式的问题。

1. 对象的顺序

执行“对象→排列”命令，选择“排列”下面的系列命令来改变对象的前后排列顺序，从而改变图层上对象的叠放顺序，以及将对象发送至当前图层，如图2-34所示。

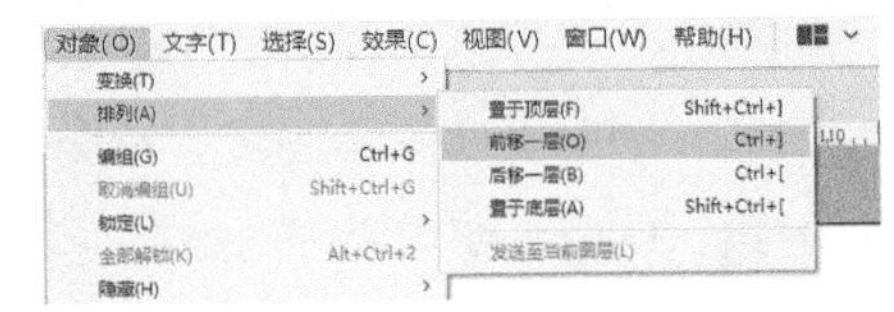

图2-34

2. 对象的排列与对齐

Illustrator允许用户在绘图中准确地排列、分布对象，以及使各个对象互相对齐或等距。

在选中需要对齐的对象后，执行“窗口→对齐”命令即可打开“对齐”面板，如图2-35所示。

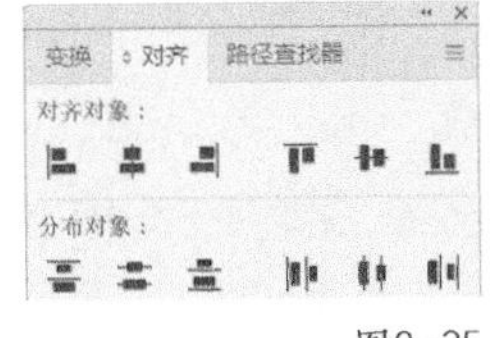

图2-35

默认情况下，用来对齐左、右、顶端或底端边缘的基准对象由创建顺序或选择顺序决定。如果在对齐前已经圈选对象，则会使用最后创建的那个对象为基准，图2-36~图2-41所示是各种对齐命令的效果。

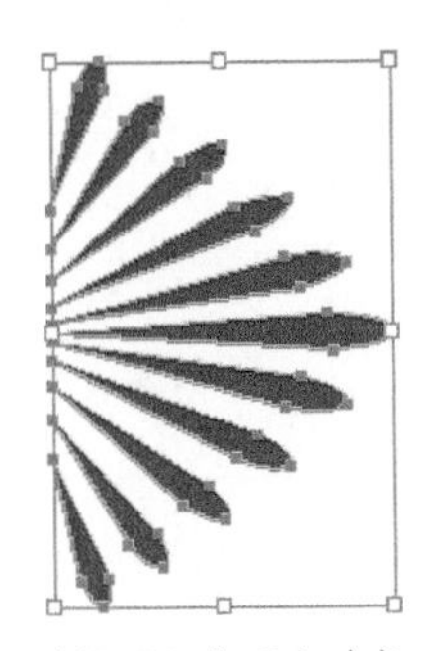

图2-36 水平左对齐

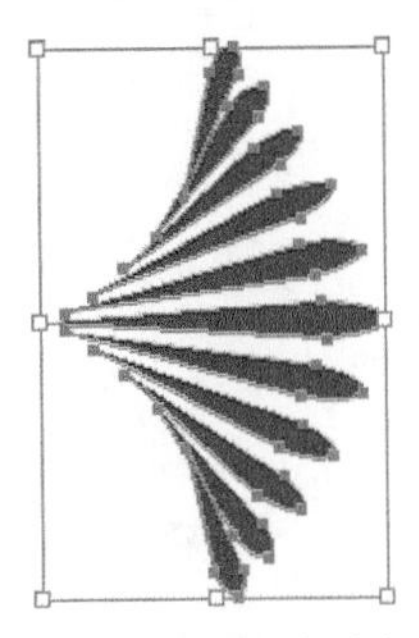

图2-37 水平居中对齐

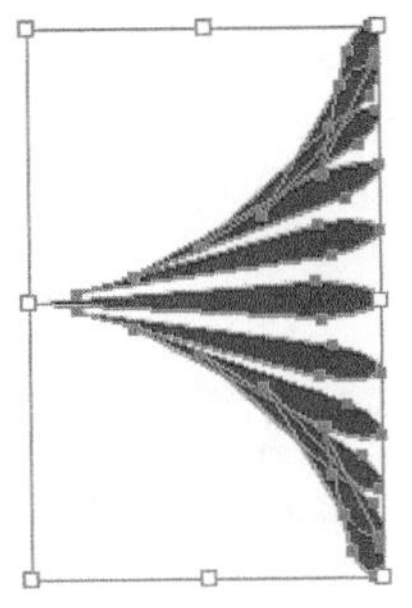

图2-38 水平右对齐

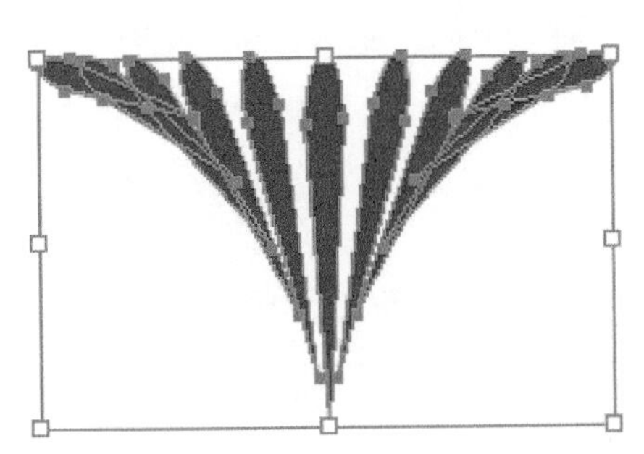

图2-39 垂直顶对齐

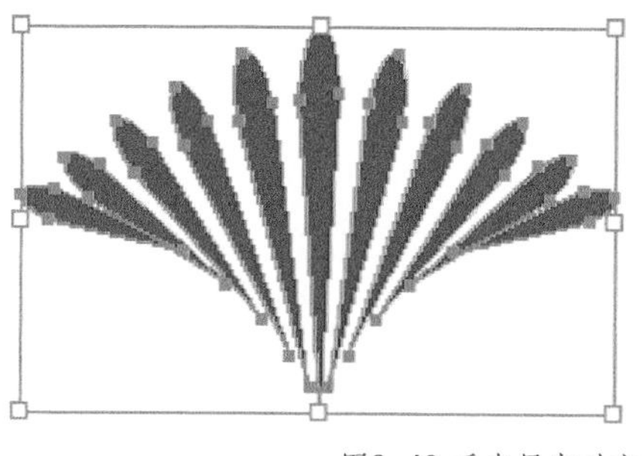

图2-40 垂直居中对齐

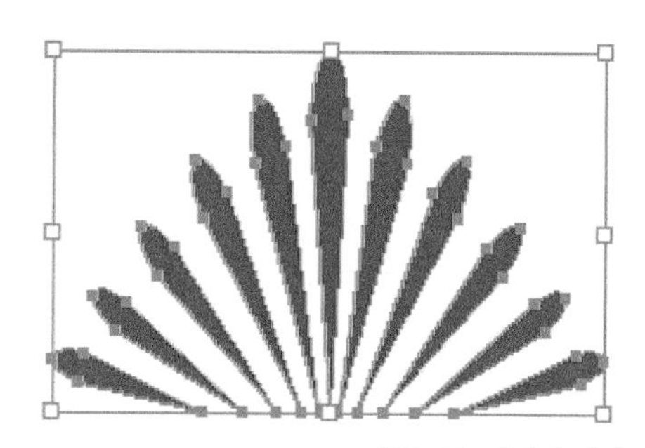

图2-41 垂直底对齐

在Illustrator CC 2019中可以指定对齐对象的基准对象，方法是首先选择所有需要对齐的对象，如图2-42所示。然后在需要作为基准的对象上再次单击一次，被再次单击的对象周围出现了一个加粗的蓝色线框，如图2-43所示，这表示它成为了对齐或分布对象的基准。

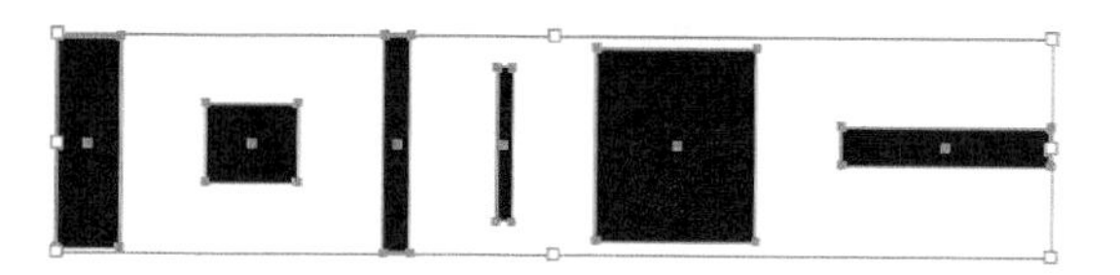

图2-42

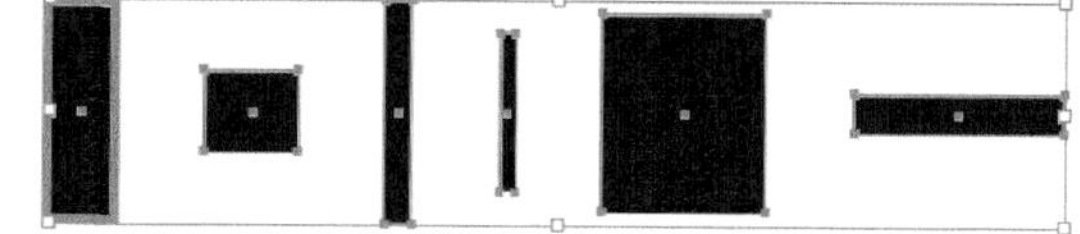

图2-43

单击“对齐”面板右上角的按钮，执行其中的“显示选项”命令，将面板完整地展开，出现“分布间距”的功能，如图2-44所示。

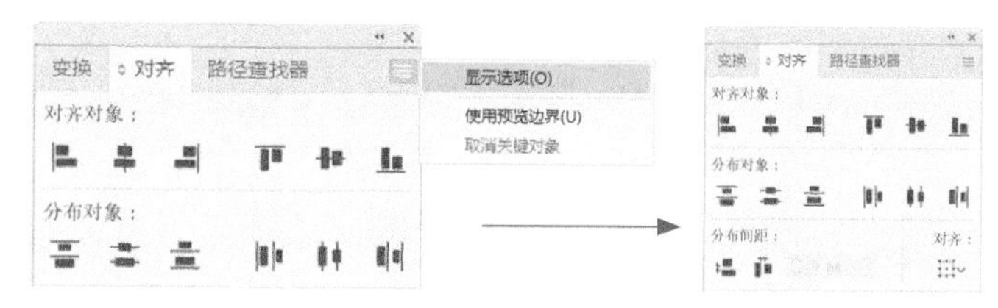

图2-44

分布间距功能主要应用于要分布的对象的宽度和长度不统一的情况。如果对长度不一的几个矩形使用“分布对象”里面的命令，无论怎么操作，都不能得到每个图形之间间距相等的效果；而如果使用“分布间距”里面的“水平分布间距”按钮，则能够得到矩形之间间距相等的效果，如图2-45所示。

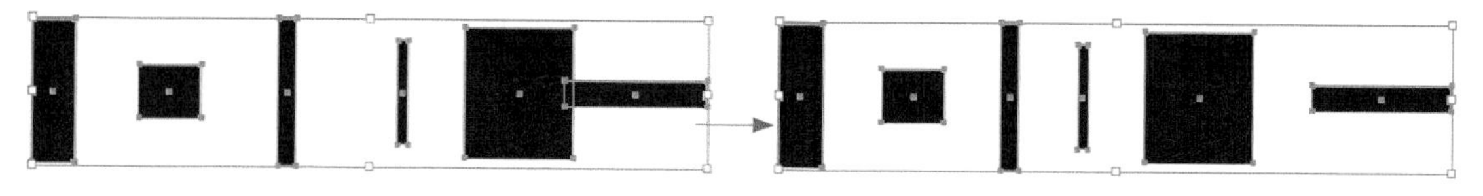

图2-45

2.1.6 对象的变形操作

Illustrator中常见的变形操作有旋转、缩放、镜像、倾斜等，它们应用的途径包括以下4种。

（1）利用对象本身的定界框和控制手柄进行变形操作。这种方式比较直观方便。

（2）利用工具箱中的专用变形工具进行变形操作，如旋转工具、镜像工具等，可以设置相关变形参数。

（3）利用“变换”面板进行精确的基本变形操作。

（4）选中对象，执行“对象→变换”下面的系列命令或者使用鼠标右键菜单里面的“变换”下面的系列命令。

下面将介绍一些常用的对象变形操作，并且适当穿插一些技巧和提示。

1. 旋转

如果要进行旋转操作则需要先单击一个位置以确定固定点，这个固定点常称为原点（否则系统默认对象中心为原点）。原点及其他术语的标注如图2-46所示。旋转操作有以下2种方法。

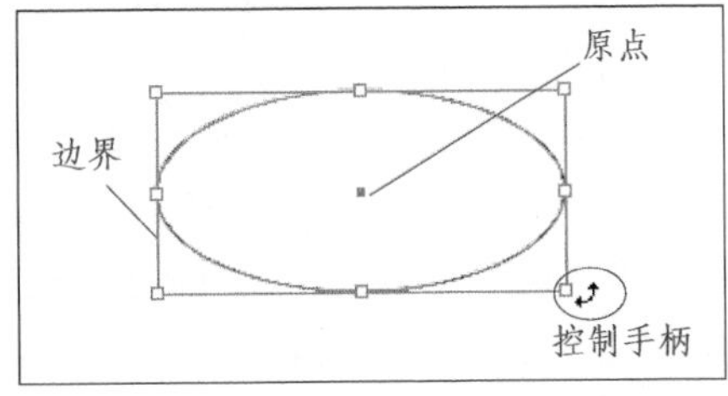

图2-46

（1）使用控制手柄进行旋转操作。选中对象，将光标移动到对象的控制手柄上，光标就会变为图2-46所示的弯曲的双箭头形状，此时便可拖动以进行旋转。

（2）使用旋转工具选中对象，按【R】键切换到旋转工具，单击一个位置以确定原点（否则系统默认对象中心为原点），拖动光标即可使对象绕原点转动。

要进行精确旋转，则可以双击旋转工具来打开“旋转”对话框进行设置，如图2-47所示。

图2-47

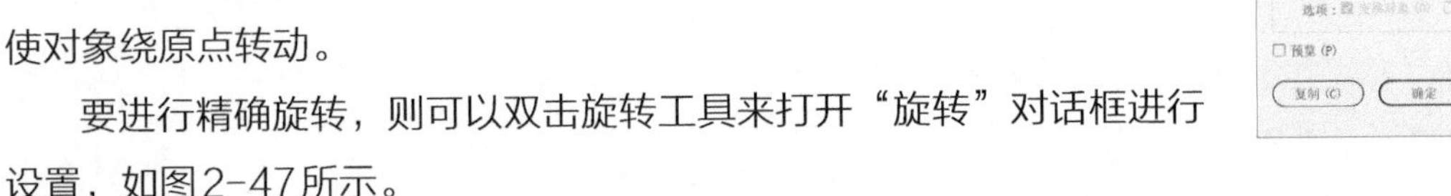
提示

旋转时按住【Shift】键，可将旋转角度限制为45°的倍数；使用旋转工具时按住【Alt】键，则可在旋转的同时复制对象。还可以使用“变换”面板进行精确的旋转，后面将进行详细的介绍。

2. 缩放

用户不但可以在水平或垂直方向放大和缩小对象，也可以同时在两个方向上对对象进行整体缩放。

（1）使用边界框缩放对象。首先选中对象，并确保其边界框已经显示。光标变为双向箭头时，拖动边界框上的控制手柄即可进行缩放，如图2-48所示，也可单独沿水平或垂直方向缩放。

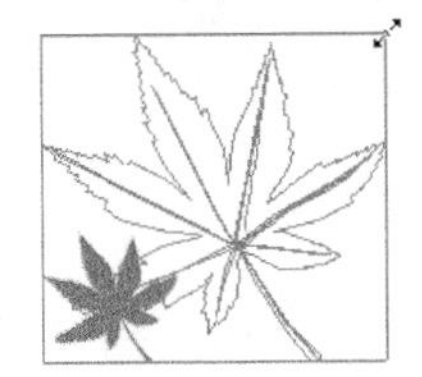

图2-48

（2）使用比例缩放工具缩放对象。选中对象并拖动即可进行缩放（注意光标变化），单击一个位置以确定缩放原点，然后以原点为固定点进行缩放。其中，离原点越远，缩放程度越大。在新位置上单击即可确定新原点。

（3）使用对话框精确缩放对象。双击比例缩放工具可打开“比例缩放”对话框，如图2-49所示。

该对话框中各项参数的具体含义如下。

· 等比：可在文本框中输入等比缩放比例。

· 不等比：输入水平和垂直方向上的比例进行缩放。

· 比例缩放描边和效果：选中此项，笔画宽度也会随对象大小比例改变而进行缩放。

· 复制：单击以便在缩放时进行复制。

· 预览：进行效果预览。

若有填充图案，则可选择是否一并对其缩放。

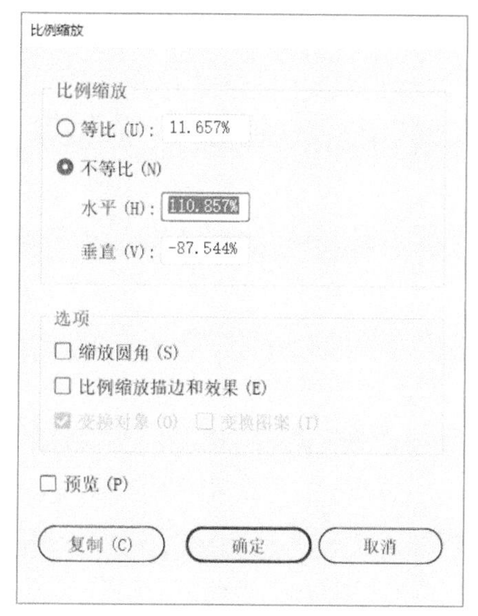

图2-49

提示 缩放时按住【Shift】键可进行等比缩放，按住【Alt】键可从中心缩放，同时按住【Alt】和【Shift】键可从中心进行等比缩放。使用缩放工具时，先进行缩放再按住【Alt】可复制对象。此外，还可以用“变换”面板进行精确缩放。

3. 镜像

镜像变换可对所选对象按照指定的轴进行镜像操作。

（1）使用镜像工具进行操作。选中对象（可选择多个）后，按【O】键切换到镜像工具，单击一个位置确定镜像原点（否则系统默认对象中心点为原点），围绕镜像原点单击并拖动鼠标，系统将会显示镜像操作的预览图形，释放鼠标即可完成操作，如图2-50所示。

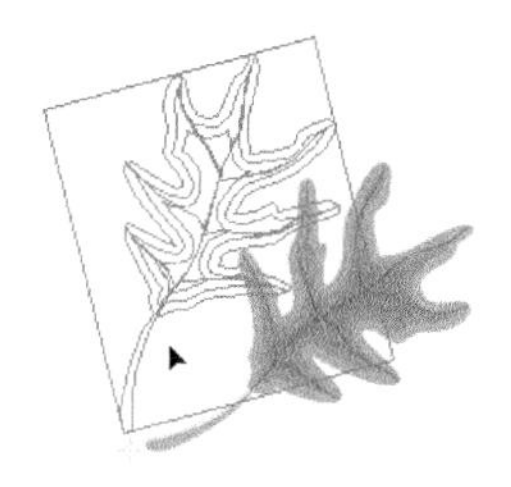

图2-50

（2）使用对话框进行镜像操作。双击镜像工具可打开“镜像”对话框进行设置，如图2-51所示。在该对话框中可选择沿水平或垂直轴生成镜像，若在角度文本框中输入角度，系统将沿着此倾斜角度的轴进行镜像。同样，可以根据对象填充状态设置对象和图案，以决定是否对填充图案进行镜像。

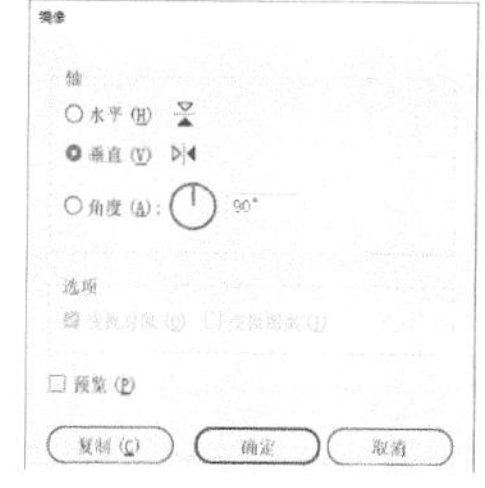

图2-51

4. 倾斜

对选择的对象进行倾斜操作时，也需要指定原点。不能用边界框和控制手柄进行倾斜操作。

（1）使用倾斜工具进行操作。选中对象和倾斜工具后，单击一个位置以确定原点，然后拖动对象即可进行倾斜操作。在倾斜操作时，按住【Alt】键可以进行复制；按住【Shift】键则可使对象在水平和垂直两个方向上倾斜，如图2-52所示。

图2-52

（2）使用对话框进行倾斜操作。双击倾斜工具可打开“倾斜”对话框进行如图2-53所示的设置。在倾斜角度文本框中可输入倾斜角度，还可以选择沿水平轴、垂直轴或指定角度进行倾斜操作。

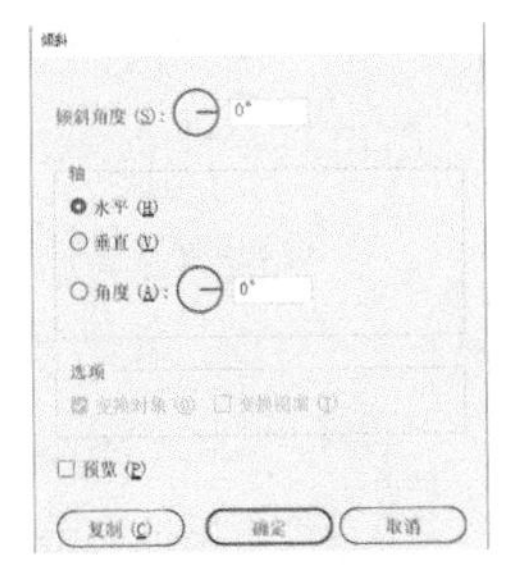

图2-53

5. 自由变换

自由变换工具集合了缩放、旋转、倾斜、透视等功能。

对选中的对象进行缩放的方法是，使用自由变换工具在定界框的控制点上进行拖动。在定界框之外拖动控制点，可以旋转对象。

对选中的对象进行倾斜的方法是，使用自由变换工具时，单击选中定界框上的一个控制点，最后再横向或竖向拖动鼠标，如图2-54所示。

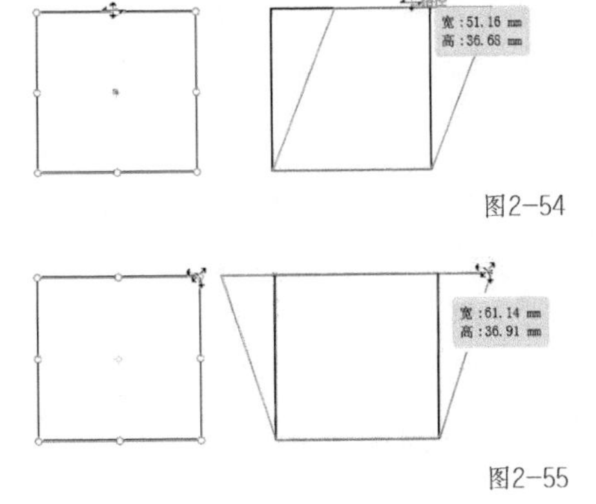

图2-54

对选中的对象进行透视的方法是，使用自由变换工具时，单击选中定界框上的一个控制点，然后按住【Shift】+【Ctrl】+【Alt】组合键的同时横向或竖向拖动鼠标，如图2-55所示。

图2-55

6. 变换面板

选中对象后，执行“窗口→变换”命令或执行快捷键【Shift】+【F8】命令可以打开“变换”面板。“变换”面板会显示其大小、位置、倾斜角度等信息，用户可输入新数值来进行变换，如图2-56所示。单击面板左侧中代表定界框的控制点，即可指定相应的操作参考点。

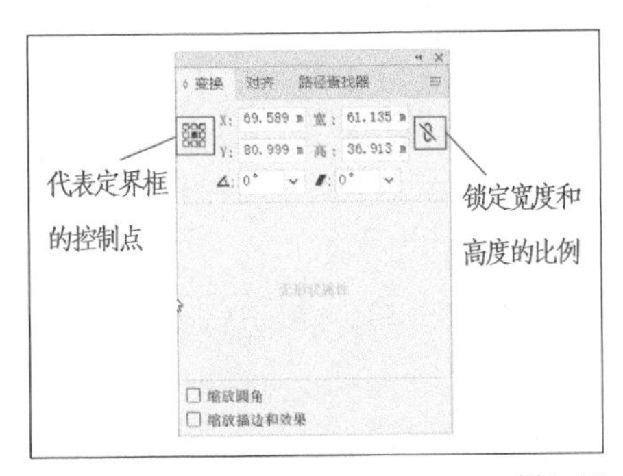

图2-56

如果需要移动对象，在X、Y文本框中输入数值即可；如果要改变对象的宽度和高度，在宽、高文本框中输入数值即可；如果需要倾斜或旋转对象，在倾斜和旋转文本框中输入数值即可。输入数值后按【Enter】键即可完成相应的操作。

注意宽度和高度设置的右边有一个小锁，单击它表示在对高度或宽度进行变化的时候成比例。

2.1.7 对象的锁定与解锁

在比较复杂的画面中，为了防止误操作的发生，Illustrator提供了锁定对象与解锁对象的功能。将对象锁定以后，将不可以对对象进行任何操作。

选中对象后，执行快捷键【Ctrl】+【2】命令即可锁定对象，执行快捷键【Ctrl】+【Alt】+【2】命令即可解锁所有被锁定的对象。在“图层”面板中可观察和操作对象锁定的状态，如图2-57所示。

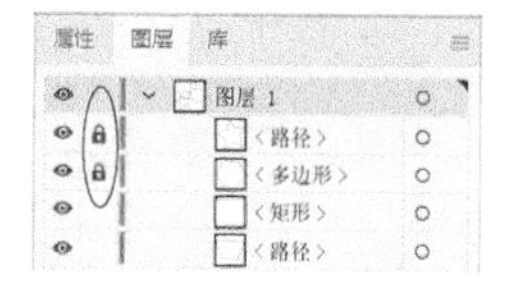

图2-57

2.1.8 对象的显示与隐藏

在处理复杂工作时，为了防止误操作带来不必要的麻烦，就需要对一部分操作对象进行隐藏，减少干扰因素。

隐藏对象的快捷键是【Ctrl】+【3】，而显示对象的快捷键是【Ctrl】+【Alt】+【3】；在“图层”面板中可观察和操作对象显示的状态，如图2-58所示。

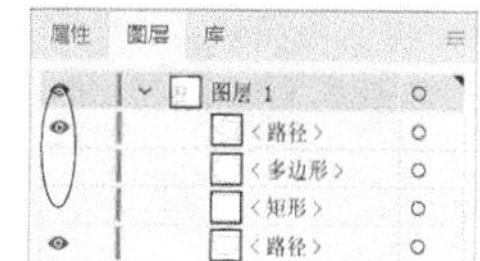

图2-58

2.1.9 对象的群组与解组

当画板中的对象比较多的时候，需要把其中相关的对象进行编组以便于控制和操作。对多个对象进行群组的快捷键是【Ctrl】+【G】，而解散群组的快捷键是【Ctrl】+【Alt】+【G】。

提示 可以从不同图层中选择对象并进行群组；但是，一旦组成群组，这些对象就会处于同一图层中。

当操作的对象是一个多级群组对象时，如果要解散群组，可以根据要编辑的图形状态来决定解组要进行到怎样的级别，每执行一次解组命令，群组可向下打散一次，多次执行则最终将群组对象打散为单独的路径或其他的对象。

2.2 实训案例

2.2.1 AMD logo 制作

目标：通过绘制图2-59所示的AMD的logo初步熟悉Illustrator的基本环境、操作方式，以及矩形工具、旋转工具、“路径查找器”面板的使用。

图2-59

操作步骤

01 新建一个Illustrator文件，使用矩形工具按住【Shift】键绘制一个正方形并在“颜色”面板中为其填充一个绿色，设置线框为无，如图2-60所示。

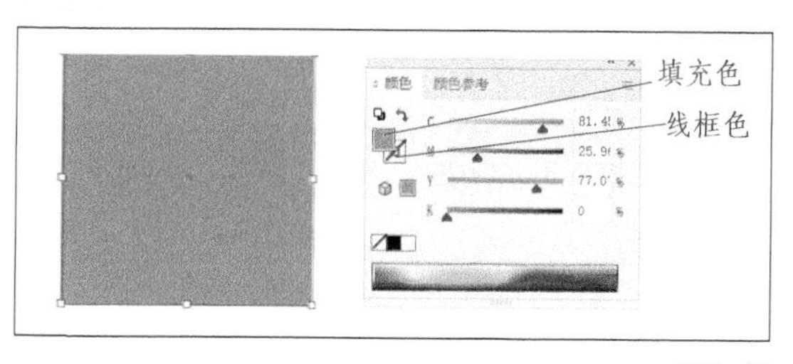

图2-60

02 执行快捷键【Ctrl】+【C】→【Ctrl】+【F】命令得到一个当前矩形的复制图形，然后使用移动工具按住【Alt】和【Shift】键向左下方拖动其右上角的控制点使其等比例缩小，如图2-61所示。

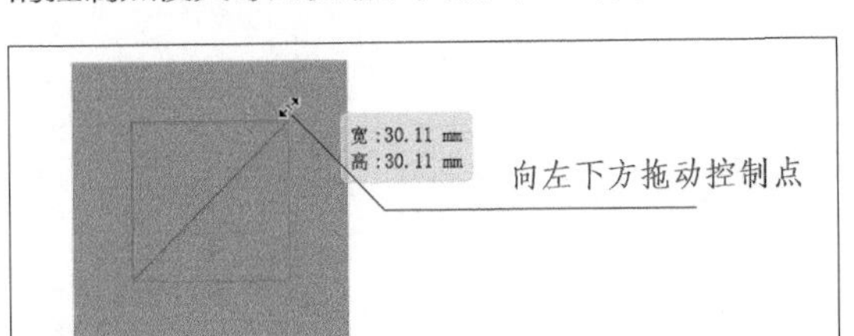

图2-61

03 同时选中两个矩形，执行"路径查找器"面板的"减去顶层"命令，得到图2-62所示的中间镂空的图形。

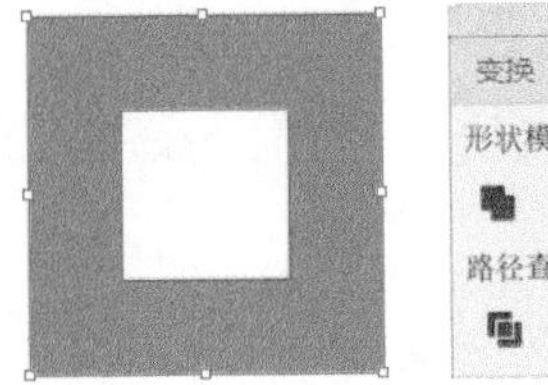
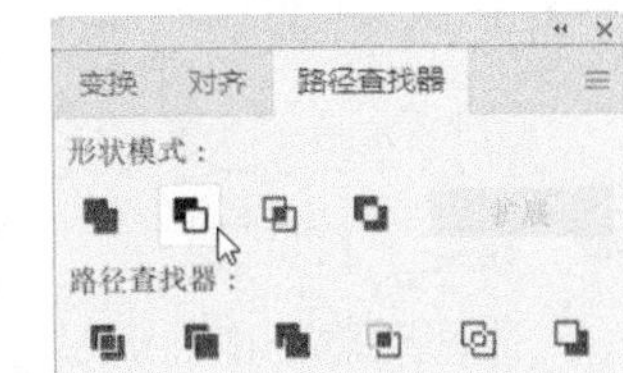

图2-62

04 使用钢笔工具绘制一个图2-63所示的图形，然后同时选中所有的图形，再次执行"路径查找器"面板中的"减去顶层"命令，得到图2-64所示的图形。

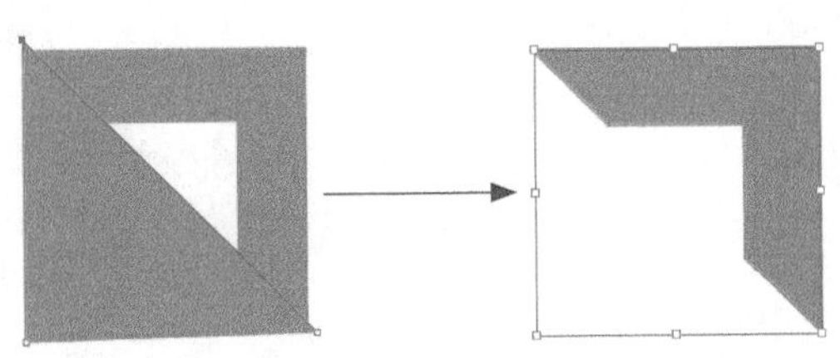
图2-63　　图2-64

05 复制一个当前的图形，并将其旋转到对称的位置。方法是将鼠标指针移动到图形定界框的右上控制点外，使其出现旋转手柄按住【Alt】键并进行顺时针旋转，如图2-65所示。

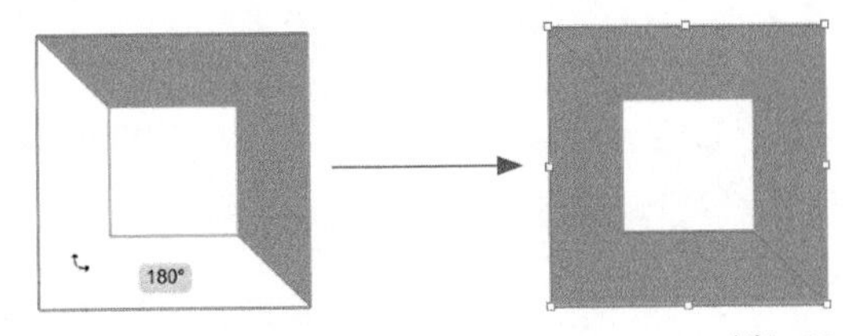

图2-65

06 使用直接选择工具向下拖动图2-66所示的锚点到新的位置。同理，调整图2-67所示的另外一个锚点的位置。

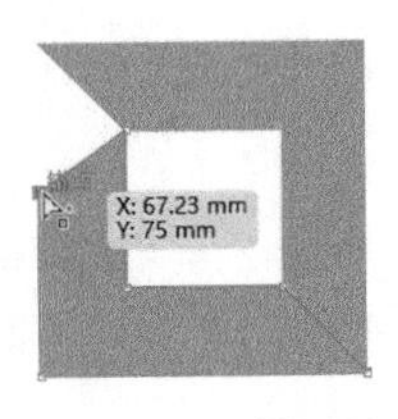

图2-66

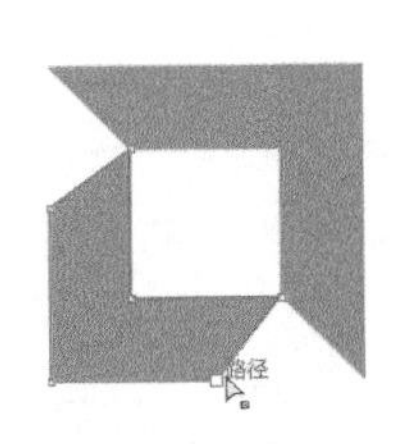

图2-67

07 使用直接选择工具单击选择图2-68所示的一个锚点，然后按住【Shift】键，单击加选另外一个锚点，然后向左移动它们的位置。

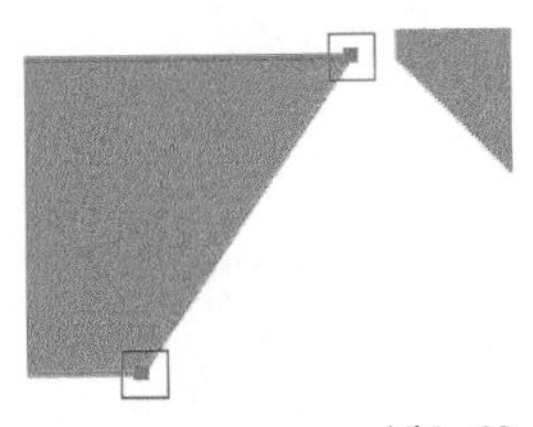
图2-68

08 同理，调整另外一侧的两个锚点的位置。使用文字工具打上"AMD"，调整其字体和大小。最终效果如图2-69所示。

提示 请仔细观察，被选中的锚点会呈现实心的状态，而未被选中的则是空心的状态。另外移动锚点的位置，除了使用直接选择工具拖动外，也可以使用键盘的左、右键，每按一次，按一个键盘增量进行移动，如果想按照10倍的增量进行移动，则需要同时按【Shift】键。

图2-69

2.2.2 房地产信息服务网 logo

目标：通过绘制如图2-70所示的logo初步熟悉直接选择工具的用法，同时熟悉图形的复制技巧。

图2-70

操作步骤

01 新建一个Illustrator文件，使用矩形工具绘制一个长方形并在“颜色”面板中为其填充黄色，设置线框为无，如图2-71所示。使用直接选择工具框选矩形上方区域以选择上方的两个锚点，如图2-72所示。

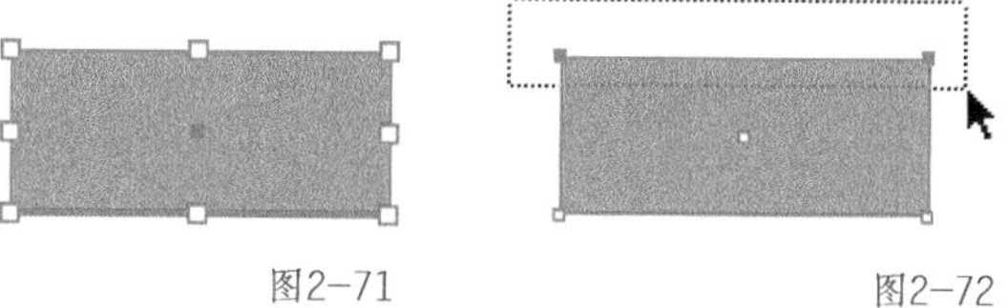

图2-71　　图2-72

02 向右拖动选中的两个锚点以改变矩形的形状，如图2-73所示。

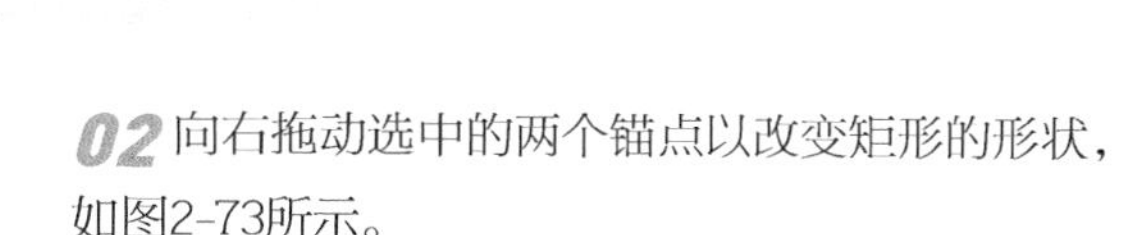

图2-73

03 直接拖动矩形的一个路径片段进行变形，如图2-74所示。

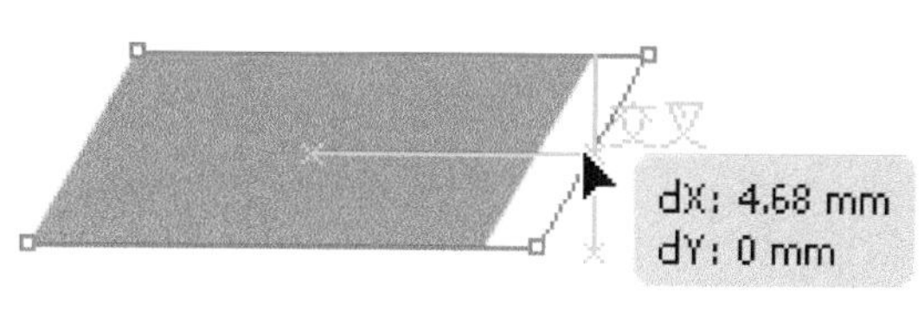

图2-74

04 使用移动工具并按住【Alt】键和【Shift】键向下方拖动，以得到一个复制的对象，如图2-75所示。

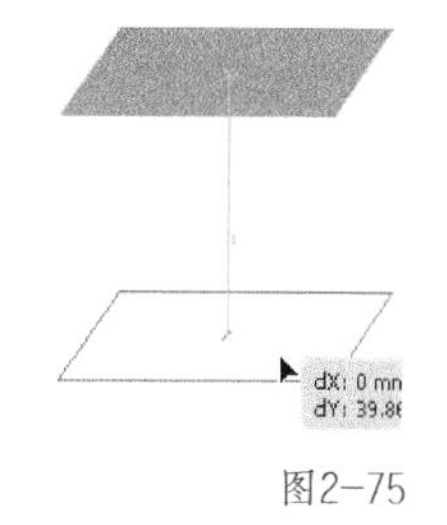

图2-75

05 使用钢笔工具贴紧已有的图形边缘绘制一个新的图形，将其颜色设置为黑色，如图2-76所示。

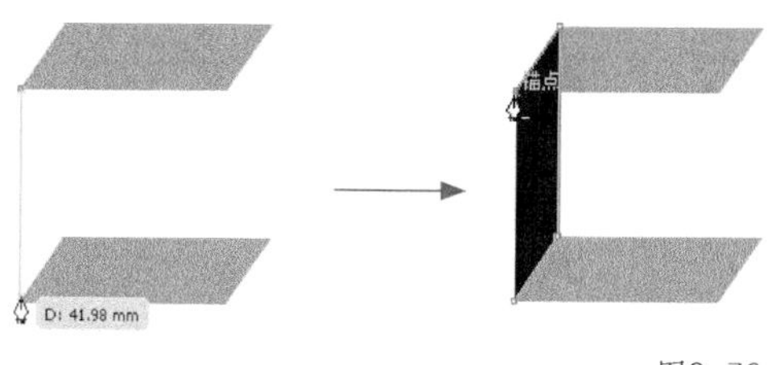

图2-76

06 选中黑色对象，执行快捷键【Ctrl】+【Shift】+【[】命令将其放置到所有图形的最后方，如图2-77所示。

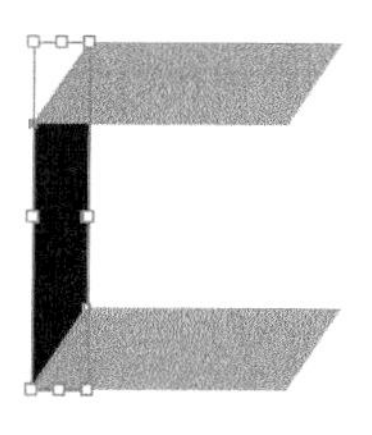

图2-77

提示 默认情况下智能参考线功能是开启的，系统会自动提示钢笔所处的位置是在锚点上。这样非常方便绘制的边贴紧对象。

07 使用移动工具框选全部图形，按住【Alt】键和【Shift】键向右方复制一组新的图形出来，如图2-78所示。然后删掉第二组图形下方的图形，如图2-79所示。

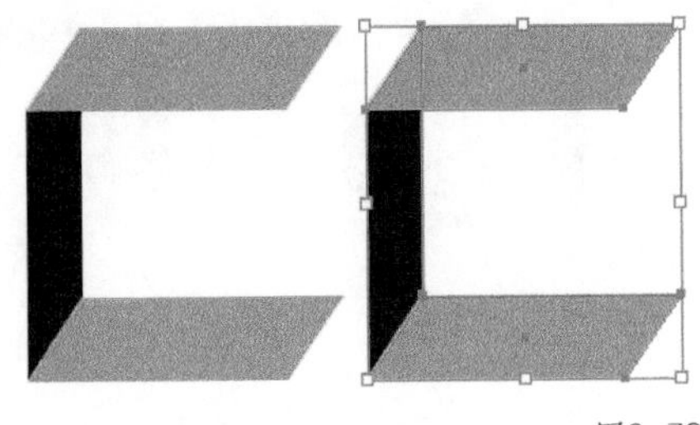

图2-78

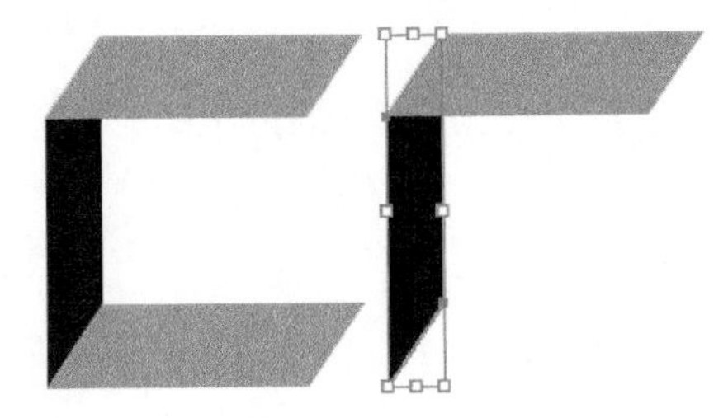

图2-79

08 按住【Alt】键和【Shift】键复制图2-80所示的黑色图形到右边。

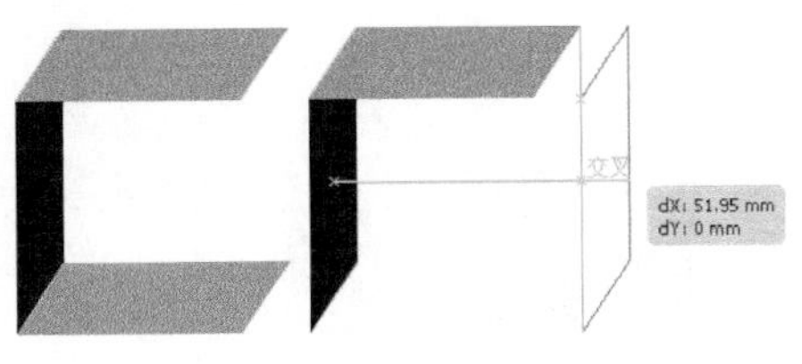

图2-80

09 同理，再复制第一组图形到右边，得到图2-81所示的效果。

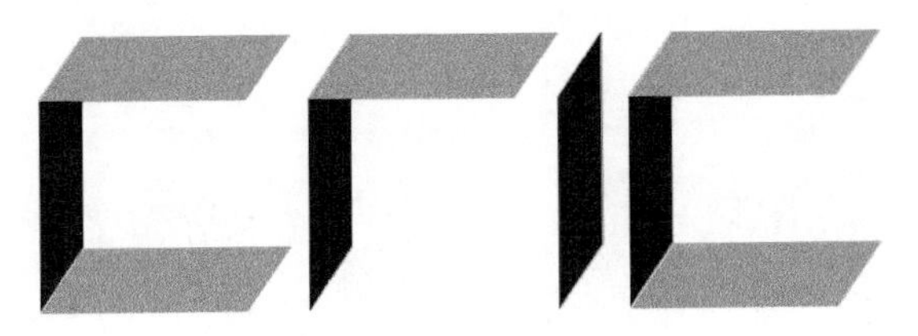

图2-81

10 使用矩形工具绘制图2-82所示的正方形。

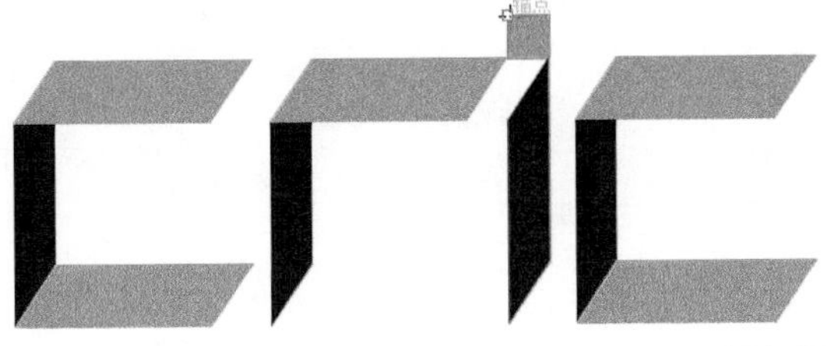

图2-82

11 最后调整图形之间的距离效果如图2-83所示。

图2-83

2.2.3 卡通小挂牌

目标：通过绘制图2-84所示的卡通图形，熟悉圆角矩形和圆形工具的用法，并掌握对象的对齐、顺序调整与旋转的操作。

图2-84

操作步骤

01 新建一个Illustrator文件，使用圆角矩形工具绘制一个紫色的圆角矩形。注意：绘制的时候，在不松开鼠标左键的情况下，可按键盘的向上或向下键调整圆角的弧度，如图2-85所示。

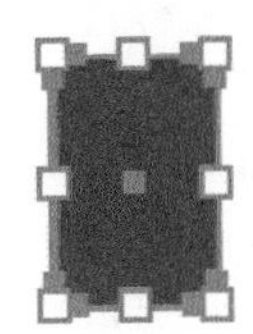

图2-85

02 使用椭圆形工具按住【Shift】键绘制一个正圆形，如图2-86所示。

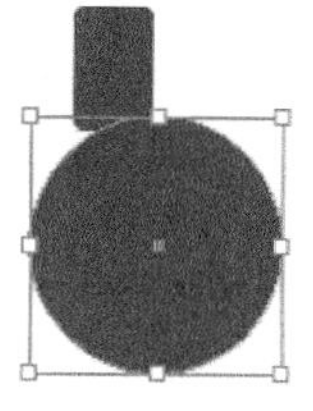

图2-86

03 同时选中两个图形，执行“对齐”面板中的“水平居中对齐”命令，如图2-87所示。

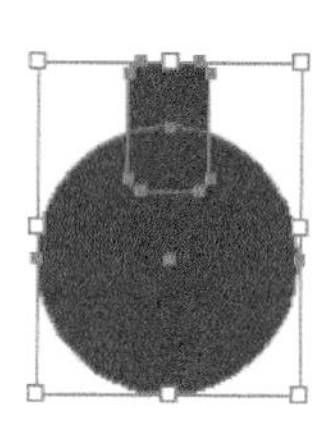

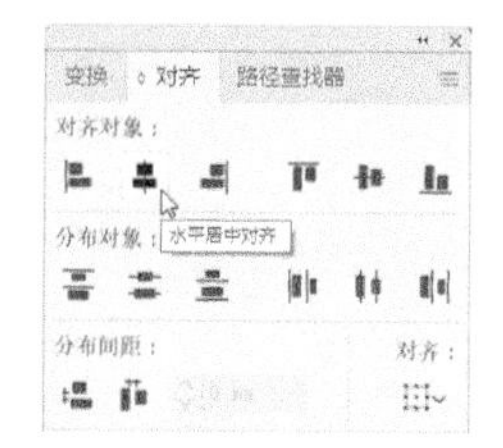

图2-87

04 执行“路径查找器”面板中的“联集”命令，得到一个合并的路径，如图2-88所示。

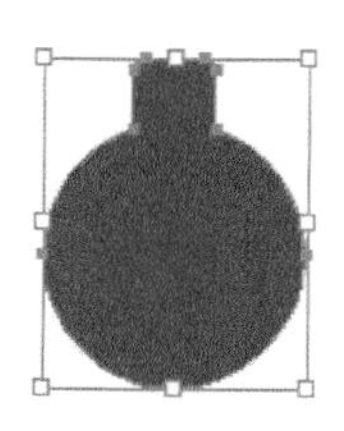

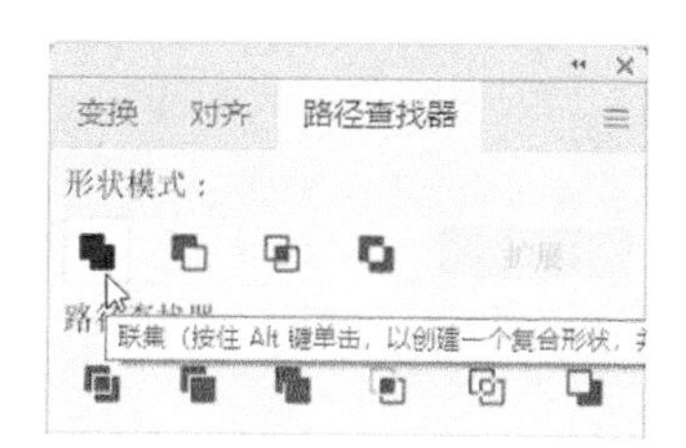

图2-88

05 使用移动工具按住【Alt】键和【Shift】键，向右复制一个图形出来，如图2-89所示。

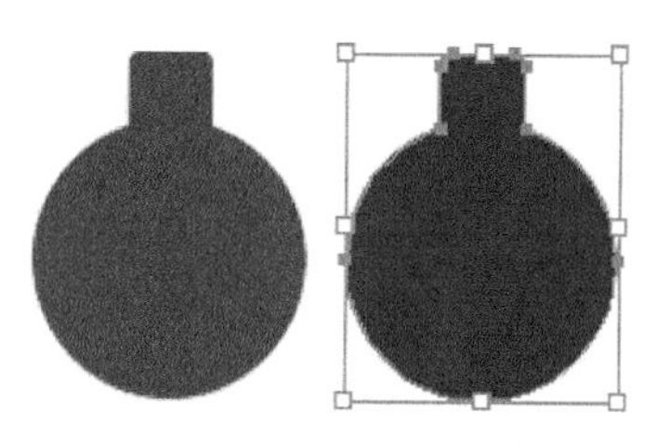

图2-89

06 执行快捷键【Ctrl】+【D】命令可复制出多个对象，如图2-90所示。

图2-90

07 使用钢笔工具绘制图2-91所示的一条曲线。根据曲线的走向，使用旋转工具调整每个彩色图形的方向，如图2-92所示。

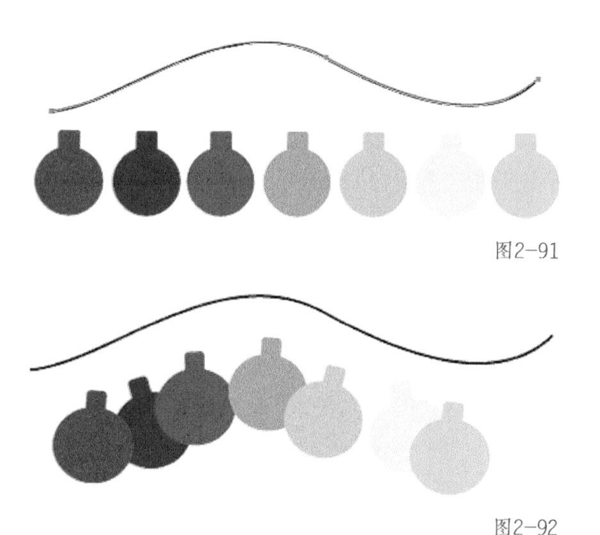

图2-91

图2-92

08 使用钢笔工具为彩色图形绘制绳索，可放大视图比例以便于观察和绘制，如图2-93所示。恢复视图比例观察绘制效果，如图2-94所示。

图2-93

图2-94

09 可使用移动工具框选绳索，如图2-95所示。然后按住【Shift】键，单击最长的那根线将其取消选择，得到图2-96所示的选区。

图2-95

图2-96

10 执行快捷键【Ctrl】+【G】命令将绳索编组，然后使用移动工具按住【Alt】键向右复制编组后的绳索，并使用旋转工具调整它们的方向，如图2-97所示。

图2-97

11 使用文字工具输入图2-98所示的字母，调整其字体为加粗的等线体字型。

图2-98

12 将字母“A”复制到一个新的位置，并使用文字工具更改字母为“B”，并调整其方向，如图2-99所示。

图2-99

13 执行快捷键【Ctrl】+【[】命令调整字母“B”到红色图形的后方，如图2-100所示。

图2-100

14 同理，复制出其他的字母，调整它们的方向得到最终的效果，如图2-101所示。

图2-101

2.2.4 圆形标志图形

目标：通过绘制图2-102所示的logo，初步熟悉直接选择工具的用法，另外熟悉图形的复制技巧。

图2-102

操作步骤

01 新建一个Illustrator文件，使用椭圆形工具绘制一个正圆形，并为其填充深绿色，设置线框为无，如图2-103所示。执行快捷键【Ctrl】+【C】→【Ctrl】+【F】命令将其原位复制，然后等比例缩小，如图2-104所示。

图2-103

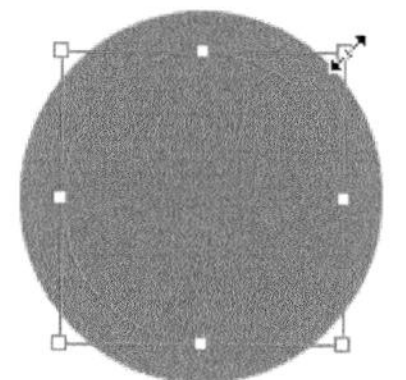

图2-104

02 同时选中它们，执行“路径查找器”面板的“减去顶层”命令，得到镂空的圆环，如图2-105所示。

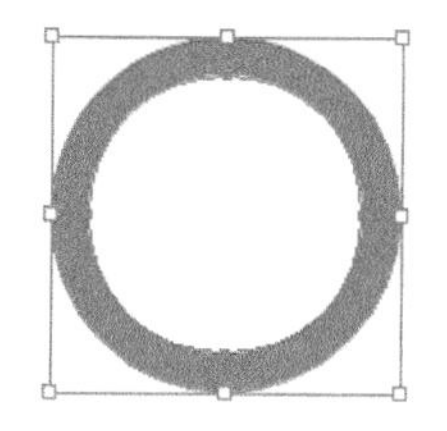

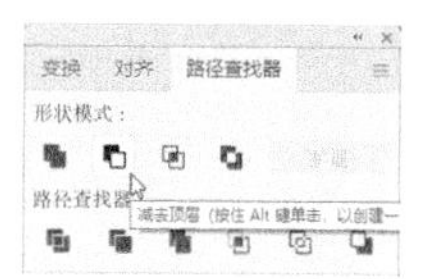

图2-105

03 选中椭圆形工具，将光标放在圆环的中心，会发现软件提示鼠标所在的位置为圆环的“中心点”（开启了智能参考线功能的情况下）。然后按住【Shift】+【Alt】组合键拖曳鼠标，以中心点为起点绘制一个正圆形，如图2-106所示。

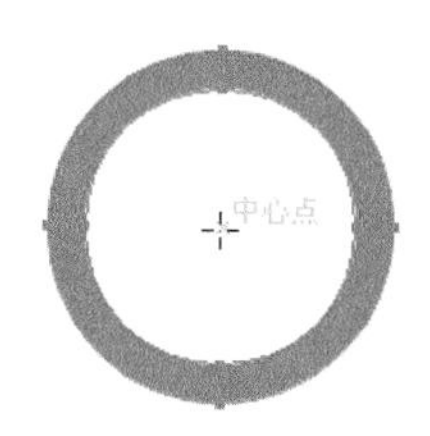

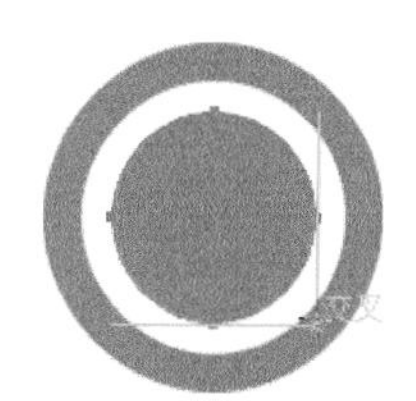

图2-106

04 同理，使用矩形工具，以中心点为起点，按住【Alt】键绘制图2-107所示的矩形。双击工具箱中的旋转工具，打开“旋转”对话框，在其中设置角度为45°，单击“复制”按钮，得到一个经过旋转的新图形，如图2-108所示。

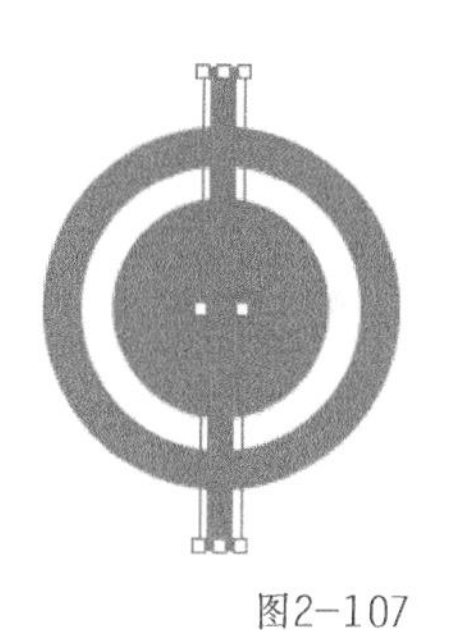

图2-107

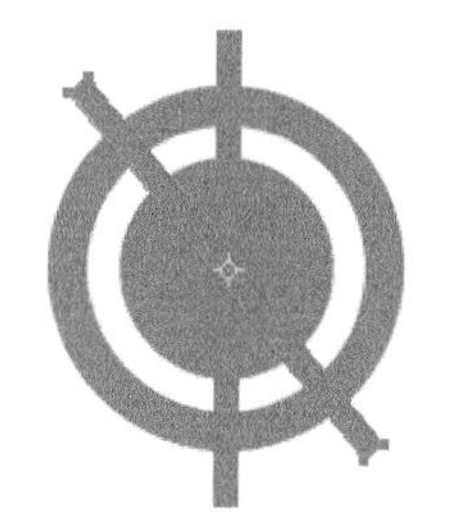

图2-108

05 执行快捷键【Ctrl】+【D】命令两次，得到图2-109所示的效果。再次旋转椭圆形工具绘制图2-110所示的正圆形。

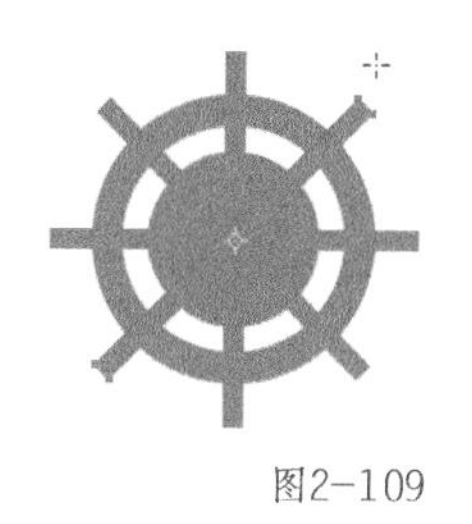

图2-109

图2-110

06 执行快捷键【Ctrl】+【2】命令，将新绘制的正圆形锁定起来，这样它就不会被选中，如图2-111所示。

提示　按【F7】键打开“图层”面板，可以查看当前路径是否被锁定，还可以锁定和解锁图形。

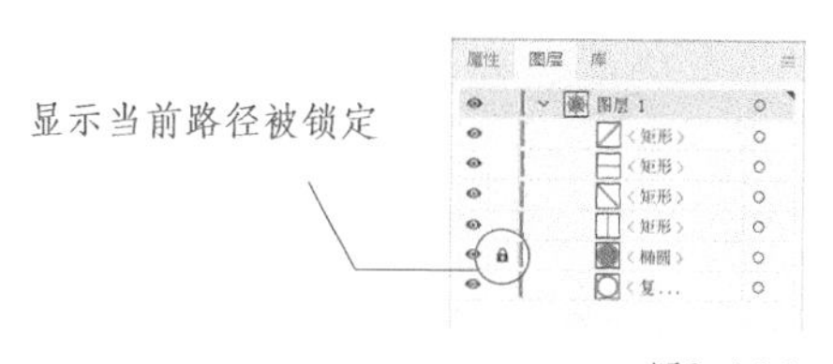

图2-111

07 执行快捷键【Ctrl】+【A】命令将全部图形选中，执行“路径查找器”面板中的“减去顶层”命令，得到图2-112所示的效果。

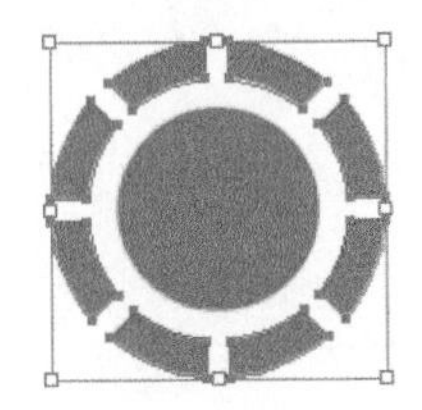

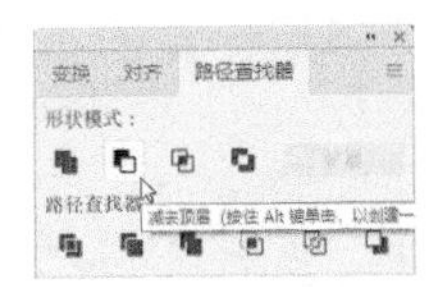

图2-112

08 选中椭圆形工具，找到和现有图形中对齐的位置，按【Shift】+【Alt】组合键拖曳鼠标，绘制一个小的正圆形，如图2-113所示。

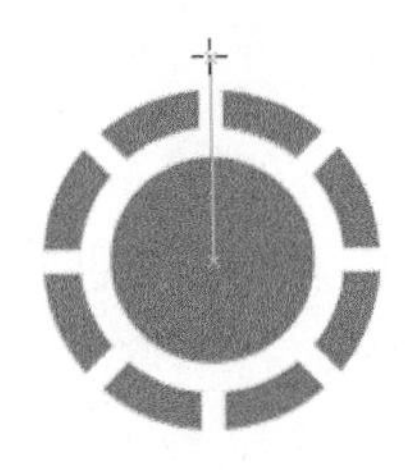

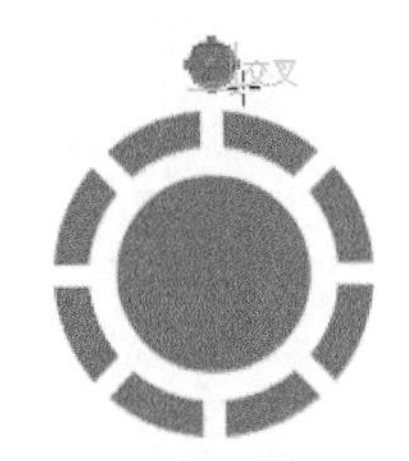

图2-113

09 使用旋转工具，不要单击或拖动，先把光标放到中间大正圆形的中心点上，如图2-114所示。然后按住【Alt】键，再单击中心点，打开图2-115所示的“旋转”对话框，同时图形的旋转中心点将从它自身的中心点改变为鼠标单击的地方。这个时候在“旋转”对话框中输入角度为45°，单击“复制”按钮，即可得到一个新的经过旋转的正圆形。

图2-114

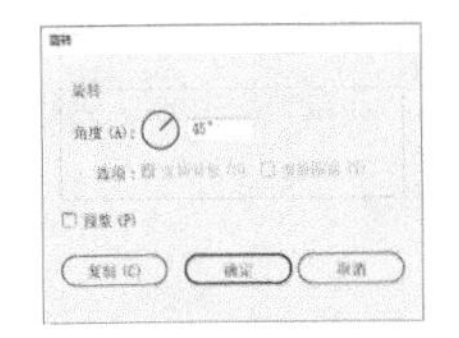

图2-115

10 连续执行快捷键【Ctrl】+【D】命令6次，重复执行6次再次变换命令，得到图2-116所示的最终图形。

图2-116

第3章 高级绘图工具和命令

本章主要讲解Illustrator CC 2019的高级绘图工具和命令。首先讲解各个高级绘图工具组的使用，如线形工具组、自由笔画工具组、变形工具组等。其次讲解图层面板和描边面板的使用，让用户进一步掌握Illustrator CC 2019绘图的高级功能。最后通过实训案例的分步讲解，帮助读者灵活运用本章学习到的高级工具和命令。

3.1 知识点储备

3.1.1 线形工具组

线形工具组一共有5种工具，包括直线段工具、弧形工具、螺旋线工具、矩形网格工具和极坐标网格工具，如图3-1所示。

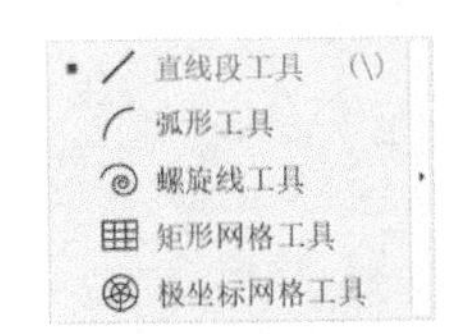

图3-1

1.直线段工具

直线段工具的使用非常简单，只需在工具箱中选中该工具，就可以在工作页面上绘制直线。在绘制时，按住【Alt】键，可以绘制一条由某一点出发的直线；按住空格键可以移动直线；按住【Shift】键，可将绘制直线的角度限制为45°，如图3-2所示。而按住【`】键，则可以绘制很多条直线，如图3-3所示。

图3-2

图3-3

2.弧线工具

选择弧线工具后，在工作页面上直接拖动，就可以绘制出图3-4所示的弧线类型。

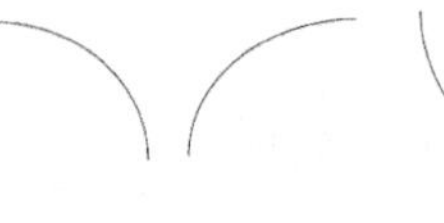

图3-4

在绘制时按住【Alt】键，可以绘制出从当前点出发的对称圆弧；按住【`】键，可以得到很多条圆弧，如图3-5所示；按【C】键，可以在开放弧线类型和封闭弧线类型之间进行切换；按住【F】键，可以翻转所绘制的圆弧；按上、下箭头键，则可以调整圆弧的曲率。

图3-5

3.螺旋线工具

选择螺旋线工具后，可以直接在工作页面上拖动鼠标来完成绘制工作。绘制的时候，鼠标拖动的方向不同，可得到不同方向的螺旋形。同时，按住上箭头键，可以增加螺旋形的圈数；按住下箭头键，可以减少螺旋形的圈数，如图3-6所示。

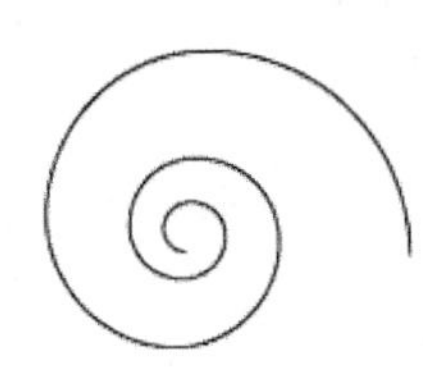
图3-6

4.矩形网格工具

使用矩形网格工具可以快速地绘制网格图形，如图3-7所示。在绘制的过程中，按左箭头键，可以在水平方向上减少网格的数量；按右箭头键，可以在水平方向上增加网格的数量；按上箭头键，可以在垂直方向上增加网格的数量；按下箭头键，可以在垂直方向上减少网格的数量。

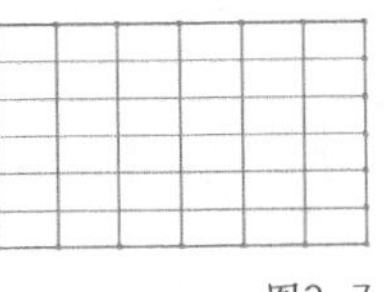
图3-7

5. 极坐标网格工具

极坐标网格工具绘制的图形类似于同心圆的放射线效果，如图3-8所示。在绘制的过程中，按左箭头键，可以减少辐射线的数量；按右箭头键，可以增加辐射线的数量；按上箭头键，可以增加同心圆的数量；按下箭头键，可以减少同心圆的数量。

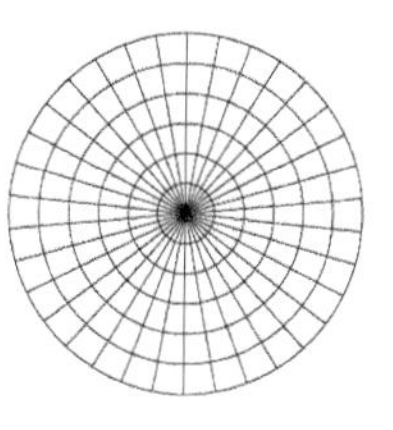

图3-8

3.1.2 自由画笔工具组

自由画笔工具组包含图3-9所示的5种工具。

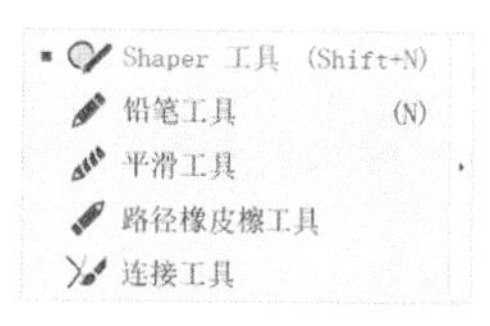

图3-9

1. 铅笔工具

铅笔工具是一个非凡的工具，它实现了手工绘画和计算机绘画的平整过渡。因为Illustrator可以通过跟踪手绘的痕迹来创建路径，所以不论使用该工具绘制开放路径还是封闭路径，都可以像在纸张上绘制那样方便。

如果需要绘制一条封闭的路径，可以在选中该工具以后一直按住【Alt】键，直至绘制完毕。

提示 使用该工具得到的路径形状与绘制时鼠标的移动速度有关。当鼠标在某处停留的时间过长，系统将在此处插入一个锚点；反之，鼠标移动得过快，系统就会忽视某些线条方向的改变。

2. 平滑工具和路径橡皮擦工具

平滑工具可以对路径进行平滑处理，而且尽可能地保持路径的原始状态。如果要使用平滑工具，那么就必须要保证待处理的路径处于选中状态，然后在工具箱中选择该工具，沿着路径上要进行平滑处理的区域拖动。平滑工具使用的效果如图3-10所示。

路径橡皮擦工具可用来清除路径或笔画的一部分，使用的效果如图3-11所示。

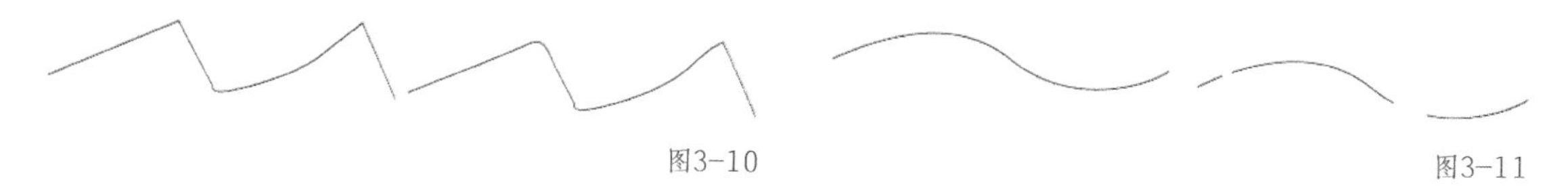

图3-10　　图3-11

3.1.3 变形工具组

变形工具组一共有8种工具，如图3-12所示。

该工具组的功能非常强大，使用该工具组中的工具可以对图形进行多样化和灵活化的变形操作，使得文字、图像和其他对象的交互变形变得轻松。这些工具的使用和Photoshop中的手指涂抹工具有些相像，不同的是，使用手指涂抹工具得到的是颜色的延伸，而使用该组工具可以对矢量图形进行扭曲甚至夸张的变形。

图3-12

1.宽度工具

宽度工具能方便地改变路径上任何一个地方的宽度。操作的同时按住【Alt】键，可以使路径的两边距离中心的宽度不一样。图3-13所示是先用钢笔工具绘制一个曲线路径，然后使用宽度工具拖动其中的锚点来改变路径的宽度。

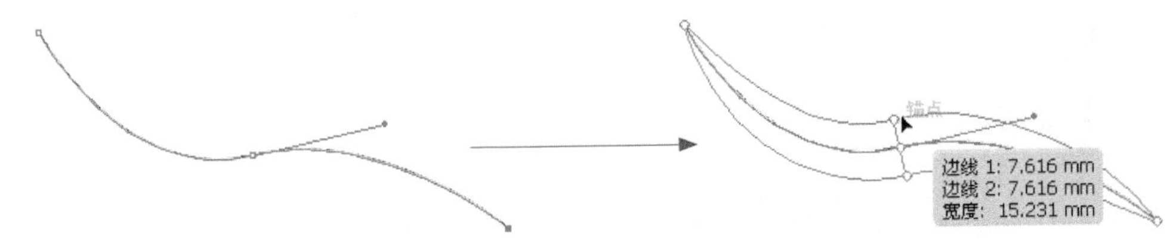

图3-13

下面使用宽度工具绘制一条鱼的形状。

绘制一条直线，如图3-14所示。

图3-14

使用宽度工具在路径上图3-15所示的位置向上拖动，得到路径加宽的效果。

继续使用宽度工具加宽其他的部位，如图3-16所示。

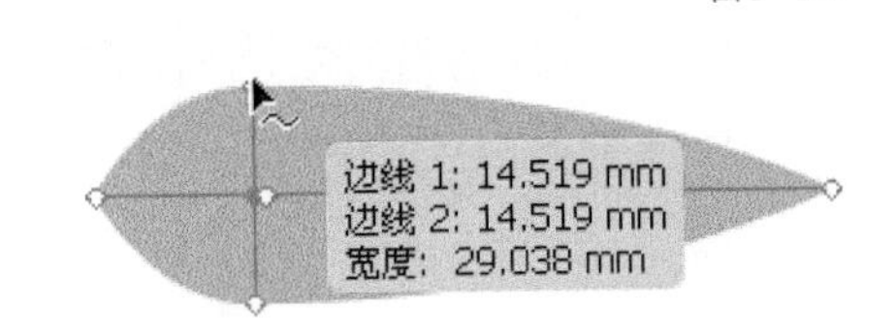

图3-15

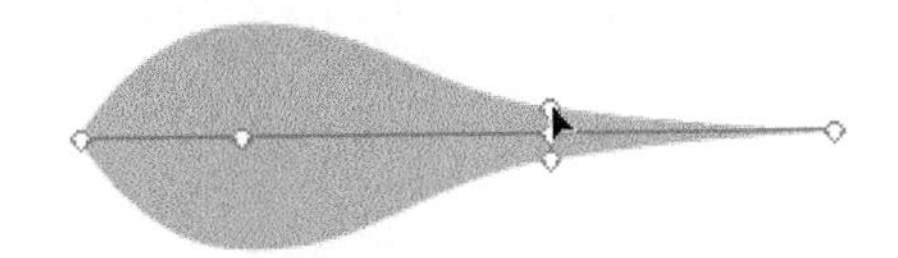

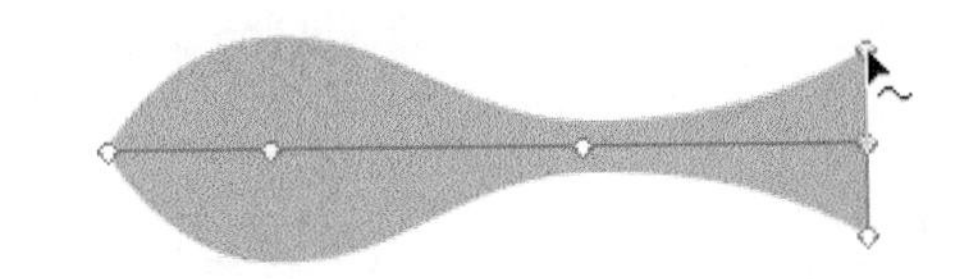

图3-16

调整之后得到图3-17所示的形状。

鱼的形状出来后，它的路径还是保持为一条直线。如果想要将路径扩展开，则执行“对象→扩展外观”命令，效果如图3-18所示。

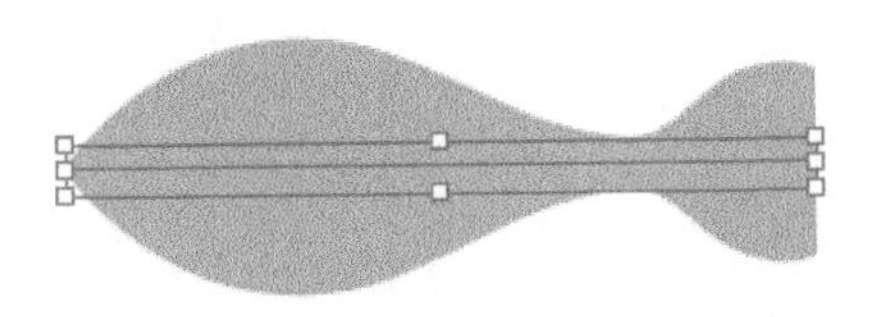

图3-17

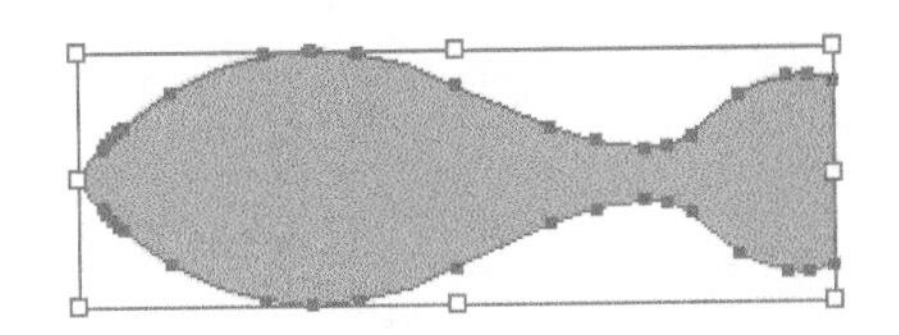

图3-18

2.变形工具

变形工具可用手指涂抹的方式对矢量线条做改变，还可以对置入的位图图像进行变形，以得到有趣的效果。矢量、位图皆可使用该工具。图3-19所示是对矢量图进行变形前后的效果对比。

图3-19

当导入一张位图对其进行变形的时候，会弹出图3-20所示的必须先“嵌入”的提示。

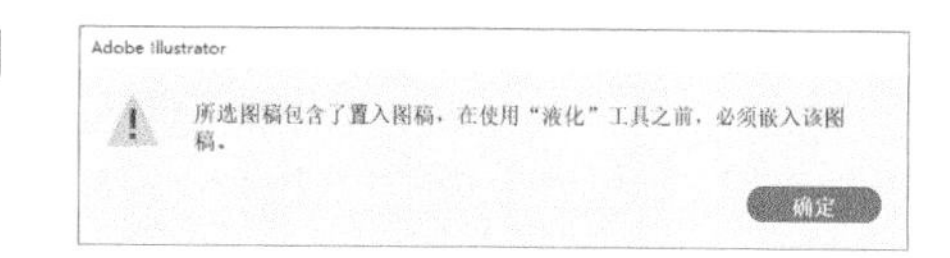

图3-20

提示 在Illustrator中导入的位图，默认情况下是以“链接”的方式存在的，即这个位图其实并不在当前的文件中，只是从硬盘中的某一个路径位置中打开，而“嵌入”才能使位图真正进入到当前的文件中。

单击控制面板上的“嵌入”命令，然后就可以对其进行变形了。图3-21所示是导入的位图变形前后的效果对比。

提示 使用变形工具时，按住【Alt】键，并按鼠标左键向不同的方向拖动，可调整变形工具笔刷的宽度和高度。这个方法也适用于下面讲到的其他工具。

图3-21

3. 旋转扭曲工具

旋转扭曲工具可对图形进行旋转扭曲变形。进行相关设置后，即可随意旋转扭曲、挤压扭曲图像。作用区域和力度由预设决定。图3-22所示是对矢量图进行旋转扭曲变形前后的效果对比。

图3-22

4. 膨胀工具和缩拢工具

使用膨胀工具和缩拢工具可对图形的局部进行放大或缩小。图3-23和图3-24所示分别是对图形进行局部膨胀和收缩的效果对比。

图3-23

图3-24

5. 扇贝、晶格化、皱褶工具

扇贝、晶格化、皱褶工具的使用方法和上面的工具大同小异。效果分别如图3-25、图3-26和3-27所示。

图3-25

图3-26

图3-27

3.1.4 橡皮擦、剪刀和刻刀工具组

橡皮擦、剪刀和刻刀工具组如图3-28所示。

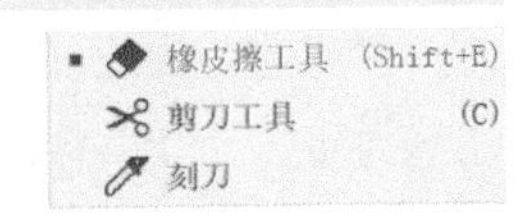

图3-28

1. 橡皮擦工具

橡皮擦工具可以快捷、方便、直观地删除不需要的路径，如图3-29所示。

图3-29

2. 剪刀工具

使用剪刀工具在一条路径上单击，即可将一条开放路径分成两条开放路径，或者将一条封闭路径拆分成一条或多条开放路径。

单击的位置不同，操作后的结果也不尽相同。如果单击路径的位置位于一段路径的中间，则单击位置处会有两个重合的新锚点；如果在一个锚点上单击，则原来的锚点上面还将出现一个新的锚点。

对于剪切后的路径，用户可以使用直接选择工具或群组选择工具进行进一步的编辑，图3-30所示是使用剪刀工具将一个螺旋形剪断之后，使用群组选择工具将其移动的效果。

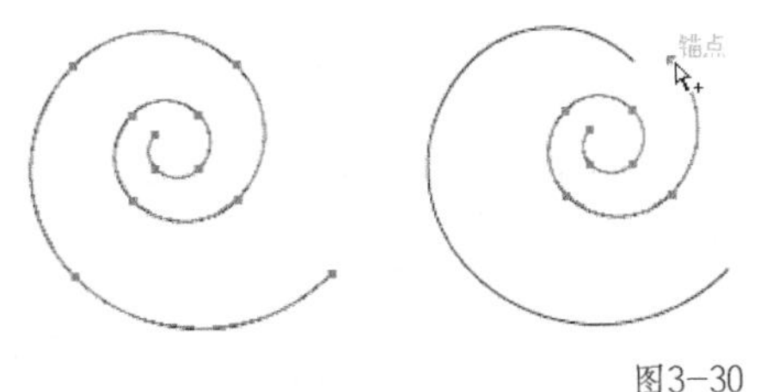

图3-30

3. 刻刀工具

刻刀工具的用法类似于用刀切蛋糕。可输入一个中文字，然后执行快捷键【Ctrl】+【Shift】+【O】(将文字转换为图形)命令，如图3-31所示。

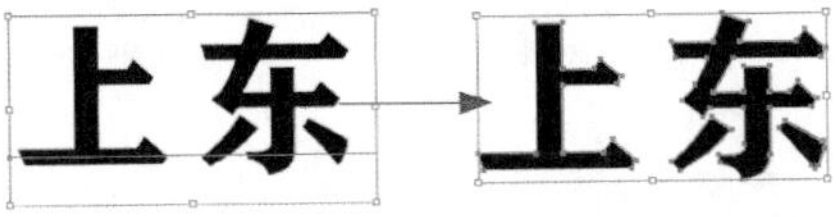

上东 → 上东

图3-31

然后使用刻刀工具在需要断开的地方按住鼠标左键拖曳贯穿过去，在使用刻刀工具的时候按住【Alt】+【Shift】组合键可保证刻刀的方向为90°、45°或180°，如图3-32所示。

图3-32

选中移动工具，先单击图形外部任意地方以取消其

选中状态，再单击被割开的笔画部分以单独选中它，然后将其移动到新的位置，如图3-33所示。

上东

图3-33

3.1.5 形状生成器和实时上色工具组

形状生成器和实时上色工具组如图3-34所示。

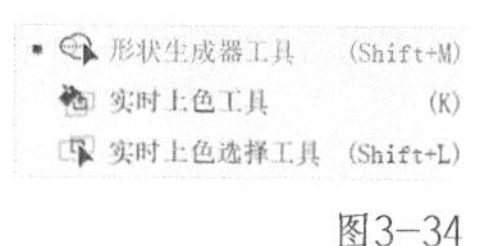

图3-34

形状生成器工具可以将绘制的多个简单图形，合并为一个复杂的图形，还可以分离、删除重叠的形状，快速生成新的图形，使复杂图形的制作更加灵活、快捷。图3-35所示是绘制的两个矩形对象，选中它们，然后使用形状生成器工具在需要合并的区域拖动，如图3-36所示。图3-37所示是生成的合成图形。

实时上色工具组分为实时上色工具和实时上色选择工具，两个工具。将多个重合的对象选中之后，执行“对象→实时上色→建立”命令，即可将普通的路径转换为实时上色的对象，然后使用实时上色工具选中不同的颜色，对其不同的区域进行填充。图3-38所示是“选中对象→转换对象→实时上色填充对象”的过程。

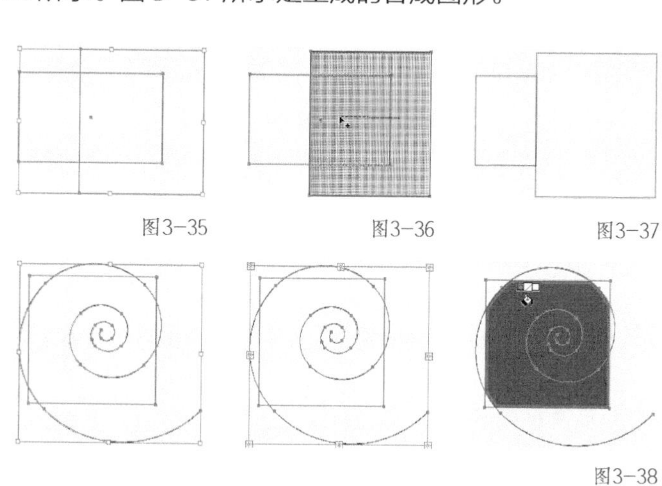

图3-35 图3-36 图3-37

图3-38

3.1.6 透视工具组

透视工具组包含透视网格工具和透视选区工具，如图3-39所示。

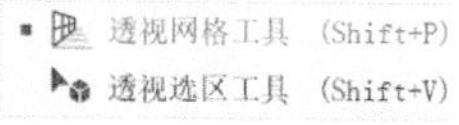

透视网格工具 (Shift+P)
透视选区工具 (Shift+V)

图3-39

在工具箱中单击透视工具之后，即启动了当前画笔的透视网格功能。在画布中会出现图3-40所示的透视网格。

默认情况下透视网格是两点透视的，可以通过执行“视图→透视网格→一点透视”命令来改变透视类型，如图3-41所示。同理还可改变为三点透视类型。

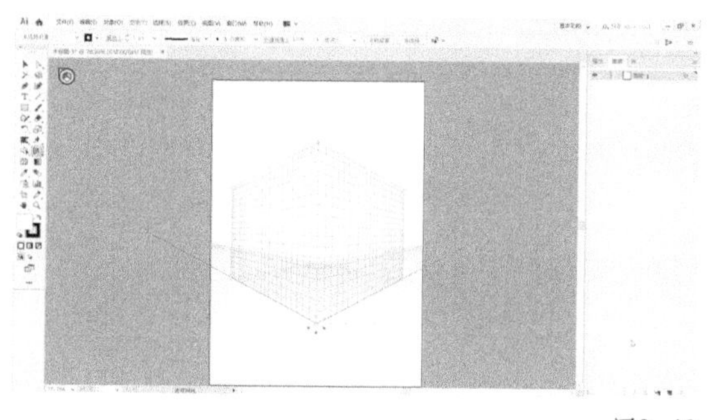

图3-40

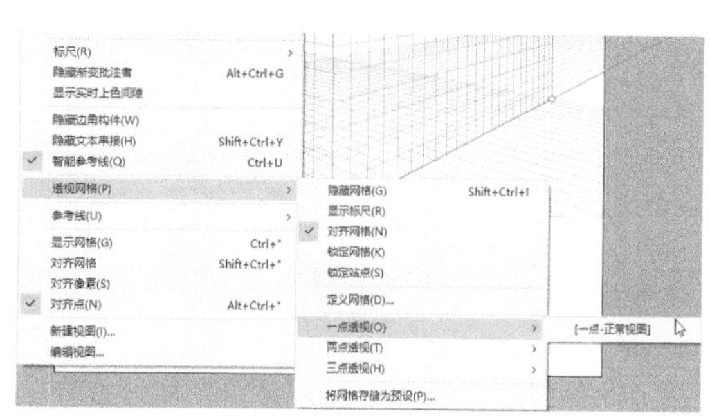

图3-41

图3-42和图3-43分别是一点透视和三点透视网格的显示效果。

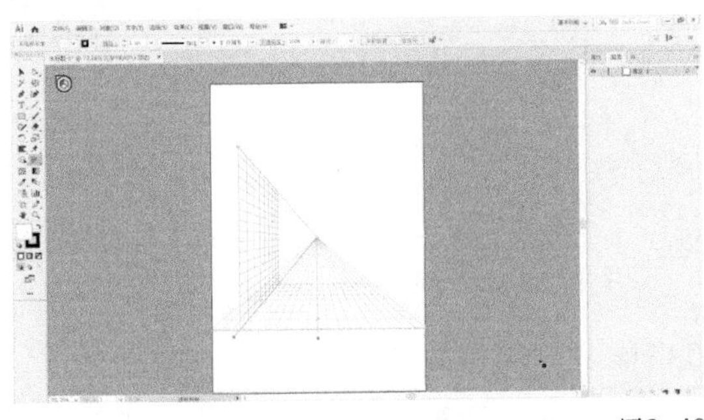

图3-42

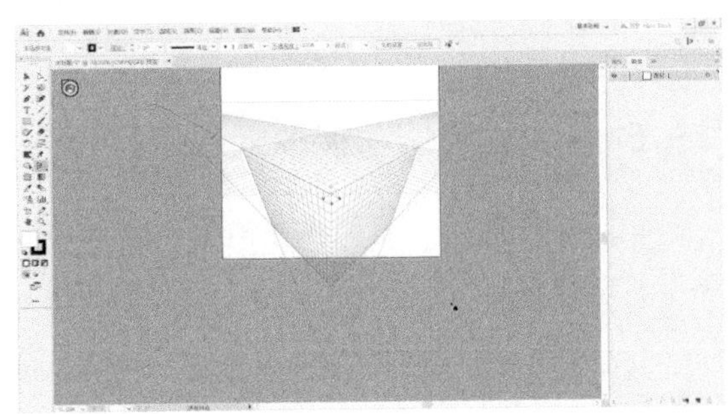

图3-43

可利用透视网格在精准的一点、两点或三点直线透视中，绘制形状和场景，创造出真实的景深和距离感。图3-44所示是用透视网格绘制的简单场景。

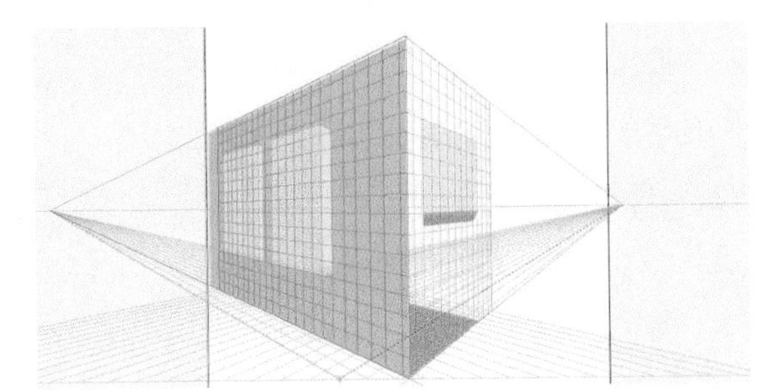

图3-44

3.1.7 图层面板

在Illustrator中，图层的概念和Photoshop中的图层是一样的，只不过在操作上有些区别。另外，由于Illustrator可以在同一个图层里面管理对象的上下关系，所以相对Photoshop的图层使用没有那么重要和频繁，只有在设计比较复杂的场景时或者其他必要的时候才会新建图层，更多的时候是利用图层来进行锁定和隐藏对象的操作。

按【F7】键可打开图层面板，图层的相关操作都位于该面板上，如图3-45所示。

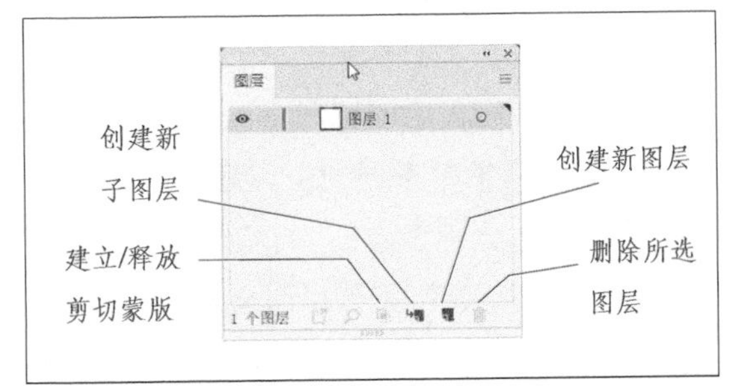

图3-45

1. 通过图层显示和隐藏对象

在“图层”面板中的最左边有一个👁图标，如果单击眼睛图标，则眼睛会消失，这表明对应的图层已被隐藏，图层处于不可见状态。再次单击，相应位置会再次出现眼睛图标，对应的图层也会恢复为可见状态，如图3-46所示。

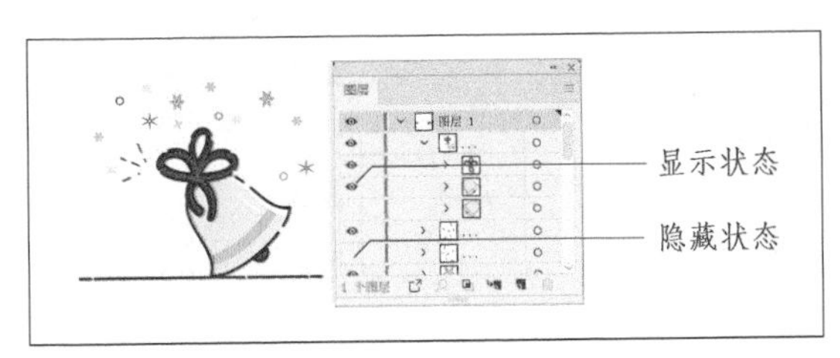

图3-46

2.通过图层锁定和解锁对象

在“图层”面板中，眼睛图标的右边有一列灰色的按钮，单击相应位置会呈现锁定状态，这表示该层的对象已被锁定，不可对其进行修改或删除等操作。再次单击相应位置解锁，解锁后便可对其进行正常的编辑，如图3-47所示。

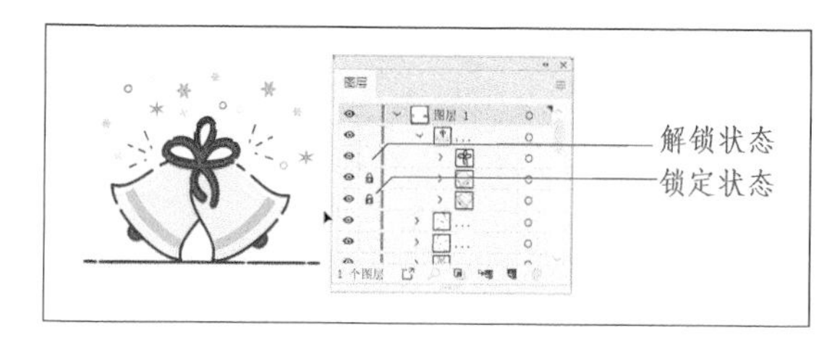

图3-47

3.选择图层中对象

在软件中，每一个对象都处于一个图层，要选择该图层中的对象就要单击图层中右侧的圆圈，如图3-48所示。

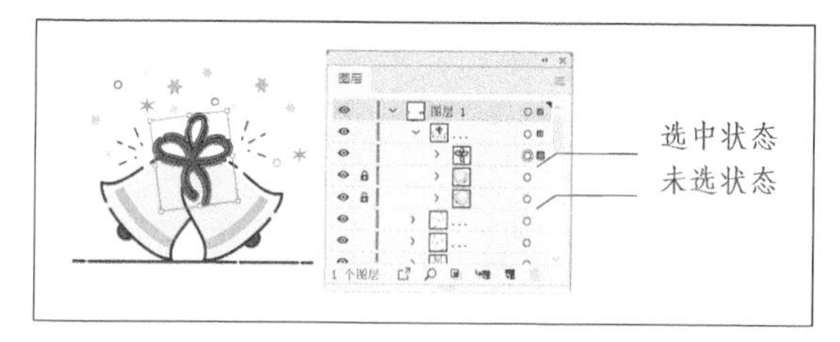

图3-48

3.1.8 描边面板

“描边”面板可以用来定义图形边框的粗细、端点样式、边角样式等属性，还可以自由定义各种虚线的效果。描边功能的强大还体现在沿路径缩放的描边效果和为路径添加箭头的功能。

下面详细讲解一下描边面板的各项功能。

（1）端点：为线的起点和末点设置不同的端点效果。图3-49所示分别是平头端点、圆头端点、方头端点的效果。

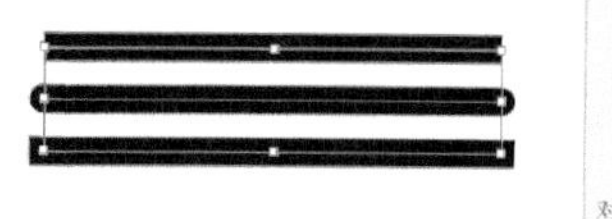
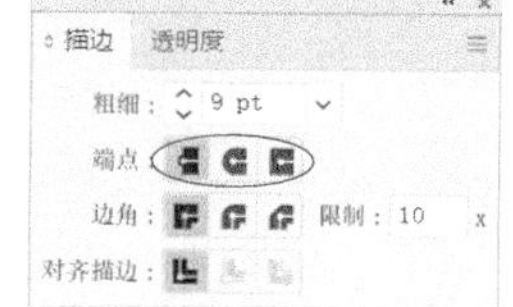

图3-49

（2）边角：当线条有转角的时候，为转角设置不同的效果。图3-50所示分别是平头端点、圆头端点、方头端点的效果。

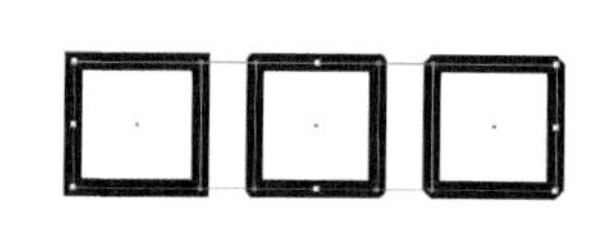
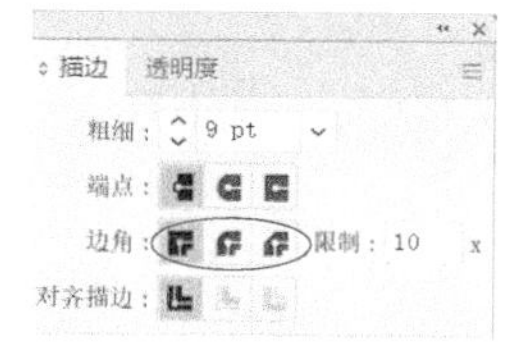

图3-50

（3）对齐描边：设置描边的宽度和路径的对齐方式。图3-51所示分别是居中对齐、内侧对齐、外侧对齐的效果。

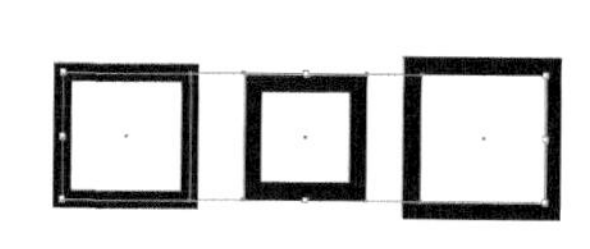
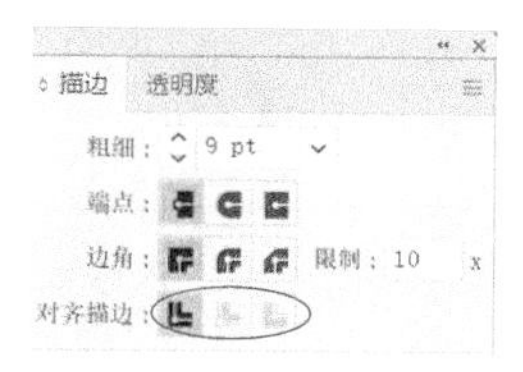

图3-51

（4）虚线：勾选这个选项，然后在其下的6个输入框中输入相应的数值可得到不同效果的虚线。结合上面讲到的端点可得到更多的效果。

图3-52所示是设置粗细为80pt，虚线为12pt，端点为平头端点的效果。

图3-52

图3-53所示是设置粗细为80pt，虚线为0pt、80pt，端点为圆头端点的效果。

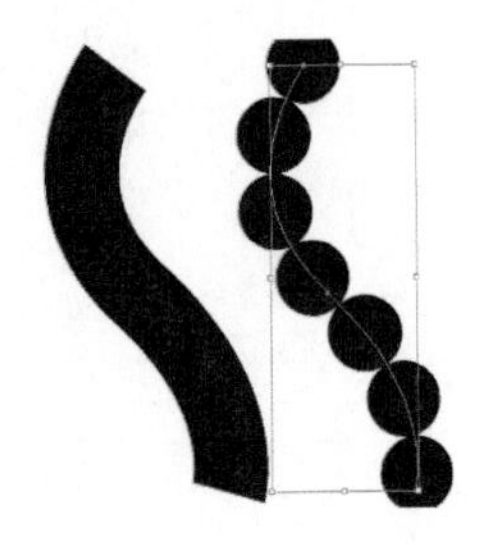

图3-53

图3-54所示是设置粗细为80pt，虚线为0pt、160pt，端点为圆头端点的效果。

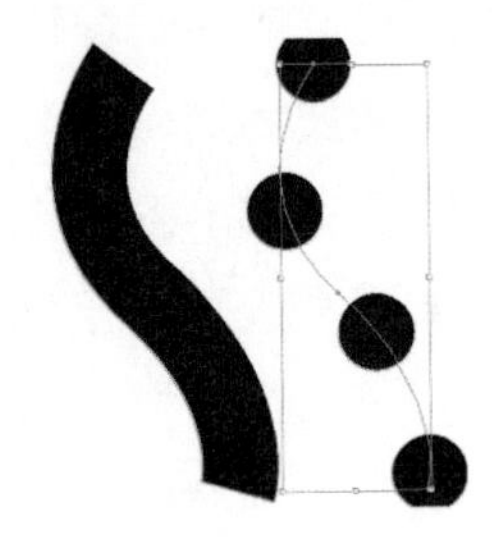

图3-54

（5）箭头：可为线条添加前端箭头和末端箭头效果，还可以更改箭头的缩放比例和对齐端点的方式，如图3-55所示。

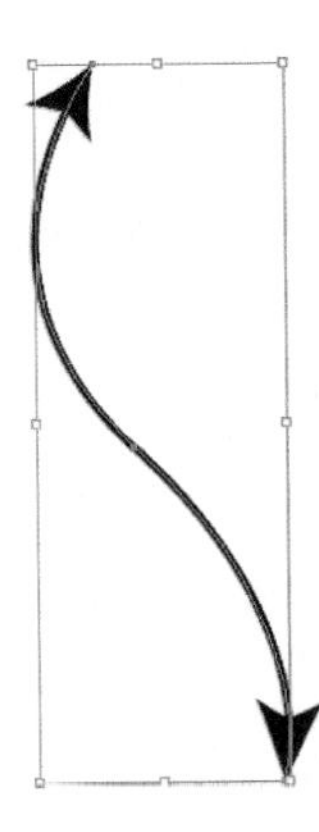

图3-55

（6）沿路径缩放的描边：这个功能非常强大，能够使得路径的描边不再缺少变化。Illustrator CC 2019中包含若干种可供选择的描边样式，图3-56和图3-57所示是选择了不同描边样式的效果。

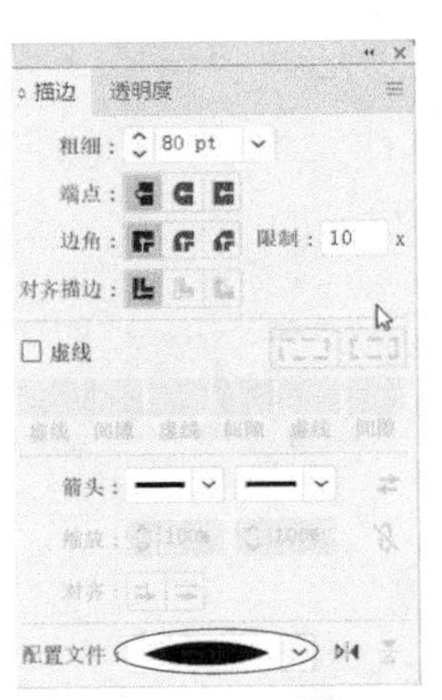

图3-56

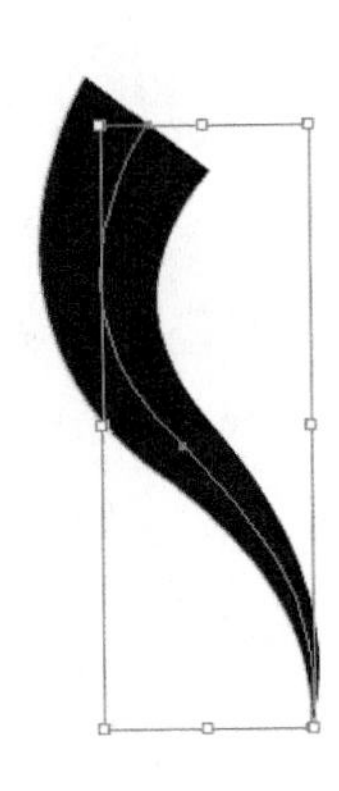

图3-57

3.2 实训案例：产品标签设计

下面将讲解绘制图3-58所示的饮料中的标签的具体步骤。其中会应用到Illustrator的沿路径排文、铅笔绘图、文字转换为轮廓等命令。练习本实例的操作，用户可以熟悉Illustrator CC 2019高级绘图工具和命令。

图3-58

操作步骤

01 使用多边形工具绘制图3-59所示的多角星形，为其填充一个紫色。

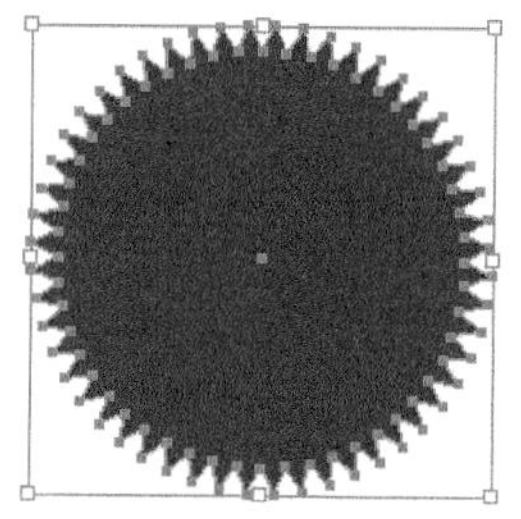
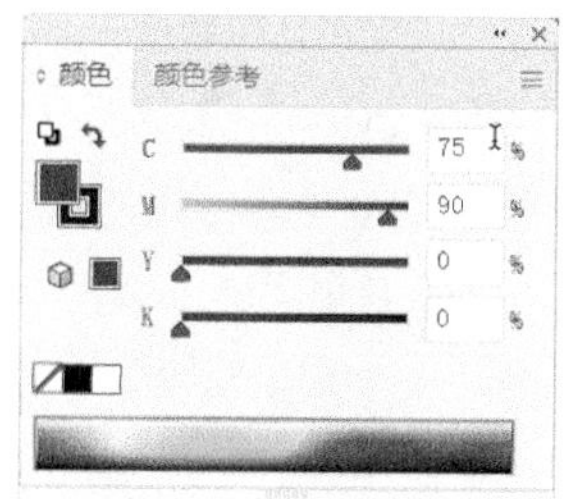

图3-59

02 利用智能辅助线功能找到多角星形的中心点，然后使用椭圆形工具在其上按住【Shift】和【Alt】键绘制图3-60所示的正圆形，为其填充一个黄色。

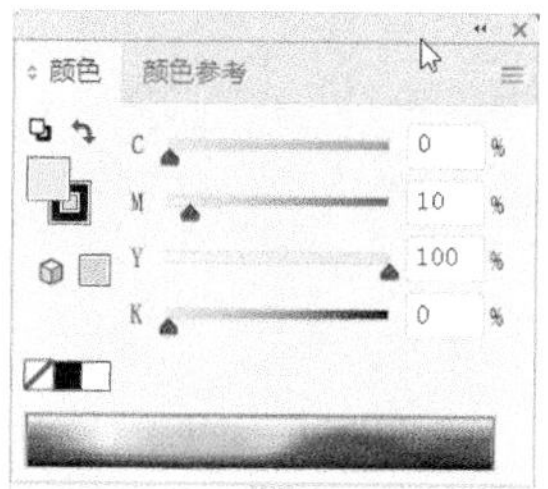

图3-60

03 选中椭圆形，执行快捷键【Ctrl】+【C】和【Ctrl】+【F】命令对其进行原位复制，然后按【Alt】+【Shift】组合键将其等比例缩小，如图3-61所示。

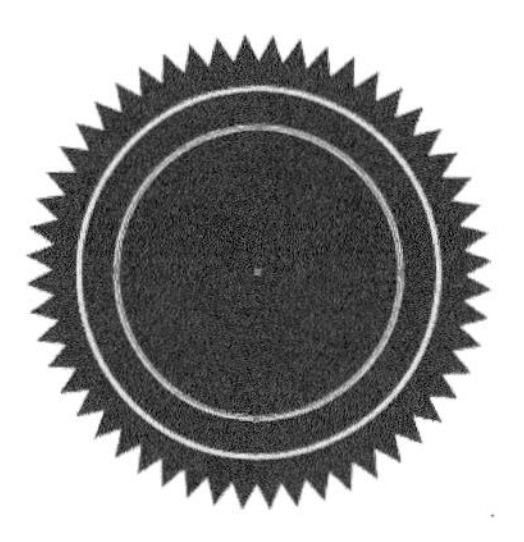

图3-61

04 选择沿路径排文工具单击圆形，然后在这个圆形上输入文字“Reach for the taste fo good taste, reach for DYDO”。设置其字体为Garamond，如图3-62所示。

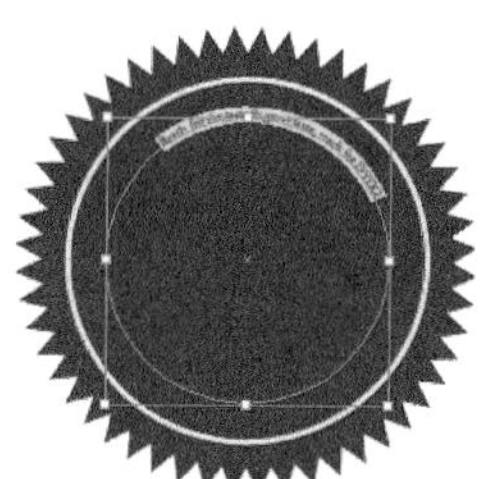

图3-62

05 使用直接选择工具将文字移动到路径的下方，如图3-63所示。

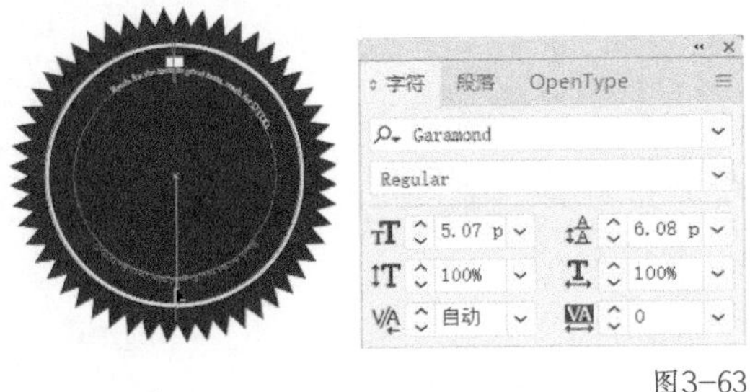

图3-63

06 改变文字在路径上排文的方向，如图3-64所示。

图3-64

07 在“字符”面板中将基线偏移数值设置到-6pt，文字就排到了路径的下方，如图3-65所示。

字符 段落 OpenType

Garamond

Regular

6.01 p (7.21

100% 115.69

(0) 100

0%

自动 自动

-6 pt 0°

TT Tr T¹ T₁ T Ŧ

英语：美国

图3-65

08 选中文字后，执行快捷键【Alt】+【Shift】+【向右箭头键】命令，增加其字间距使得文字能够占据更大的范围，如图3-66所示。

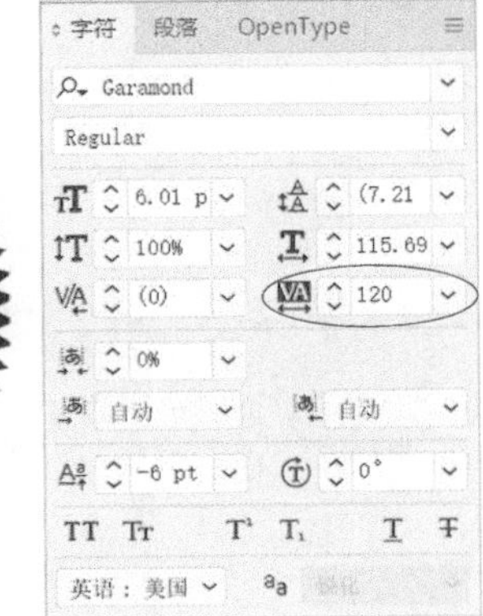

图3-66

09 同理，再绘制一个圆形并输入文字，得到路径上方的文字，如图3-67所示。接着双击工具箱中的铅笔工具，在弹出的图3-68所示的对话框中去掉“保持选定”前面的对号，以保证下一步绘图时各个笔画不会相互影响。

图3-67

图3-68

10 使用铅笔绘制图3-69所示的一个椰子树，后它们执行快捷键【Ctrl】+【G】命令进行编组。将椰子树移到标签的圆形中间并修改其颜色为黄色。可用吸管直接吸取黄色的圆形的颜色，如图3-70所示。

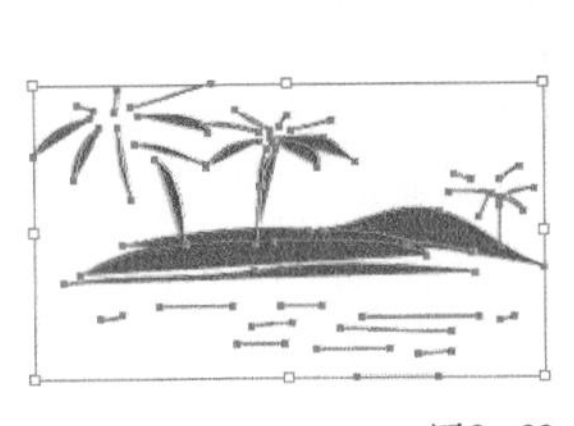

图3-69

图3-70

11 使用文字工具输入图3-71所示的文字，设置其字体为Algerian，如图3-71所示。

图3-71

12 将字母“CARIBBEAN”移到标签之上，修改其颜色为黄色，如图3-72所示。

图3-72

13 使用文字工具输入图3-73所示的文字，设置其对齐方式为居中对齐。

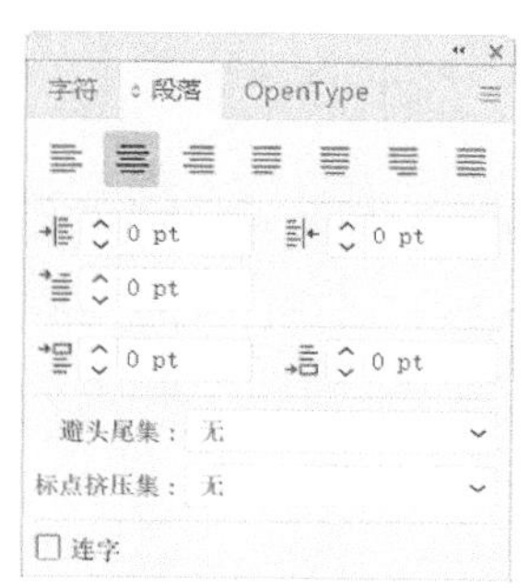

图3-73

14 选中黄色描边的圆形，设置其描边效果为图3-74所示的虚线。

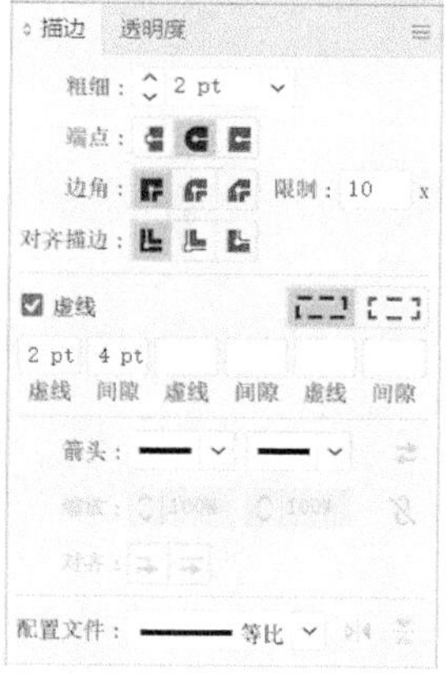

图3-74

15 调整各个元素之间的位置和大小，最终效果如图3-75所示。

图3-75

第 4 章
颜色系统和颜色工具

本章将系统地讲解Illustrator CC 2019中颜色的各项相关知识，包括颜色的基础知识和相关颜色工具的使用等。用户学习这些知识后在设计工作中将更加得心应手。此外，本章还将通过实际案例帮助用户熟悉软件中有关于颜色的工具使用方法以及技巧。

4.1 知识点储备

4.1.1 颜色的基础知识

熟悉和掌握色彩的理论以及它的相关术语，对理解颜色以及Illustrator中的颜色运用大有好处。

色彩就是指对象的明度、饱和度以及色相，是人类视觉对光波的反射感受，也就是说色彩总是和光相伴的。

学过物理学的人都知道，光实际上是一种电磁波。绝大部分的光是人类无法用肉眼看到的，人只可以看到很有限的光，例如太阳光。还记得高中物理的一个实验吗？一个三棱镜可以将太阳光分解为赤、橙、黄、绿、青、蓝、紫7种单色光，与图4-1所示的色谱相似。在自然现象中，彩虹的出现也是基于这个原理。

图4-1 色谱

颜色的介质分为色光介质和色料介质两种。

不论是色光介质还是色料介质，它们颜色的呈现都离不开光。

色光介质的呈色是色光直接刺激人眼的结果。色料介质的呈色则是可见光照射在色料上，经色料吸收后反射的剩余色光。

色光和色料都有它们各自的原色。色光的三原色是R（红）、G（绿）、B（蓝）。色料的三原色是C（青）、M（品红）、Y（黄）。

对于色光来说，把两种或两种以上的单色光混合在一起，便会产生其他色彩的复合光。光的原理是亮度相加的规律，即混合的光越多，得到的光就越亮。将所有的光全部混合到一起，光就变成了白色。

对于色料来说，把两种或两种以上的色料原色混合在一起，便产生了其他色料。色料的原理是亮度相减的规律，即混合的色彩越多，得到的色料就越暗。将所有的原色全部混合到一起，色彩就成为了黑色。

4.1.2 颜色的三个基本属性

色彩的构成具有三个基本属性，色相（Hue）、饱和度（Saturation）和明度（Brightness）。下面将一一对它们进行讲解。

1. 色相（Hue）

色相（Hue）是物体反射光的波长或通过物体转变的光的波长。

色相在色轮上的显示如图4-2所示。

在色轮上，每一个颜色都与它相应的补色成180° 的对应关系，如图4-3所示。

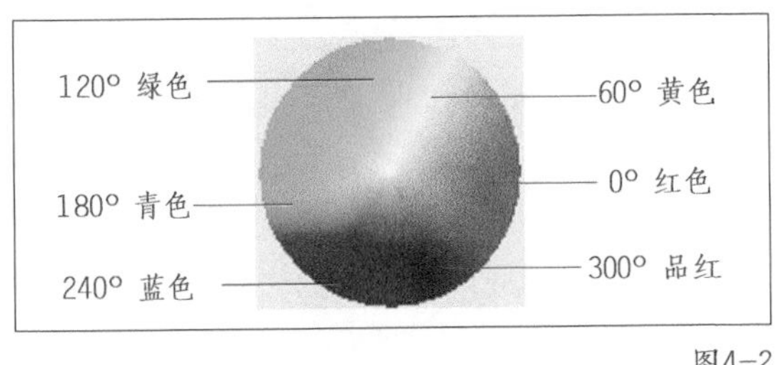

图4-2

图4-3

2. 饱和度（Saturation）

饱和度（Saturation）经常被称为纯度。饱和度的概念就是指颜色的强度或纯度。饱和度的高低，实际上就是该色彩中含有灰度成分的多少，它的范围是0%~100%，如图4-4所示。

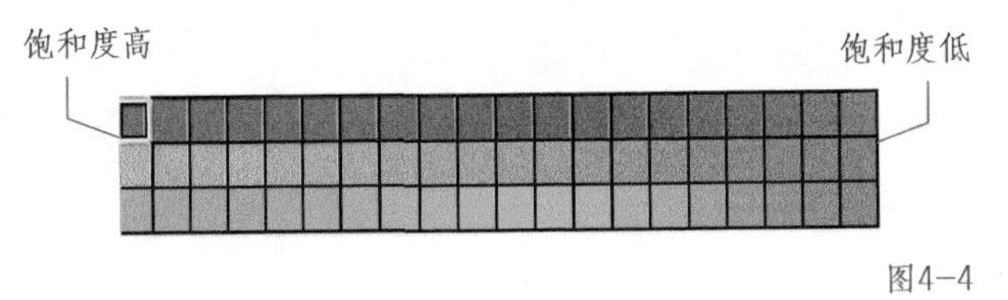

图4-4

3. 明度（Brightness）

明度（Brightness），它实际上是指色彩中黑或白的多少，是相对的亮度或暗度。它的范围也是0%~100%，0%是黑色，100%是白色，如图4-5所示。

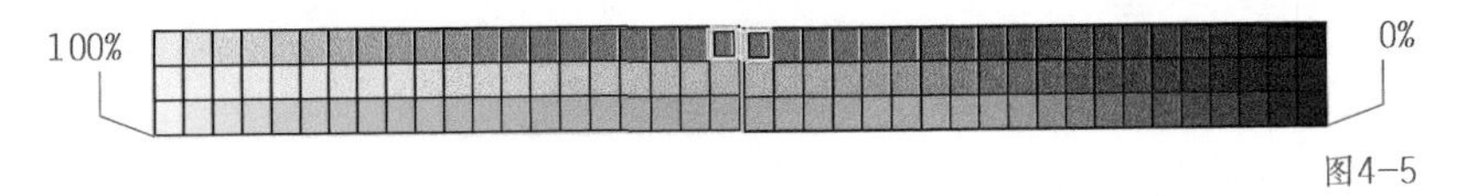

图4-5

4.1.3 颜色模式和模型

有的时候，人们往往需要一个用来定义颜色的精确方法。颜色模型可提供各种定义颜色的方法，每种模型都是通过使用特定的颜色组件来定义颜色的。在创建图形时，有多种颜色模型可供选择。

1.CMYK颜色模式和模型

CMYK颜色模型的组件如图4-6所示。

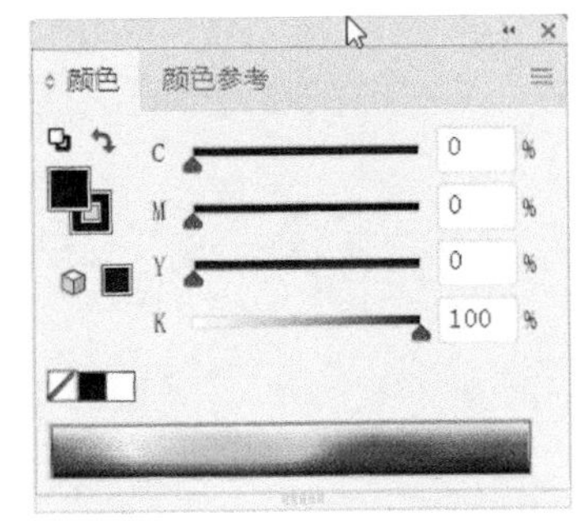

图4-6

青色（C）、品红（M）、黄色（Y）和黑色（K）组件为CMYK颜色包含的青色、品红、黄色和黑色墨水的相应值，用0% ~100%之间的数值来衡量。

CMYK颜色模型为减色模型。减色模型使用反射光来显示颜色。在生活中可以使用CMYK颜色模型生产各种打印材料。如果对青色、品红、黄色和黑色组件的值都为100，那么结果为纯黑色；如果每一组件的值都为0，则结果为纯白色。

CMYK也叫作印刷色，了解印刷的用户一定知道印刷采用青、品红、黄、黑进行四色印刷。每一种颜色都有其各自独立的色版，色版上记录了这种颜色的网点，四种色版合到一起就形成了一般定义的原色。

换句话来说，印刷品中的各种各样的色彩都是由这四种颜色的油墨合成的（专色除外）。但是，为什么人们看不到这四种颜色的单独存在呢？实际上，这是由于人类视觉的特性所决定的。网点与网点之间的距离远远小于人眼能辨别的距离，但可以使用专用的网点放大镜查看效果。

在印刷前，一般都会将制作的CMYK图像送到出片中心出片，以获得青、品红、黄、黑四张菲林片。得到菲林片以后，印刷厂便可以根据胶片印刷。

提示 每一张菲林片实际上都是相应颜色色阶关系的黑白胶片，如图4-7至图4-11所示。

图4-7 原图

图4-8 C版

图4-9 M版

图4-10 Y版

图4-11 K版

2.RGB颜色模式和模型

RGB颜色模型使用以下组件来定义颜色，如图4-12所示。

红色（R）、绿色（G）和蓝色（B）组件为RGB颜色包含的红色、绿色和蓝色光的相应值，用0～255的值来衡量。

RGB颜色模型为加色模型。加色模型使用透色光来显示颜色。显示器使用的就是RGB颜色模型。如果将红色光、蓝色光和绿色光添加在一起，且每一组件的值都为255，那么显示的颜色为纯白色；如果每一组件的值都为0，则结果为纯黑色。

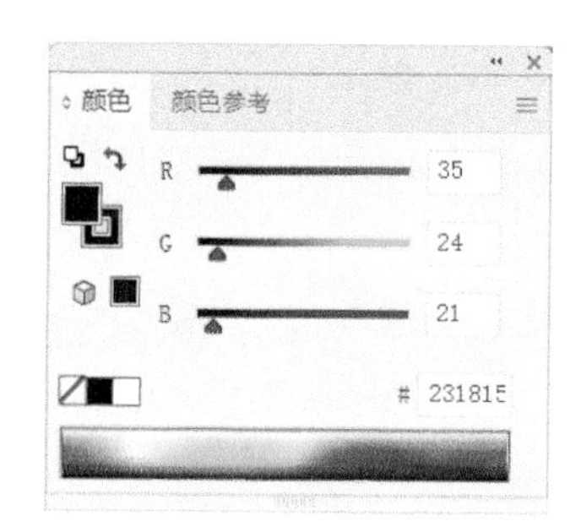

图4-12

该模式的图像用于电视、网络、投影和多媒体。

该颜色模式是计算机中最直接的色彩表示法，而且计算机中的24位真彩色图像，也适合使用该颜色模式来精确记录。

3.灰度颜色模式和模型

灰度颜色模型只使用一个组件，即亮度（L）来定义颜色，并用0~255的值来测量。每种灰度颜色都有相等的RGB颜色模型的红色、绿色和蓝色组件的值，如图4-13所示。

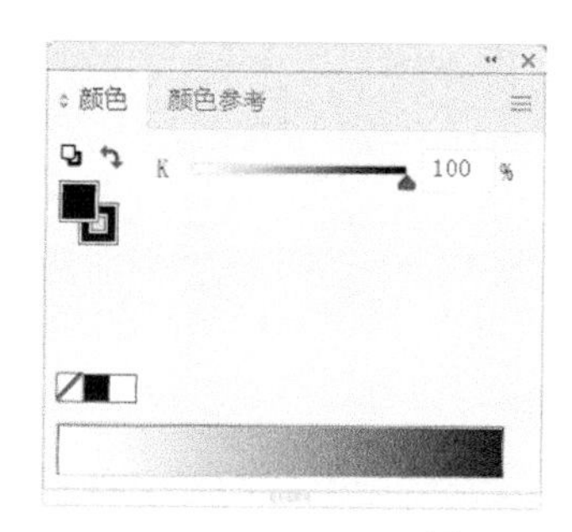

图4-13

4.HSB颜色模式和模型

HSB颜色模型使用以下组件来定义颜色，如图4-14所示。

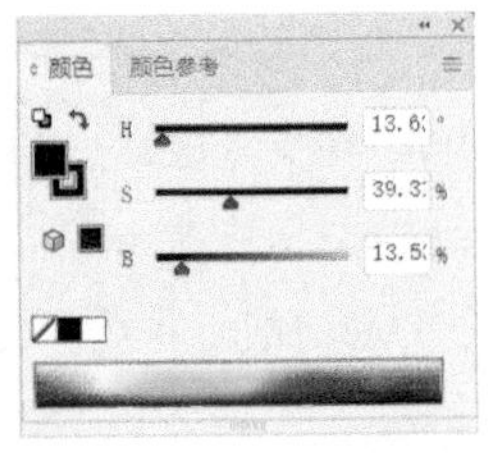

图4-14

色度（H）描述颜色的色素，用0°~359°来测量（如0°为红色，60°为黄色，120°为绿色，180°为青色，240°为蓝色，300°则为品红）；饱和度（S）描述颜色的鲜明度或阴暗度，用0%~100%来测量（百分比越高，颜色就越鲜明）；亮度（B）描述颜色中包含的白色的值，用0%~100%来测量（百分比越高，颜色就越明亮）。

5.Web Safe RGB颜色模式和模型

Web Safe RGB是保证颜色可以在网络上正确显示的颜色模型。网络上的图片十分清晰，层次也极为丰富，然而这是以降低颜色的过渡为代价的。又因为网页是通过显示器显示的，而显示器的显色原理就是RGB，所以该类型的颜色也将会确保这一点，如图4-15所示。

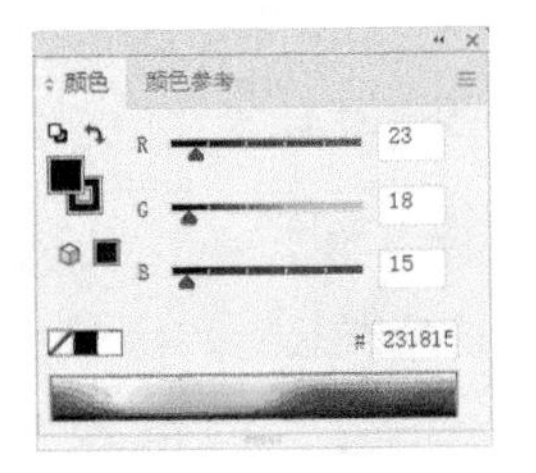

图4-15

该模式的值的范围为0~9和A~F的组合。6位数字及字母的组合即可代表一种颜色，例如，000000代表黑色，FFFFFF代表白色。

4.1.4 颜色相关面板

本节将介绍与颜色填充相关的工具。

1.颜色面板

可以肯定地说，颜色是绘图软件中永恒的主题，任何一幅成功的作品在颜色的处理方面都是独具匠心，且与主题息息相关的。

在Illustrator中可以使用“颜色”面板来做到这一点。该面板不仅可以对操作对象进行内部和轮廓的填充，也可以用来创建、编辑和混合颜色，还可以从“色板”面板、对象和颜色库中选择颜色。要打开该面板，可执行“窗口→颜色”命令（快捷键【F6】），该面板的外观如图4-16所示。

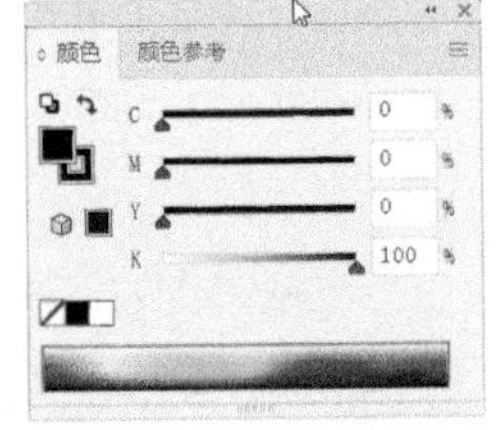

图4-16

2.渐变面板

“渐变”面板可以对对象进行连续的色调的填充。要打开该面板，可双击工具箱中的“渐变”按钮，如图4-17所示。“渐变”面板如图4-18所示。

图4-17

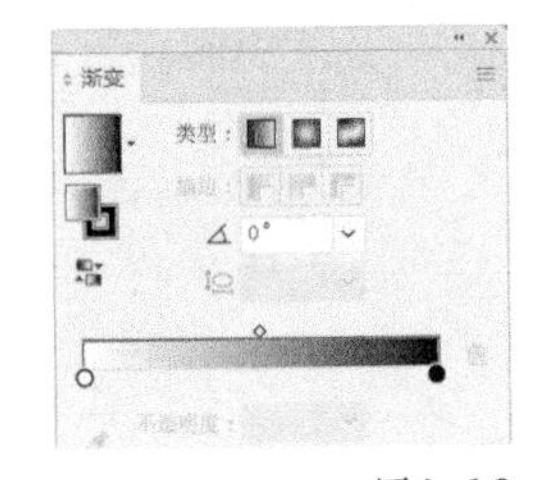

图4-18

渐变的类型有线性和径向两种。该面板经常要与“颜色”面板结合使用。当然，也可以在“色板”面板上选择已经设置好的渐变类型。

接下来，看一下怎样利用“色板”面板选择已经设置好的渐变类型。具体的操作步骤如下。

利用椭圆工具绘制一个椭圆，如图4-19所示。打开“渐变”和“色板”面板，并在“色板”面板中选择一种渐变的样式，效果如图4-20所示。

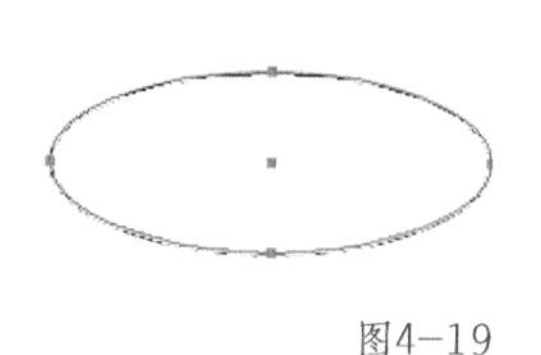

图4-19

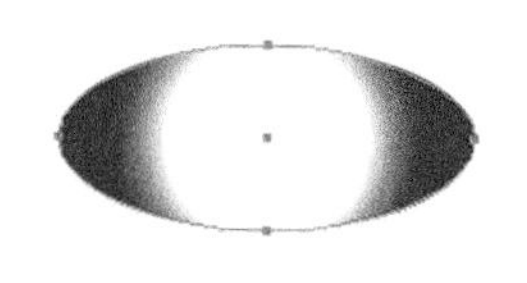

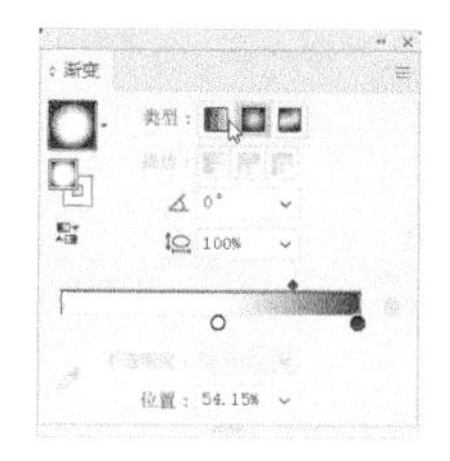

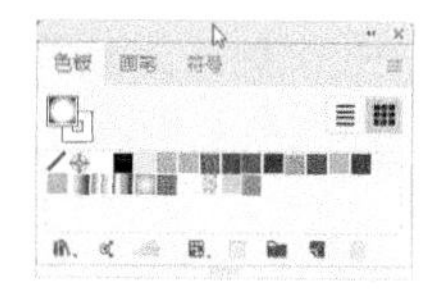

图4-20

更改渐变颜色的方法是，首先单击“渐变”面板上要更改的颜色滑块，被选中的颜色滑块将显示为蓝色边框的双层圆形，没有被选中的则仍处于实心状态，如图4-21所示。

然后双击选中的颜色滑块，系统将会在其下方弹出“颜色”面板。更改该面板颜色即可调整颜色滑块的色彩，如图4-22所示。

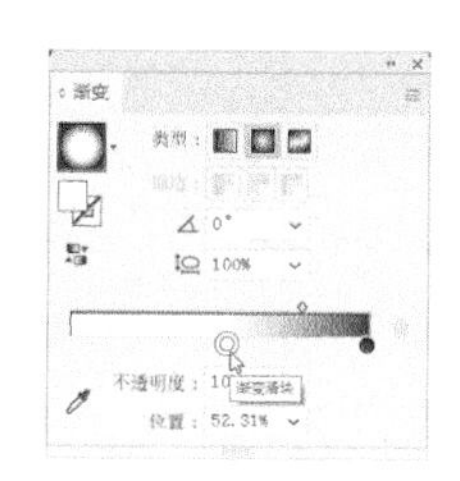

图4-21

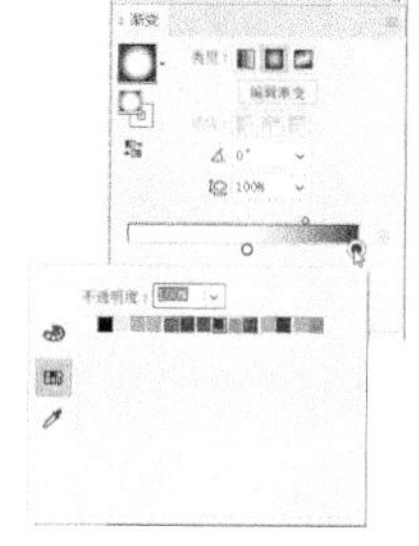

图4-22

更改颜色所占的比例有两种方法。一种是直接拖动颜色条上方的菱形；一种是选中一个要更改颜色的菱形后，在相应位置（Location）的数值框中进行直接的精确定义，如图4-23所示。

更改颜色填充的角度，在角度数值文本框中输入角度即可，如图4-24所示。

用户可以将自定义的渐变放到“色板”面板上保存起来，以便其他的图形使用。方法是将“渐变”面板的缩览图使用鼠标左键拖放到“色样”面板上，如图4-25所示。

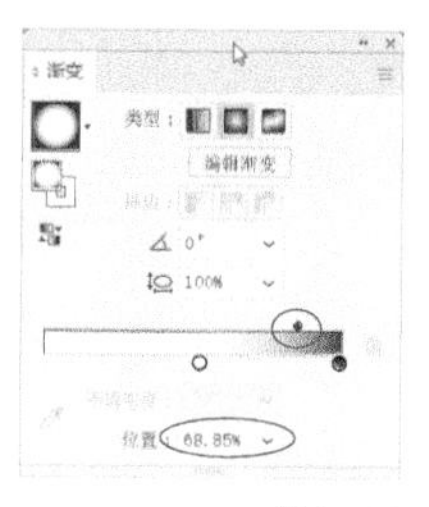

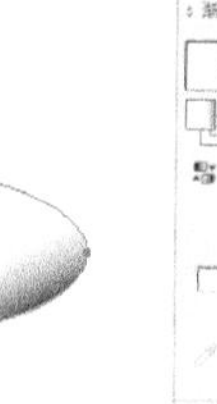

图4-23

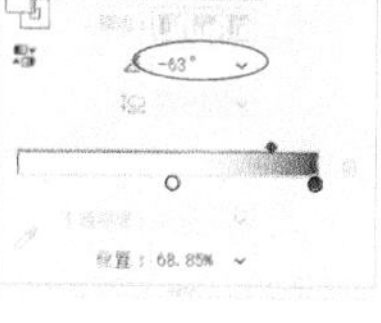

图4-24

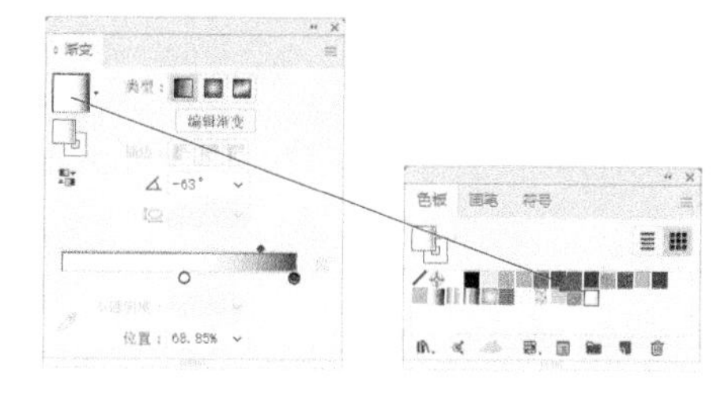

图4-25

4.1.5 吸取颜色属性

有时候可以直接利用工具箱中的吸管工具来填充具有相同颜色属性的对象。已经拥有一个设定好的渐变对象之后，选中想要复制它的属性的对象，使用吸管工具在设定好的对象上单击即可，如图4-26所示。

图4-26

4.1.6 渐变网格工具

图4-27

渐变网格工具可以算得上是Illustrator中比较神奇的工具之一，它把贝赛尔曲线网格和渐变填充完美地结合在一起，通过贝赛尔曲线来控制锚点和锚点之间丰富、光滑的色彩渐变，可以形成让人惊叹不已的华丽效果。图4-27所示是使用渐变网格工具绘制的一幅插画。

1. 渐变网格对象结构

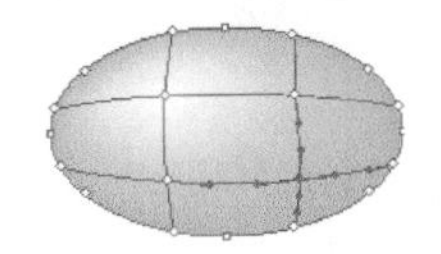

图4-28

画一个椭圆，随便填充一个颜色，然后从工具箱中选取渐变网格工具，在椭圆内部单击，这样就可以生成一个标准的Gradient Mesh物体，如图4-28所示。

渐变网格对象是由网格点和网格线组成的，4个网格点即可组成一个网格片，但在非矩形物体的边缘，3个网格点就可以组成一个网格片。之所以可以看到每一个网格点之间的色彩柔和地渐变过渡，就是因为网格点和网格点上手柄的移动会影响颜色的分布，如图4-29所示。

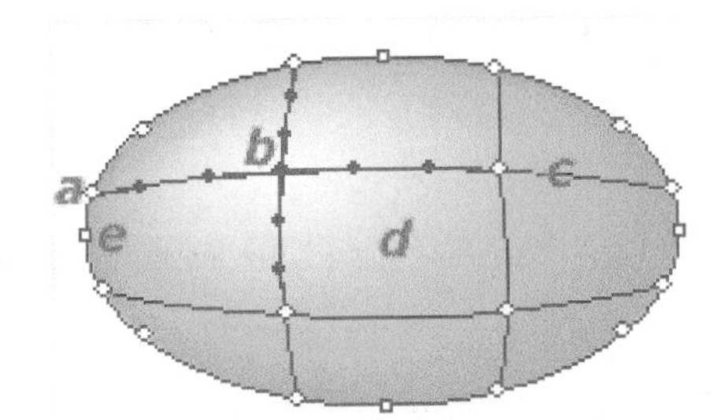

图4-29

a是一个在边缘的网格点，未被选中时显示为一个空心的菱形。

b是物体内部的网格点，因为正处于被选定状态，所以是一个实心的菱形，四周具有与贝赛尔线一样的调节手柄。

c是网格线。

d是一个标准的4个点构成的网格片。

e是路径的锚点，它是一个小方块，请注意它和网格点在形状上的区别。

网格点和路径的锚点很相似，但是它们在形状和本质上都不太相同。网格点的形状是菱形，而物体路径的锚点是正方形，并且不能填充颜色。网格线和贝赛尔线路径相似，每一个锚点都有两个控制手柄，交叉的网格线中则有4个相互交叉的手柄，它可以在4个方向上控制色彩过渡的方向和距离。

2. 创建渐变网格对象

网格物体的创建有两种方式。

一种是直接使用渐变网格工具创建渐变网格物体。把Gradient Mesh工具放在均匀填充物体上，光标就会变成形状，之后在物体上单击，就可以把它转化为一个最简单的渐变网格物体。如果在图形的边缘单击鼠标，路径上的锚点就会变成可以填充的网格点；如果在图形内部单击，单击的地方就会出现网格点和交叉的网格线，并且Illustrator会自动给网格点填上当前的前景色，如果不想让它自动填充前景色，可以在单击的时候按住【Shift】键。单击可以决定网格的数量和密度，如图4-30所示。

> **提示** a、b、c三个点都自动填充了当前的前景色（白色），d、e两个点是按住【Shift】键单击而得，所以保持了原有的渐变过渡。

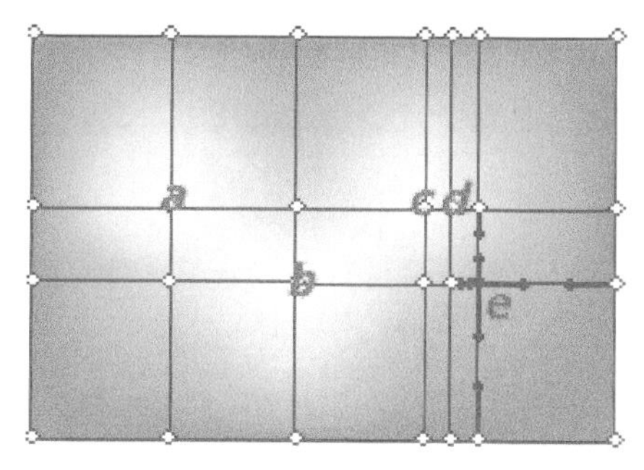

图4-30

另一种是用菜单命令创建渐变网格物体。选中一个物体，执行“对象→创建渐变网格”命令，屏幕上将会弹出“创建渐变网格”对话框，可在其中设置渐变网格的行数和列数等参数，如图4-31所示。

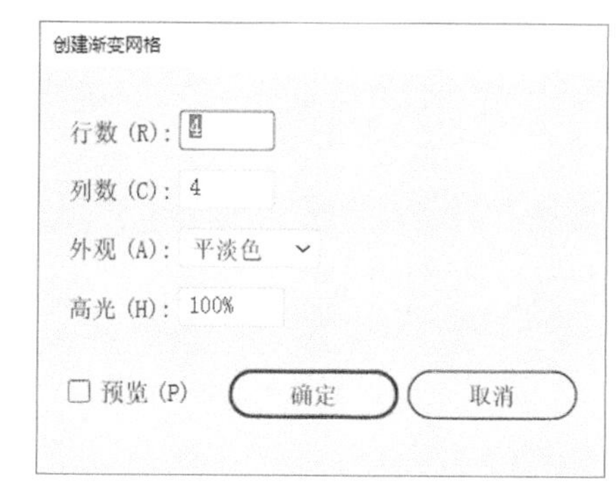

图4-31

3. 由渐变填充创建渐变网格物体

Illustrator中的渐变填充对象可完美地转换成网格填充物体。这说明渐变填充和网格填充有很相近的亲缘关系。这种转变往往可以产生由渐变网格工具难以达到的渐变填充效果。

选定一个渐变填充物体，执行“对象→扩展”命令，弹出“扩展”对话框，如图4-32所示。

在“将渐变扩展为”选项中选择“渐变网格”。单击“确定”按钮后，渐变填充物体就会变成渐变网格物体，如图4-33所示。

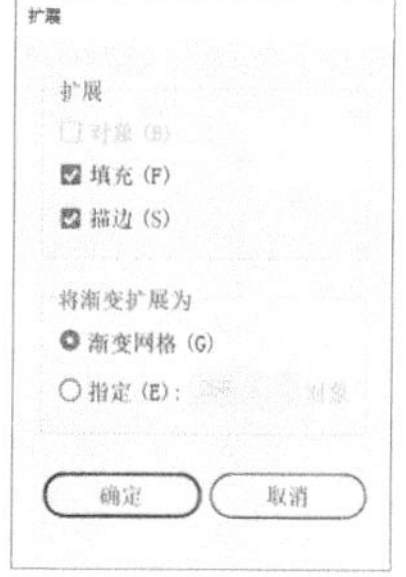

图4-32

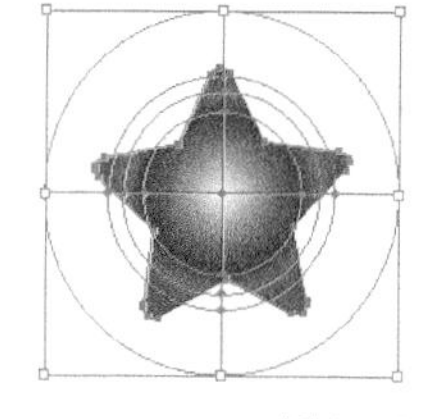

图4-33

4. 渐变网格物体的修改

通过上述方式创建的渐变填充物体，一般都需要使用渐变网格工具进行进一步的调整。如果要增加网格密度，使用渐变网格工具在物件内部单击，就可以增加网格点以及与它相连的网格线。填充复杂的区域往往需要较多的网格线来控制。

选用渐变网格工具，按住【Alt】键单击网格线就可以删除网格线；在网格点上单击，可以一次性删除与该网格点相连的网格线。

如果要调整网格点的位置和方向等，则可使用直接选择工具来对它进行选择和调整。按住【Shift】键单击，可同时选中多个网格点进行调整。调整的效果如图4-34所示。

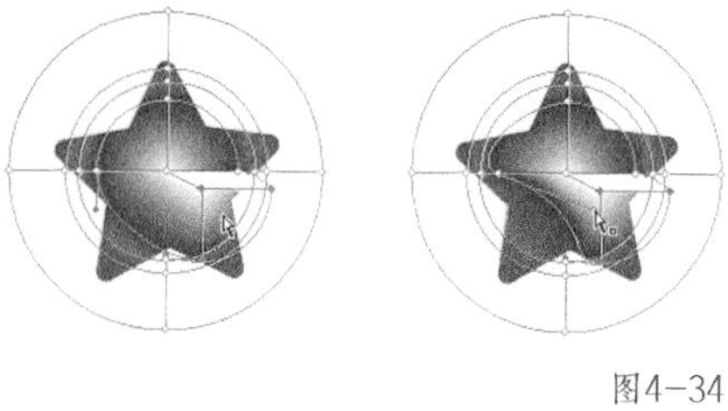

图4-34

选中的网格点会显现出它的调节手柄，与贝赛尔线的调节方法相似，用户可以通过拖动锚点和手柄来调节曲线的形状和色彩的过渡变化。

5. 渐变网格对象的颜色调整

使用直接选择工具选中1个或多个网格点后，可在“颜色”或“色样”面板中，选取它们的颜色来调整渐变网格对象的颜色，也可以在编辑过程中，使用吸管工具来吸取其他对象的颜色来改变渐变网格对象的颜色。

4.2 实训案例

4.2.1 水晶树叶

目标：通过绘制图4-35所示的水晶树叶图形，熟悉渐变网格工具和渐变工具。

图4-35

操作步骤

01 新建一个Illustrator文件，使用钢笔工具绘制一个树叶的形状，其颜色参考数值如图4-36所示。

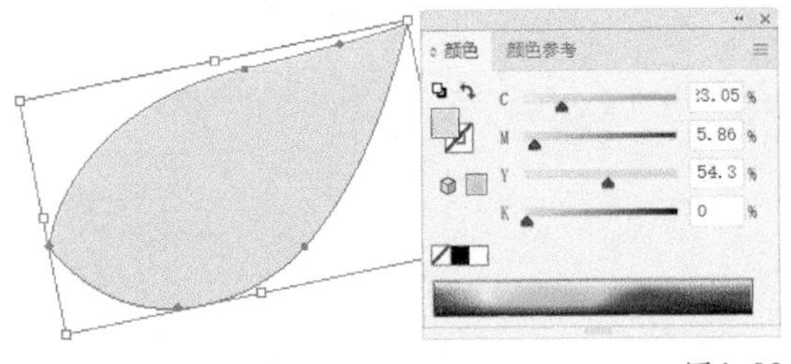

图4-36

02 执行“对象→创建渐变网格”命令，在其中设置行数和列数都为3，单击“确定”按钮，生成渐变网格对象，如图4-37所示。

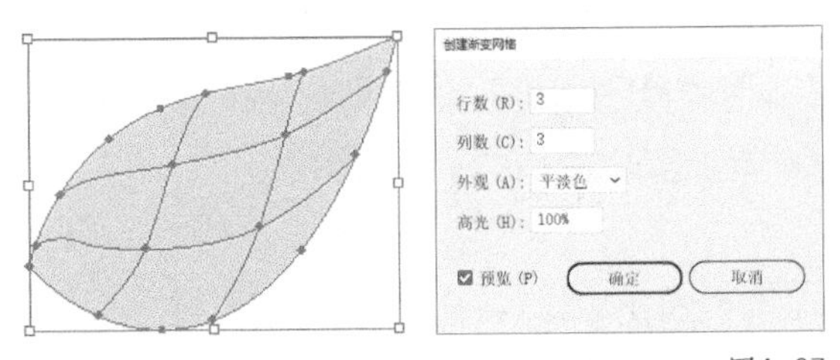

图4-37

03 使用直接选择工具，单击图4-38所示的网格片，然后在“颜色”面板中设置一个深一些的绿色。还可以使用直接选择工具，单击图4-39所示的渐变网格点改变其颜色。同理，调整其他的网格点或者网格片的颜色，得到图4-40所示的效果。

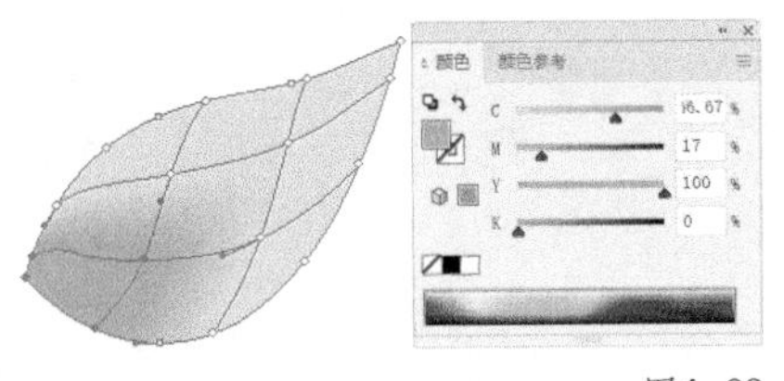

图4-38

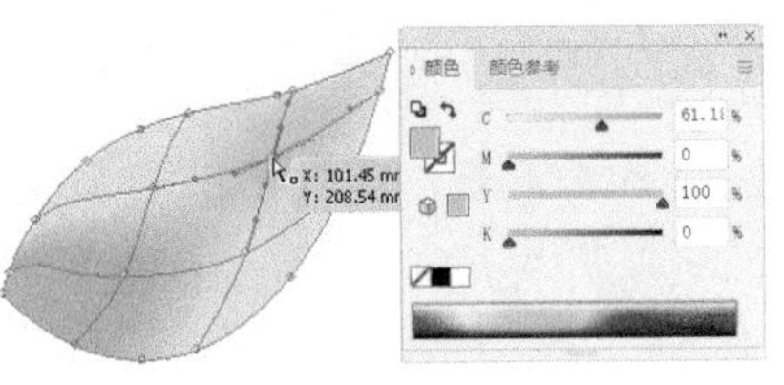

图4-39

图4-40

04 使用钢笔工具绘制图4-41所示的曲线作为树叶的高光部分，为其填充一个浅黄色。同理，绘制另外一边的反光，如图4-42所示。再使用钢笔工具绘制图4-43所示的叶脉。在“描边”面板中设置其粗细为4pt，如图4-44所示。

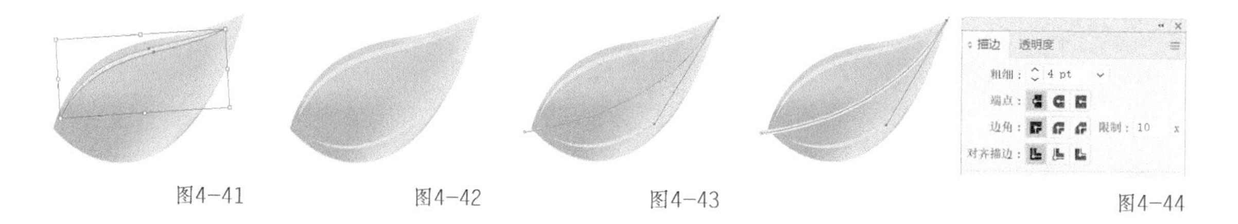

图4-41　图4-42　图4-43　图4-44

05 执行“对象→路径→轮廓化描边”命令，得到展开的填充色的图形，如图4-45所示。使用钢笔工具，单击图4-46所示的锚点将其减掉。然后使用直接选择工具调整这个形状，如图4-47所示。

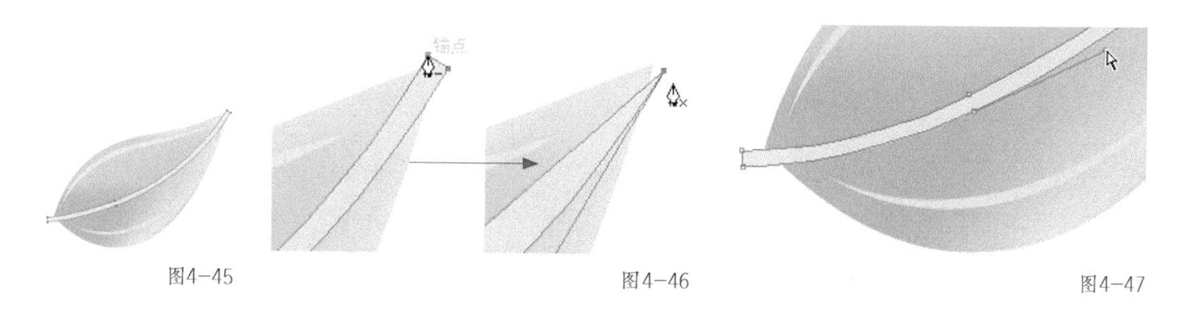

图4-45　图4-46　图4-47

06 使用钢笔工具，继续绘制叶脉的分支，如图4-48所示。

07 使用移动工具，同时选择叶脉的主干和分支，执行路径查找器中的“联集”命令将它们合并，如图4-49所示。

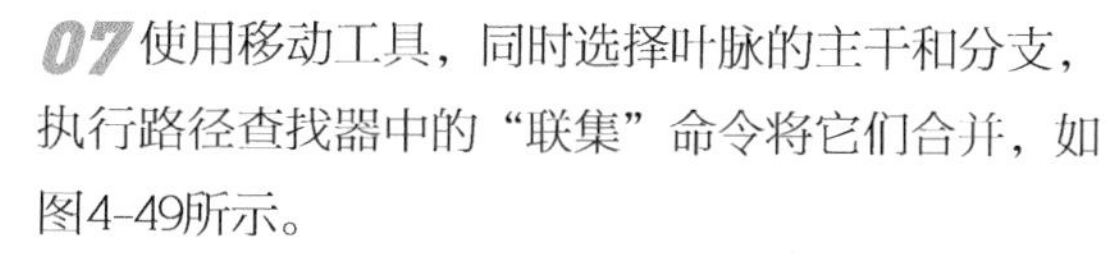

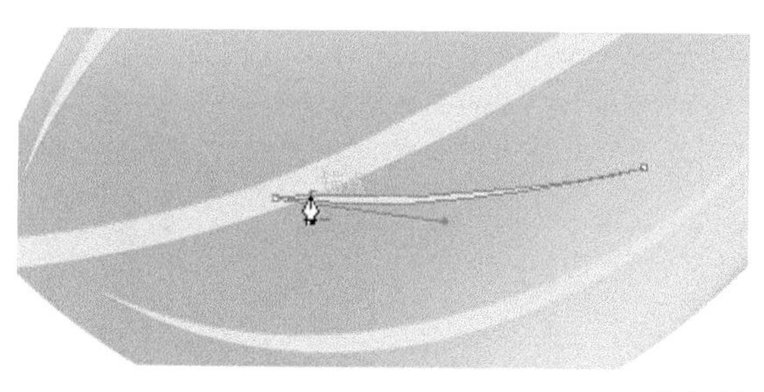

图4-48

图4-49

08 同理，绘制其他的叶脉分支，并和主干进行合并，如图4-50所示。

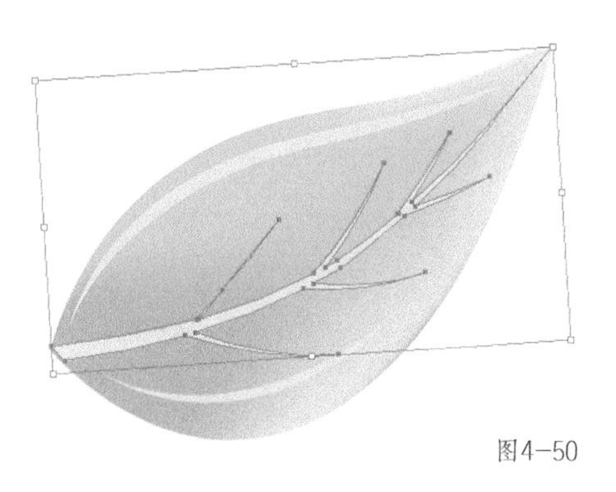

图4-50

09 设置叶脉的颜色为深一些的绿色渐变色，如图4-51所示。

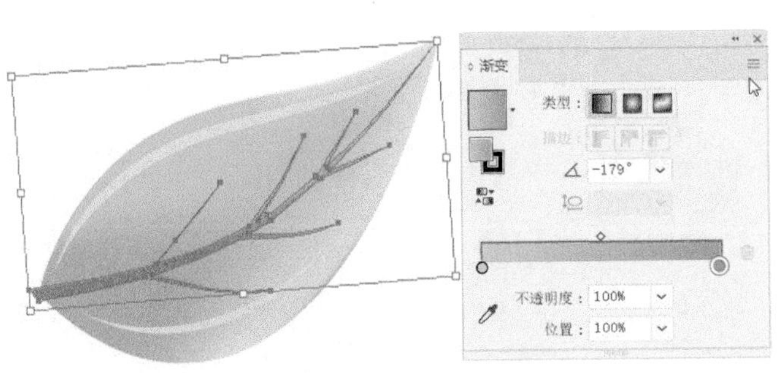

图4-51

10 使用渐变工具直接在叶脉上拖动，改变其渐变的方向和范围等，如图4-52所示。

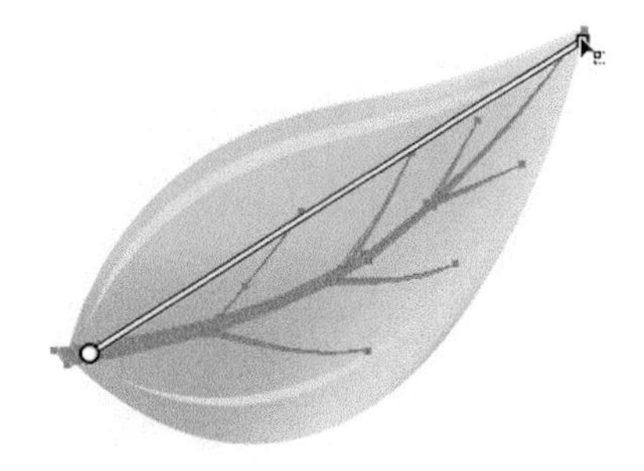
图4-52

11 为树叶加上水珠的效果。使用椭圆形工具绘制一个正圆形，如图4-53所示。为其设置为径向渐变效果，如图4-54所示。

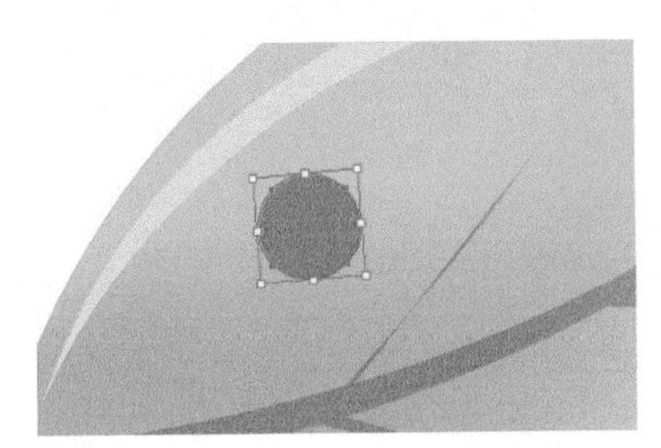
图4-53

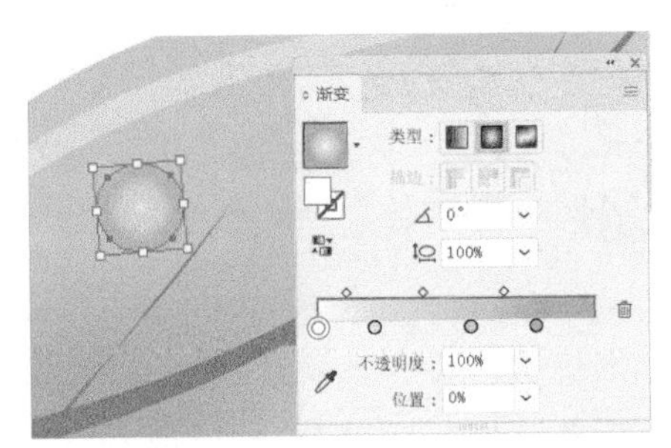

图4-54

12 使用渐变工具，拖动其渐变的中心点和范围等改变其效果，如图4-55所示。同理，绘制另外一个水珠，如图4-56所示。

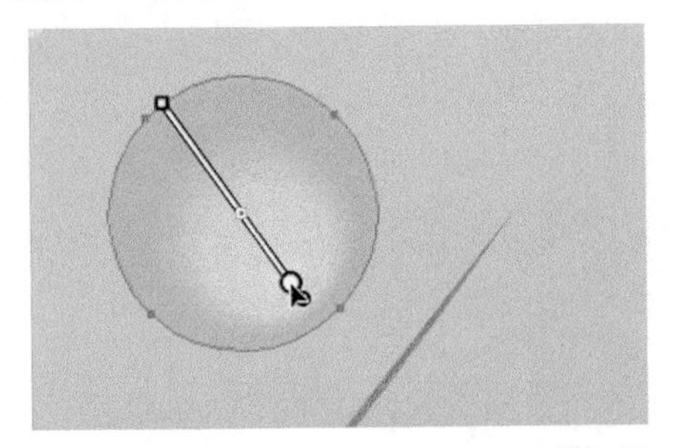
图4-55

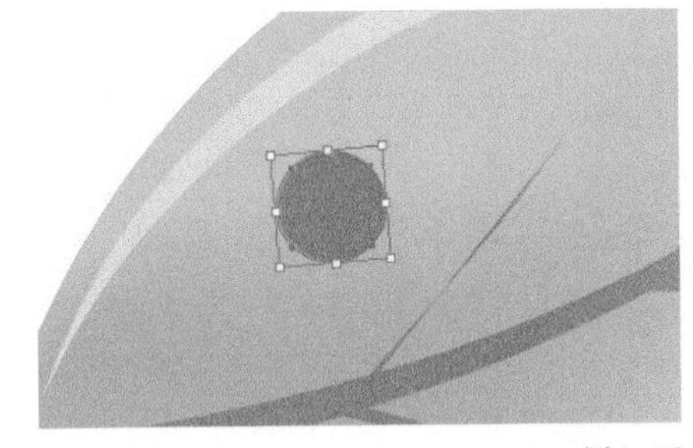
图4-56

13 框选所有的对象，执行快捷键【Ctrl】+【G】命令将它们编组，如图4-57所示。同理，可得到另外一片树叶，调整其大小和方向等，得到最终的效果如图4-58所示。

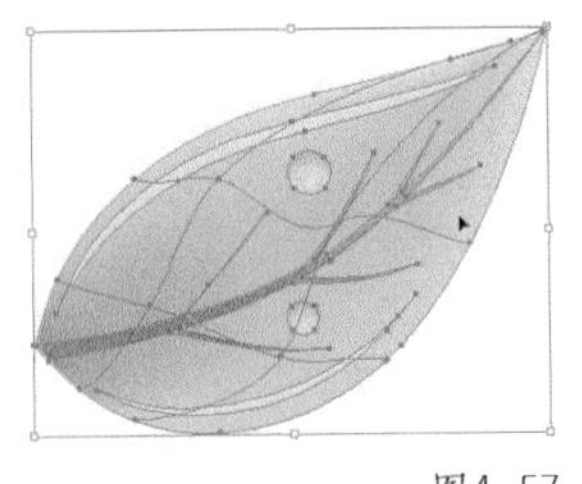
图4-57

图4-58

4.2.2 水晶图标

下面使用渐变工具结合“透明度”面板的色彩混合模式功能，来制作图4-59所示的水晶按钮效果。

图4-59

操作步骤

01 创建一个W210mm×H210mm的文件，如图4-60所示，更改文件名称为“软件图标”，无需设置“出血”值。

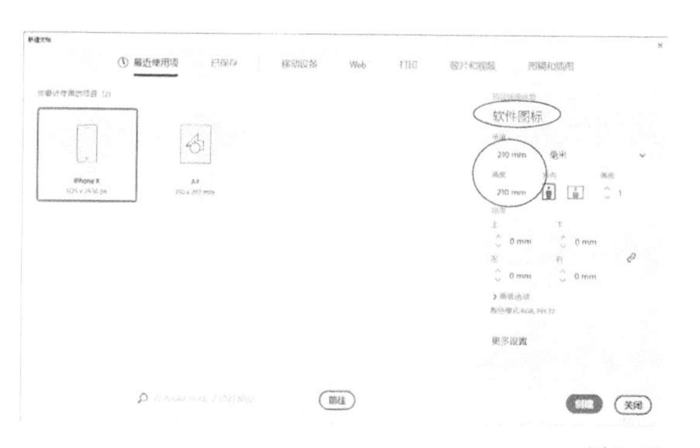

图4-60

02 使用左边工具栏中的圆形工具，在画笔的中间按住组合键【Shift】+【Alt】拖动鼠标，画一个正圆形，如图4-61所示。

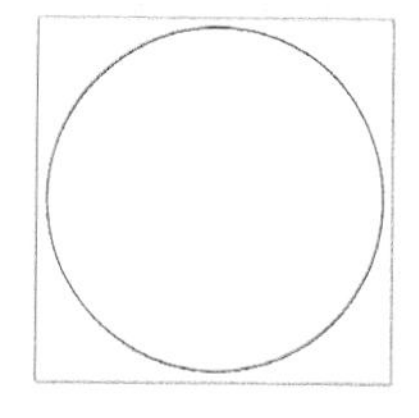

图4-61

03 由于制作“软件图标”需要立体的感觉，所以需要为这个圆形制作渐变效果，使它看起来不只是平面。选中图形，使用渐变工具在刚制作的图像中拉一个渐变，如图4-62所示。

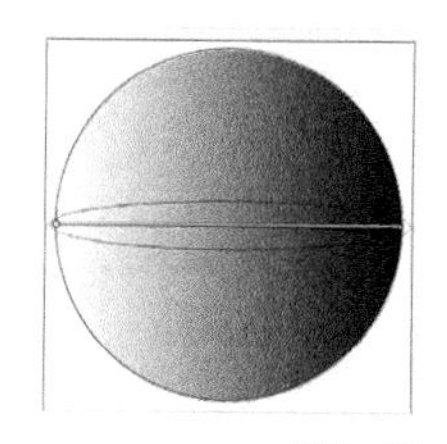

图4-62

04 双击右边工具栏中的渐变工具调出“渐变”面板，从色板中选取一种颜色拖曳到“渐变”面板的渐变色条上来改变渐变的颜色，如图4-63所示。

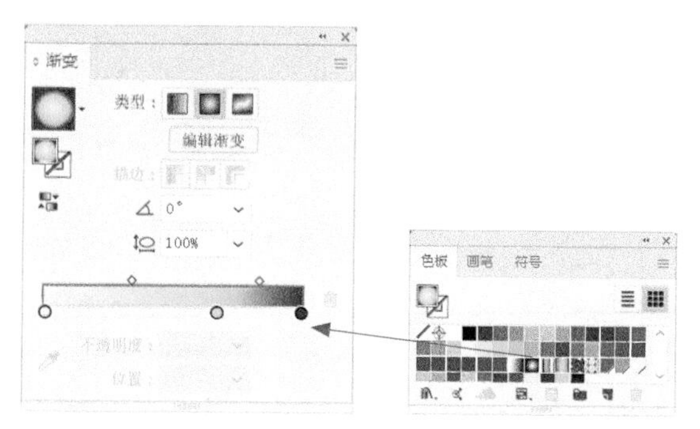

图4-63

提示 在Illustrator中，默认的渐变一般为黑白两色的线性渐变，图4-62中标记的位置为渐变轴，可以拖动轴中的原点，来改变图形渐变区域的范围。

提示 可以直接将颜色从色板拖曳进入渐变色条中，也可以直接将不需要的颜色的色块拖曳出色条外，颜色则自动消失。如不需要白色，可以直接把显示白色的色块拖曳出去。

05 现在调整渐变色条中剩下的三个颜色。在案例中的颜色是由深到浅的三个绿色，也可以按照个人喜好进行颜色的调整。将类型选择为“径向”，调整渐变范围，如图4-64所示。对于不太满意的颜色，可以双击“渐变”面板中的渐变滑块，以调出“颜色”面板对其进行深度加工，如图4-65所示。

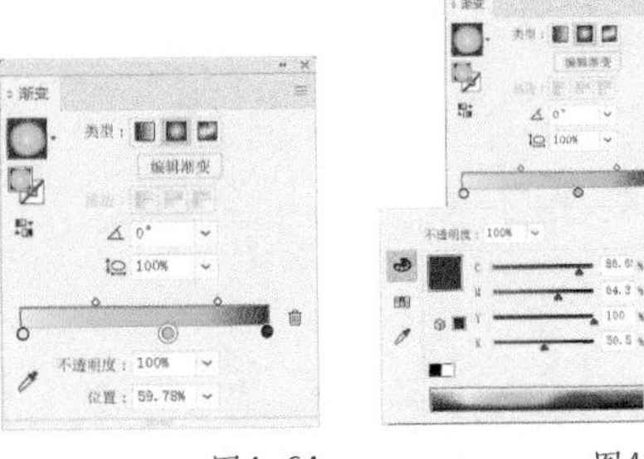

图4-64　　图4-65

06 取消图形的描边颜色。一个立体的圆形就大概制作完成了，如图4-66所示。

> **提示** 在渐变制作中，立体效果遵循从深到浅的制作方法。边缘深，中间浅，立体效果才能更好地体现出来。

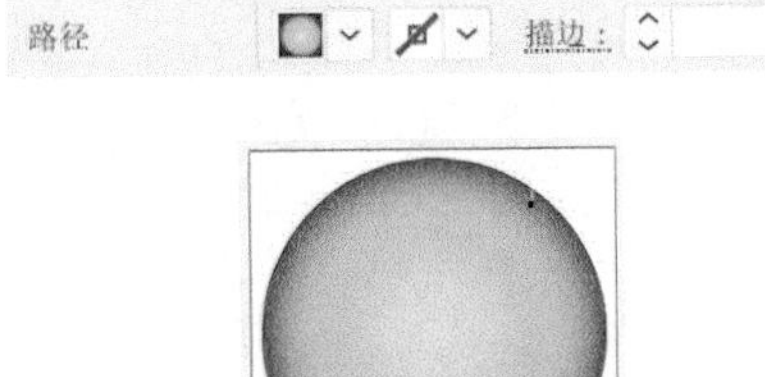

图4-66

07 使用文字工具输入字母“a”，然后在“字符”面板中对字体、大小进行选择，如图4-67所示。为其添加一个白色的描边，如图4-68所示。

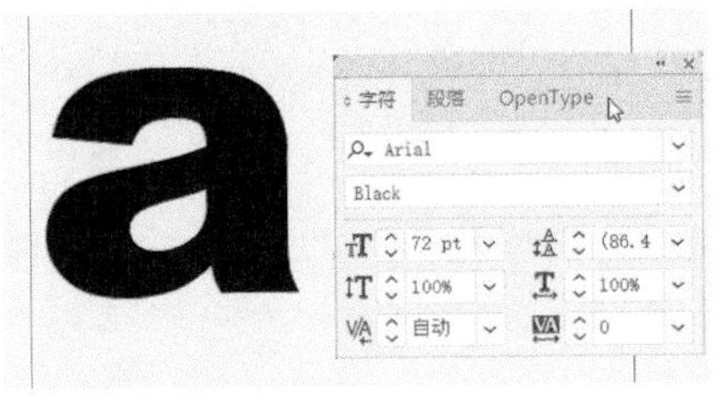
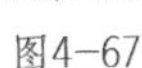

图4-67

图4-68

08 将调整好的字母放到之前做好的圆形图标上，如图4-69所示。为了增加图标的立体效果，在图标上增加高光，选择钢笔工具勾出一个高光区域形状，注意描边为无，如图4-70所示。为其填充一个渐变的效果，如图4-71所示。在“透明度”面板中设置其色彩混合模式为“滤色”，适当调整透明度，如图4-72所示。到此图标基本制作完成，可以进行进一步的渐变效果调整，如对高光范围进行处理等，最终效果如图4-73所示。

图4-69

图4-70

图4-71

图4-72

图4-73

第 5 章
笔刷的应用

本章主要讲解Illustrator CC 2019中笔刷的应用，其中包括“画笔”面板各项功能的讲解、笔刷路径的创建、笔刷选项的设置、自定义笔刷的创建等。学会灵活运用笔刷可以在图形绘制时事半功倍。

5.1 画笔面板

用户可以在“画笔”面板中选择笔刷效果、编辑笔刷的属性。同时还可以自行创建和保存笔刷，如图5-1所示。

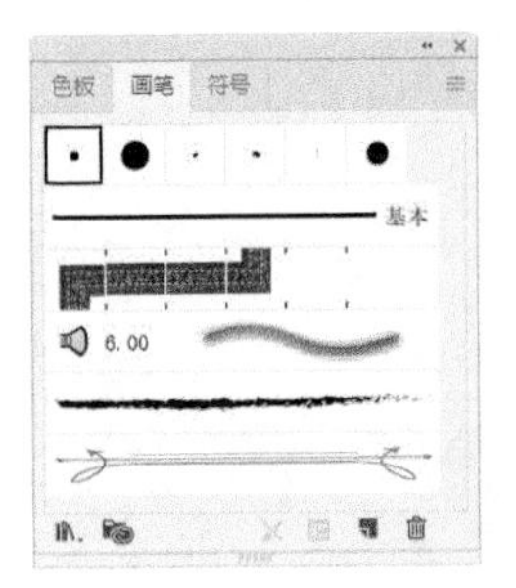

图5-1

5.1.1 笔刷库

在“画笔”面板中，执行图5-2所示的操作，打开更多的笔刷库来丰富可用的笔刷。

该命令包含很多种类的笔刷库，用户可选择画笔工具感受一下不同的笔刷效果。其中“毛刷画笔”是Illustrator CC 2019中经常用到的画笔库，毛刷画笔能够模仿自然绘画笔触的功能，可以结合带压感、方向感应的绘图板使用。图5-3所示是使用毛刷画笔绘制的一个矢量格式的苹果。从前只有Painter才能画出这种逼真的自然绘画效果，现在矢量图也可以达成这种效果。

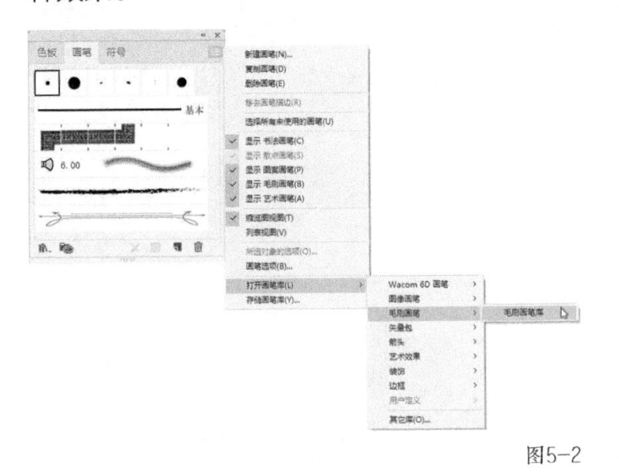

图5-2

图5-3

5.1.2 笔刷类型

按照功能特征的不同效果，笔刷分为5种类型，分别是书法画笔、散点画笔、图案画笔、毛刷画笔和艺术画笔，如图5-4所示。

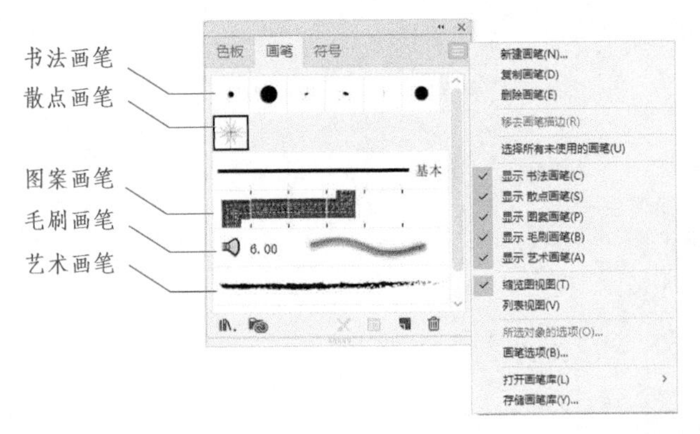

图5-4

5.2 创建笔刷路径

可以使用工具箱中的画笔工具绘制路径，也可以使用铅笔工具、椭圆形工具、多边形工具、星形工具、矩形工具等来绘制路径，然后选中它们单击“画笔”面板中想要应用的笔刷即可，如图5-5所示。

图5-5

5.2.1 用画笔工具创建笔刷路径

用画笔工具创建笔刷路径，可以说是所有创建笔刷路径中最为简单的一种。用户只需在使用此工具之前选择一种笔刷即可。

双击该工具，可以弹出如图5-6所示的对话框。

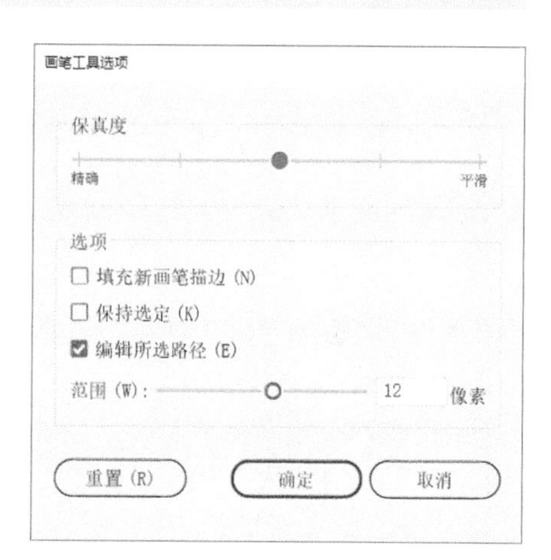

图5-6

该对话框中各项参数的含义如下。

（1）保真度：可以移动滑块控制笔画散离于路径的像素的值，滑块越靠近精确一边，笔画或曲线就越逼真；滑块越靠近平滑一边，笔画或曲线就越平滑。

（2）填充新画笔描边：如果未勾选该项，即使用户在工具箱中的填充色块中进行了填充设置，所绘制的路径也不会进行填充。

（3）保持选定：勾选该项，绘制出的路径将自动保持选中状态。

（4）编辑所选路径：勾选该项，即可以利用各种工具编辑选中路径。

5.2.2 扩展笔刷

在画笔的路径被选中的情况下，执行“对象→扩展外观”命令，将笔刷的状态转换为路径的状态以便于修改。图5-7所示是路径扩展前后的不同状态对比。

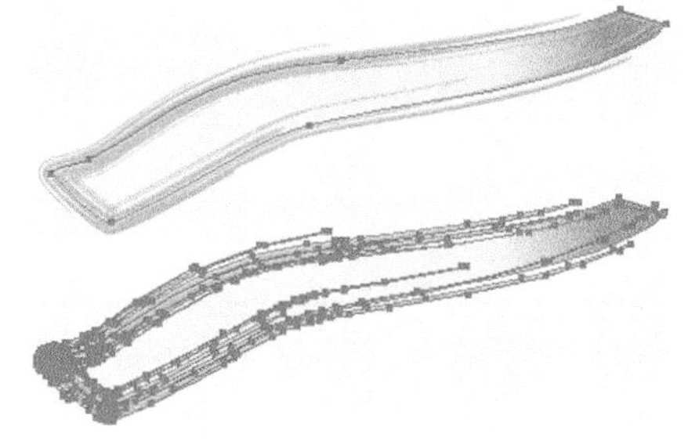

图5-7

5.3 设置笔刷选项

如果对预置的笔刷效果不是十分满意，可以对笔刷的选项进行调整。

5.3.1 设置书法笔刷和散点画笔

在“画笔”面板中双击某个需要设置的笔刷，打开图5-8所示的“描边选项”对话框。在该对话框中可以调节笔刷的角度、圆度和直径等参数。

散点画笔的面板如图5-9所示，在其中可以修改散点笔刷的大小、间距、分布等参数，设置后笔刷效果如图5-10所示。

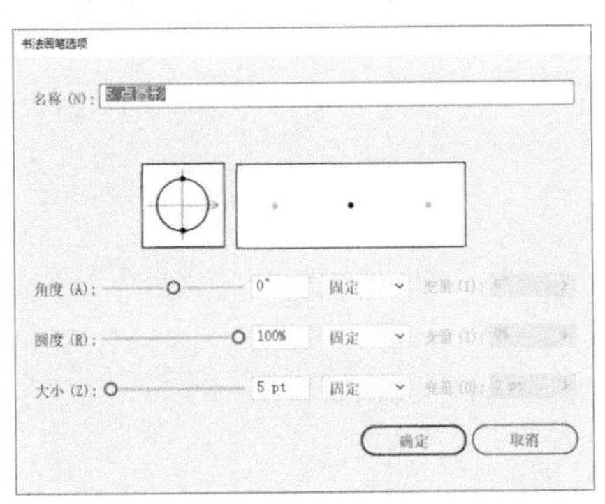

图5-8

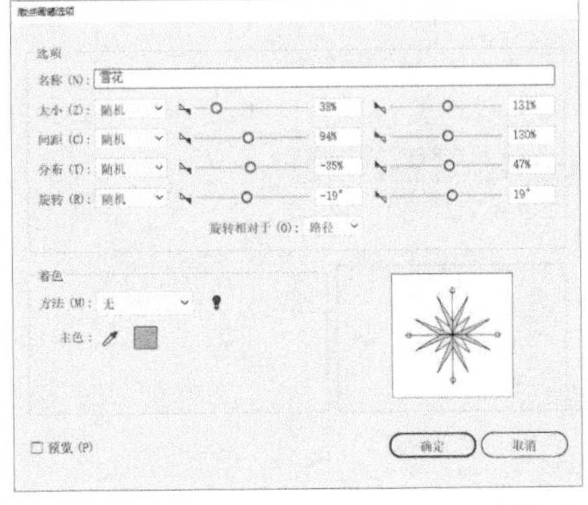

图5-9

图5-10

5.3.2 设置毛刷笔刷

毛刷笔刷的设置面板如图5-11所示。在其中可以修改毛刷笔刷的大小、笔刷长度、密度、粗细、透明度、硬度等参数。

5.3.3 设置图案笔刷

图案笔刷的设置面板如图5-12所示。

图案笔刷一共有5个拼贴的图案，它们组合起来就组成了笔刷的对象，它们分别是起点拼

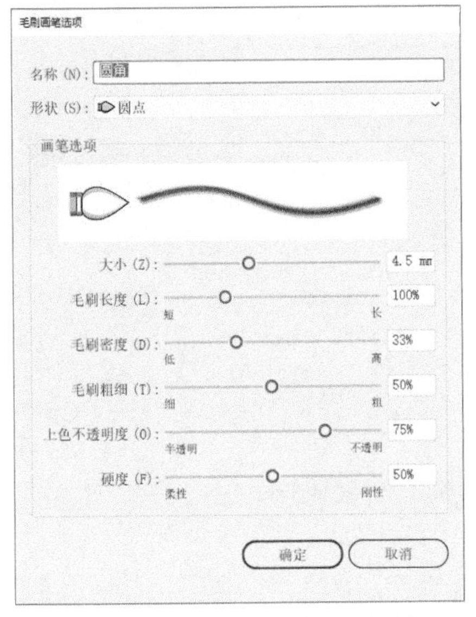

图5-11

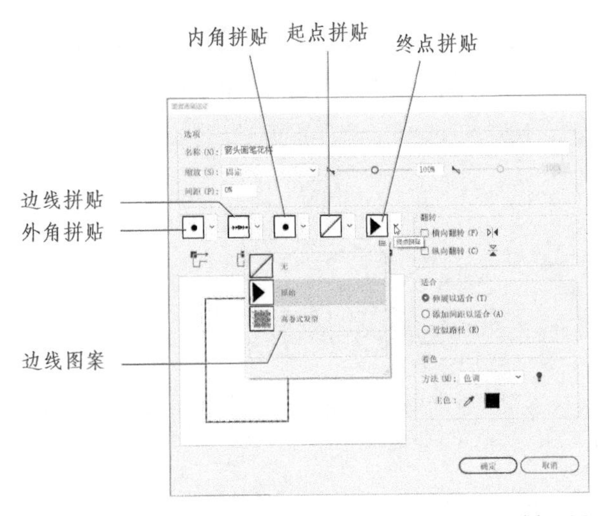

图5-12

贴、终点拼贴、边线拼贴、外角拼贴和内角拼贴。

对于开放的路径来说，这些拼贴的图案将依次被用在路径开始的地方、路径中、路径结束的地方。如果应用笔画的路径有拐角，那么还将用到外角拼贴和内角拼贴。首先选择拼贴类型，然后可在拼贴图案框中进行选择、修改每个拼贴的图案，可以修改其图案的基本元素、间距、大小等参数。

5.3.4 设置艺术笔刷

艺术笔刷的设置对话框如图5-13所示。在其中可以修改笔刷的方向、缩放的选项、翻转等参数。

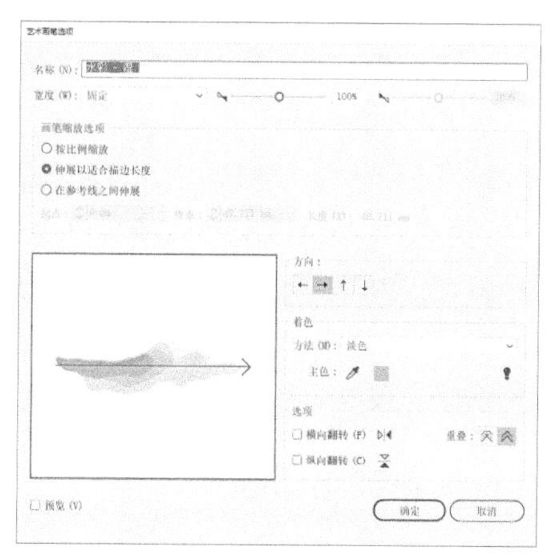

图5-13

5.4 创建自定义笔刷

虽然Illustrator提供了很多的预置笔刷，但是有时候仍需要自定义一些笔刷效果来满足设计需求。

5.4.1 创建书法笔刷

单击“画笔”面板右上方的小三角，执行其中的“新建画笔”命令可弹出图5-14所示的对话框，在“选择新画笔类型”中选择书法画笔，单击“确定”按钮之后会出现图5-15所示的书法画笔的具体参数设置面板，设置好参数后单击“确定”按钮，即可得到新的书法笔刷。

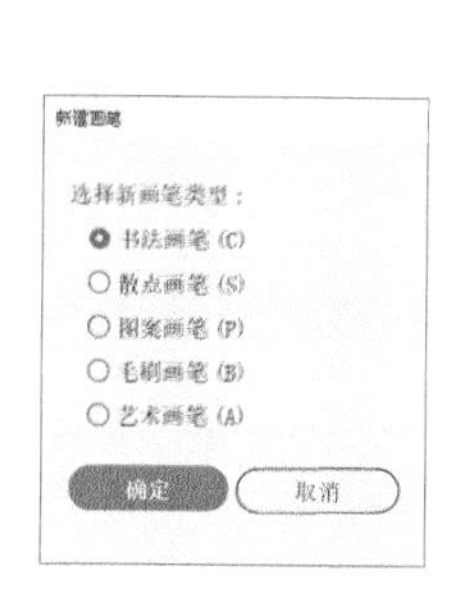

图5-14

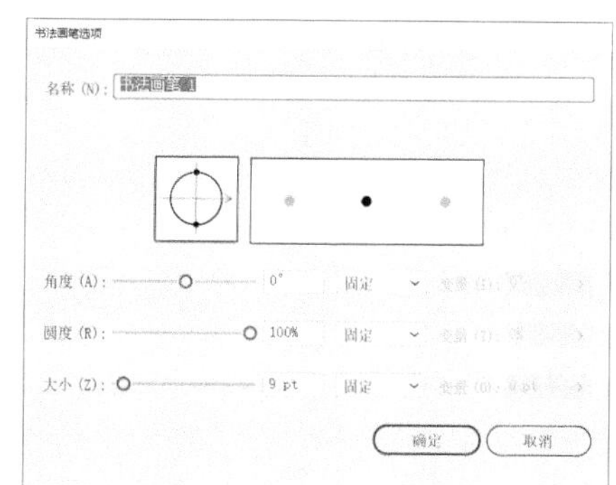

图5-15

5.4.2 创建散点笔刷和艺术笔刷

创建散点笔刷和艺术笔刷之前必须先选择一个对象，在没有选择对象时，新建画笔的面板无法选择这两种类型的画笔，如图5-16所示。选择一个对象，执行新建散点画笔命令，弹出图5-17所示的对话框，在对话框中设置相关参数，单击“确定”按钮即可生成新的散点画笔。同理，选择一个对象，执行“艺术画笔”命令，弹出图5-18所示的对话框，在对话框中设置相关的参数，单击“确定”按钮即可生成新的艺术画笔。

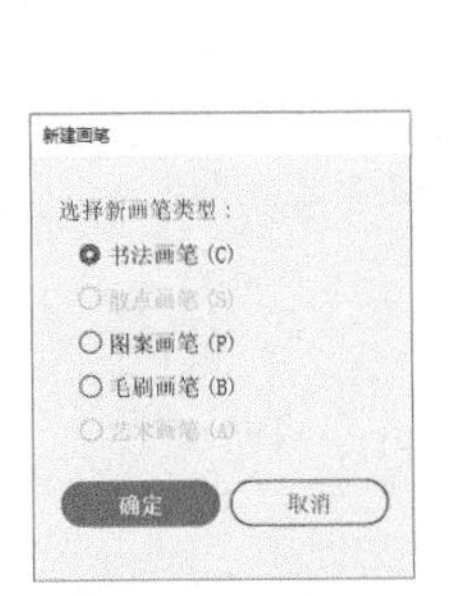

图5-16

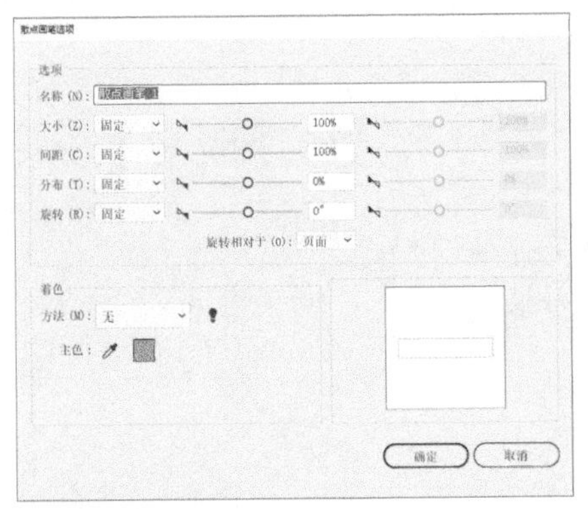

图5-17

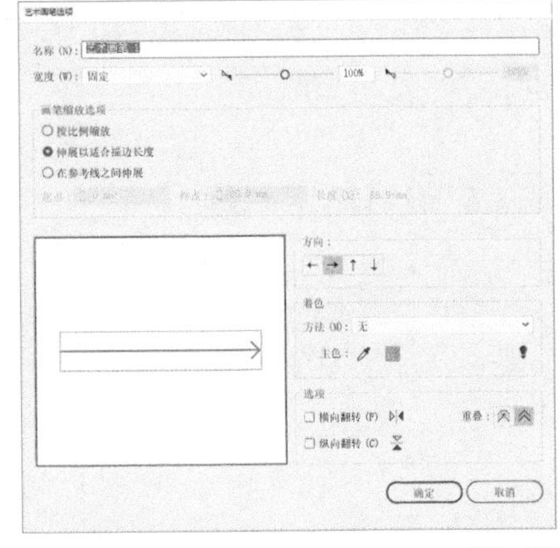

图5-18

5.4.3 创建毛刷画笔

在图5-16所示的对话框中选择毛刷画笔，单击“确定”按钮之后，会出现图5-19所示的毛刷画笔的具体参数设置面板，在设置面板中设置好参数，单击“确定”按钮，即可得到新的毛刷笔刷。

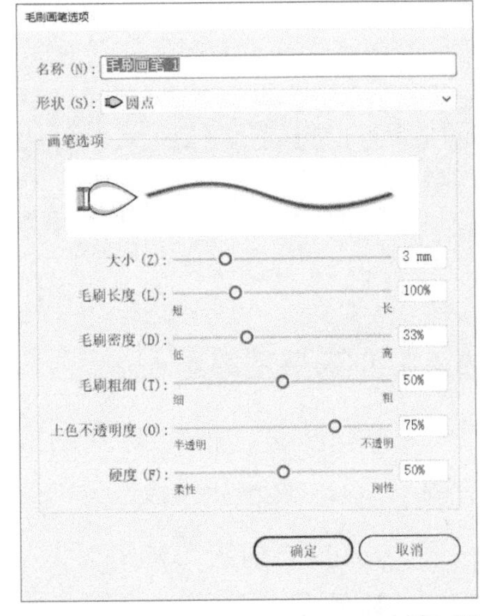

图5-19

5.4.4 创建图案笔刷

在图5-16所示的对话框中，选择创建的画笔类型为图案画笔，单击“确定”按钮之后，会出现图5-20所示的图案画笔的具体参数设置面板，在设置面板中设置好参数，单击“确定”按钮，即可得到新的图案笔刷。

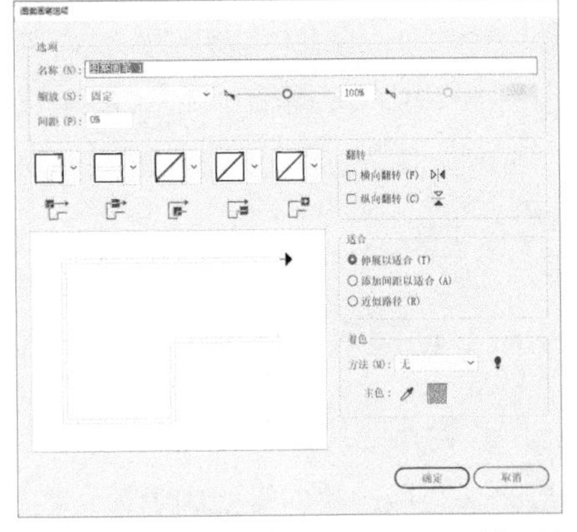

图5-20

第 6 章
符号的使用和立体图标

本章主要讲解Illustrator CC 2019中符号的使用，以及如何运用符号制作立体图标。学习符号的使用，需要掌握符号工作组的功能和使用、自定义符号，以及在3D命令中调用符号等。用户熟练掌握符号的使用可以提高工作效率。

6.1 知识点储备

符号工具是Illustrator中应用得比较广泛的工具之一。它最大的特点是可以方便、快捷地生成很多相似的图形实例，例如，一片树林、一群游鱼、水中的气泡等。同时，用户还可以通过符号工具组来灵活、快速地调整和修饰符号图形的大小、距离、色彩、样式等。这样，不仅对于群体、簇类的物体不必通过复制命令一个一个地复制，还可以有效地减小设计文件的大小。除此之外，还可以结合3D滤镜命令，调用符号作为贴图来使用。

6.1.1 符号工具组的功能和使用

符号工具组包含8个具体的工具，如图6-1所示。用户可以从中选择自己要使用的具体符号工具，也可以在按【Alt】键的同时单击符号工具来切换。

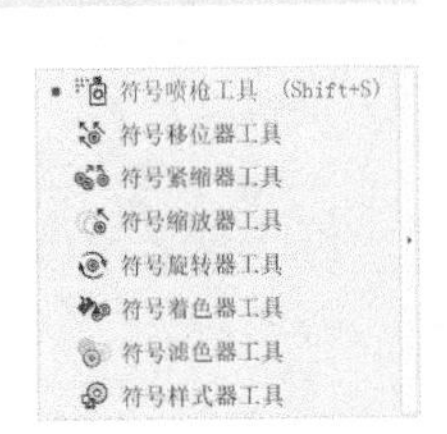

图6-1

符号工具组只影响用户正在编辑的符号或在符号面板里选择的符号，而这些符号工具均拥有一些相同的选项，如直径、强度、密度等。这些选项详细地说明了最近选择的或者即将被建立和编辑的符号设置。在工具栏里的符号工具上双击，就会弹出图6-2所示的“符号工具选项”对话框。

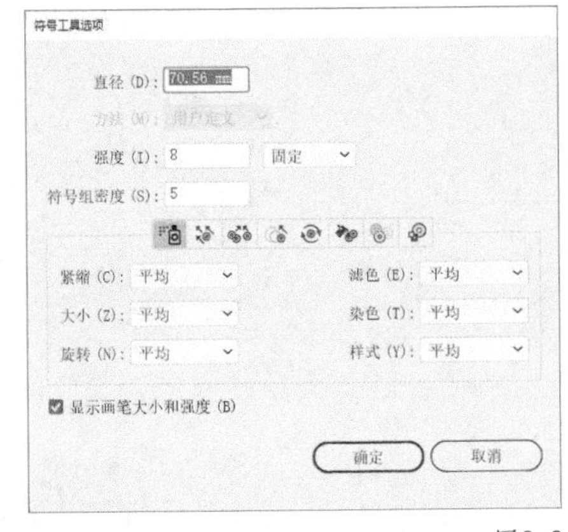

图6-2

“符号工具选项”对话框的各项参数含义如下。

直径：符号工具的笔刷直径大小，大的笔刷可以在使用符号修改工具时选择更多的符号。

强度：符号变化的比率，也就是符号绘制时的强度，较高的数值将产生较快的改变。

符号组密度：符号集合的密度，即符号集的引力值，较高的数值可导致符号图形密实地堆积在一起。它可作用于整个符号集，并不仅仅只针对新加入的符号图形。

显示画笔大小和强度：绘制符号图形时显示符号工具的大小和强度。

1. 符号喷枪工具

执行“窗口→符号”命令可打开图6-3所示的符号面板。在“符号”菜单命令中选择一个符号后即可进行喷绘，喷绘效果如图6-4所示。

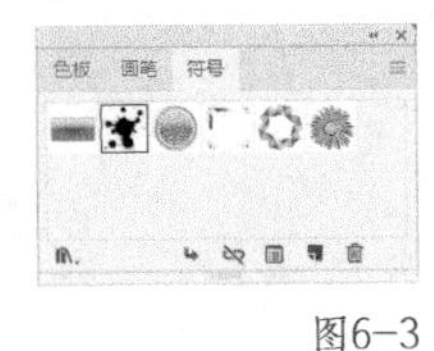

图6-3

图6-4

提示 如果用户想减少绘制的符号，可以在使用符号喷枪工具的同时按【Alt】键，这时的喷枪类似于一个吸管，能把经过的地方的符号都吸回喷枪里，当然在使用时必须先选中一个存在的符号集。

2. 符号移位器工具

使用这个工具及之后的所有符号工具之前，必须先在工作区域选择一个符号集合对象。使用符号移动工具可移动符号集合对象中每个符号的位置，方法是使用它直接在符号集合对象上按住鼠标左键拖动，如图6-5所示。

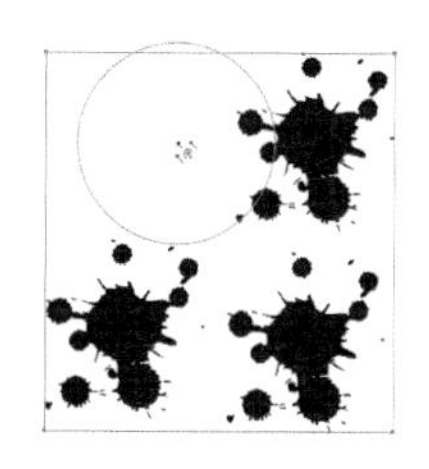

图6-5

3. 符号紧缩器工具

使用符号紧缩器工具后，所有位于笔刷范围内的符号图形将相互堆叠、聚集在一起。若想扩散这些符号图形，可按住【Alt】键不放，再使用这个工具。这个工具及之后除了旋转工具以外的所有工具，都可以借助【Alt】这个辅助键来减弱相应工具的效果。

符号紧缩器工具及之后的所有工具的选项对话框中的“方法”下拉菜单中都有图6-6所示的三个可选项。这三个选项的含义如下。

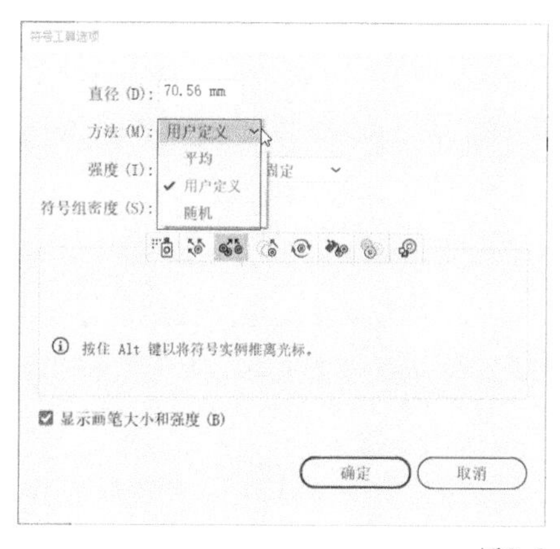

图6-6

用户定义：非常平滑、缓慢地作用于符号图形。

平均：在笔刷范围内逐渐地、明显地作用于符号图形。

随机：在笔刷范围内随机地改变符号图形。

4. 符号缩放器工具

使用符号缩放器工具后的效果如图6-7所示。这个工具的选项配置共有两个复选项，它们一般都处于选中状态，如图6-8所示。这两个复选项的含义如下。

等比缩放：在调整符号大小时，图形不受鼠标的移动方向而改变，宽高始终保持成比例变化。

图6-7

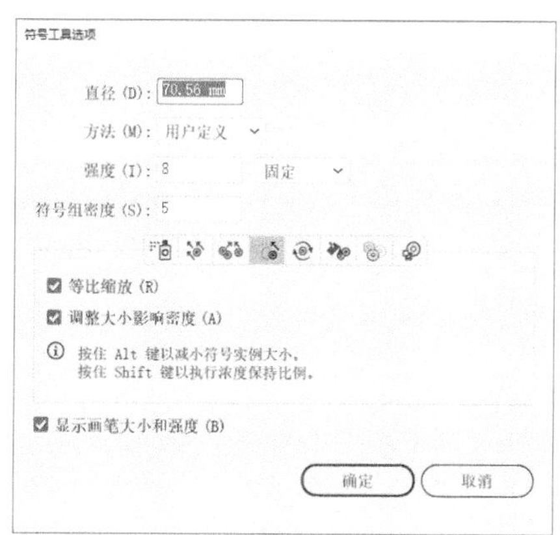

图6-8

调整大小影响密度：勾选该选项时，系统将以笔刷圆心为中心点调整符号的大小；未勾选该选项时，系统将以单个符号图形中心为中心点调整符号的大小。

5. 符号旋转器工具

使用符号旋转器工具后的效果如图6-9所示。

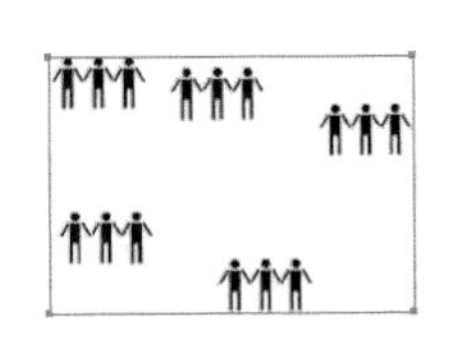
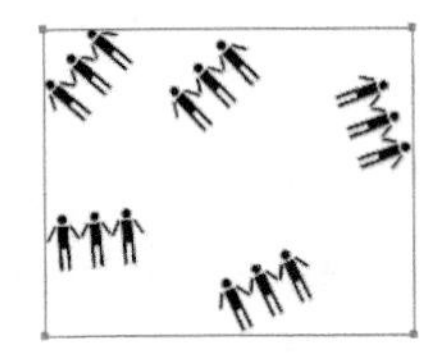

图6-9

6. 符号着色器工具

使用符号着色器工具后的效果如图6-10所示。

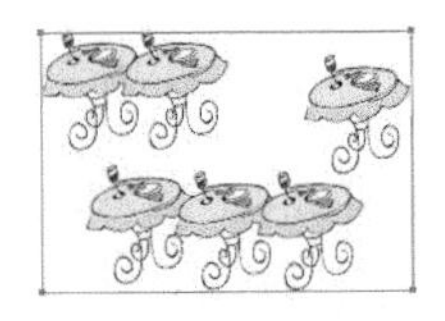
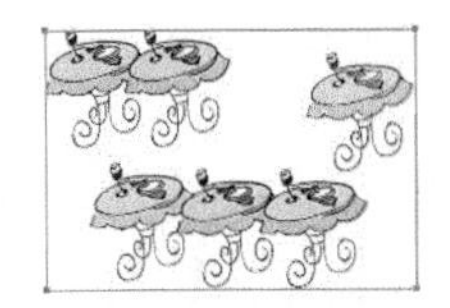

图6-10

符号着色器工具使用填充色来改变图形的色相，同时可以保持原始图形的明暗度。不论使用很高或很低的色彩，其明暗度都只受到很小的影响。但它对只有黑白颜色的符号图形不起作用。

这里还有一点要注意的是，在使用着色工具后，文件大小会明显增加，系统性能也会显著降低，因此需要配置运行速度较快的计算机。

7. 符号滤色器工具

使用符号滤色器工具后的效果如图6-11所示。

图6-11

8. 符号样式器工具

符号样式器工具指将样式面板中选中的某种样式效果应用到符号上。使用符号透明度工具后的效果如图6-12所示。

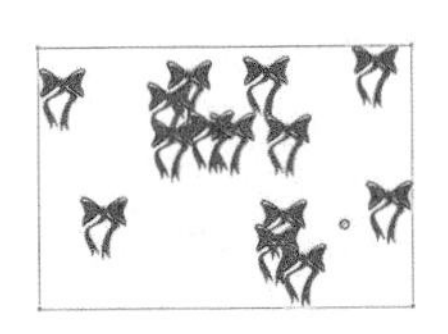
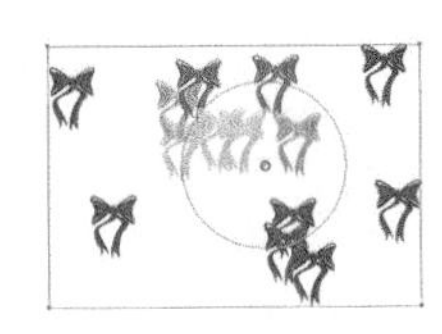

图6-12

6.1.2 符号面板和符号库的使用

在介绍完符号的工具以后，接下来要讲解的是另外两个与符号相关且比较重要的内容——“符号”面板和符号库。

“符号”面板中包含了符号的放置、新建、替换、中断链接、删除等功能，如图6-13所示。

图6-13

“符号”面板下方的按钮依次代表的含义如下。

符号库菜单按钮 ：单击它可导入Illustrator CC 2019提供的丰富的符号库，图6-14所示是单击它弹出的部分菜单，图6-15所示是导入的其中几个符号库。

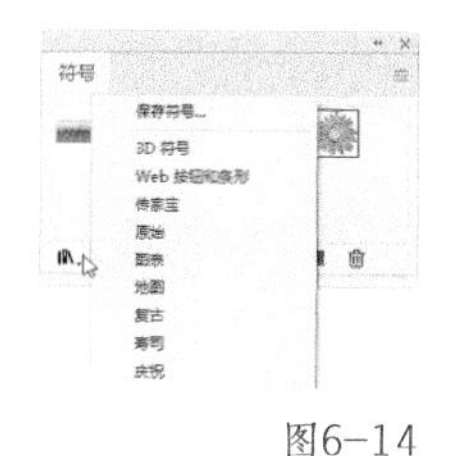

图6-14

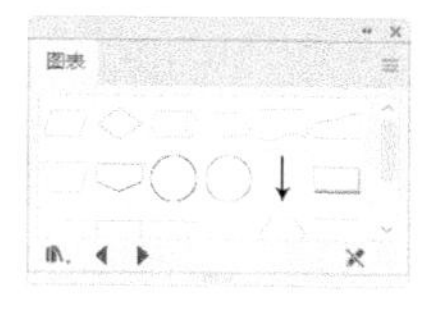

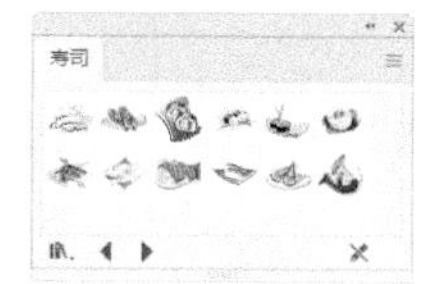

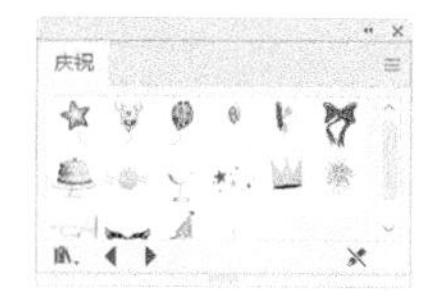

图6-15

放置符号实例按钮 ：放置符号实例时使用，当用户在“符号”面板选择一个符号后，单击该按钮，就会在屏幕的工作区中央（而非用户设定的页面区域）绘制一个符号图形。要生成单个符号图形，也可以按住鼠标左键将相应的符号从面板中拖到工作区。

解除符号链接按钮 ：中断工作区的单个符号图形或符号集与符号面板的联系。另外，“符号”面板的菜单中还有一个重定义符号命令，对中断后的符号图形重新编辑后，就可以使用这个命令重新定义符号了。

符号选项按钮 ：修改符号的名称和类型。

新建符号按钮 ：新建符号时使用。

删除符号按钮 ：删除符号时使用。

6.1.3 自定义符号

可通过将路径、导入的位图等对象拖曳到“符号”面板中将其定义为一个新的自定义的符号。先绘制一个图形或者导入一个位图，图6-16所示为将导入的一张位图拖曳到“符号”面板中，然后弹出图6-17所示的“符号选项”面板，在其中为其命名为“小方块”，单击“确定”按钮即可完成创建。

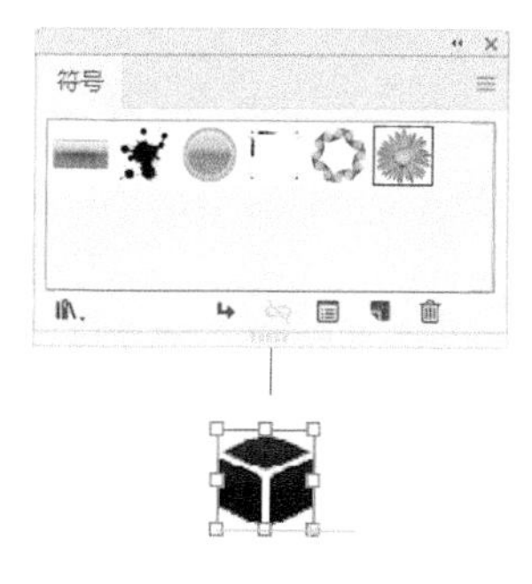

图6-16

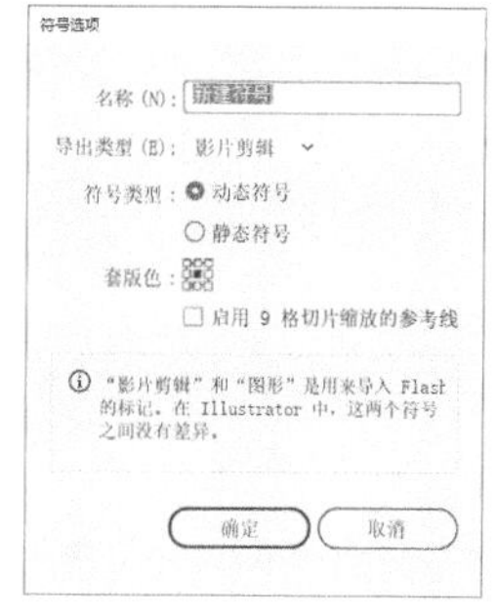

图6-17

6.1.4 在3D命令中调用符号

打开一个已经使用“3D凸出和斜角”制作的文件，如图6-18所示。

图6-18

然后输入一段文本，将其拖曳到“符号”面板中定义为一个新的符号，如图6-19所示。选中3D图形，在“外观”面板中单击图6-20所示的位置可打开图6-21所示的“3D凸出和斜角”面板。

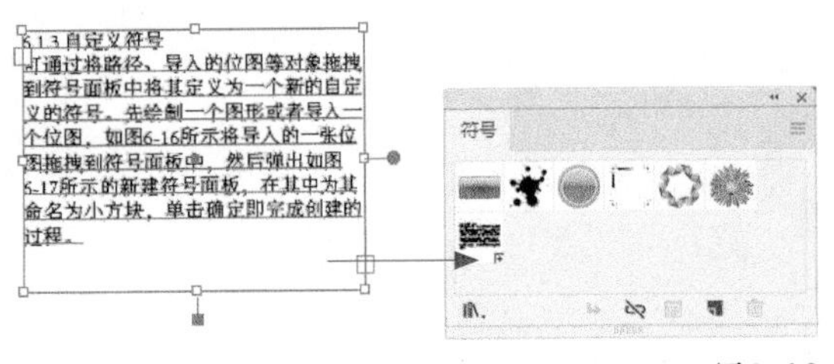

图6-19

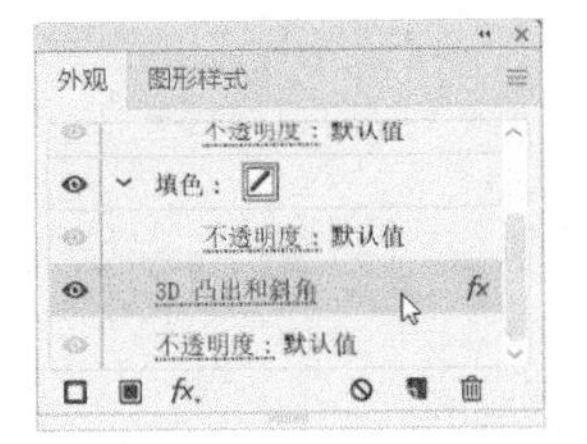

图6-20

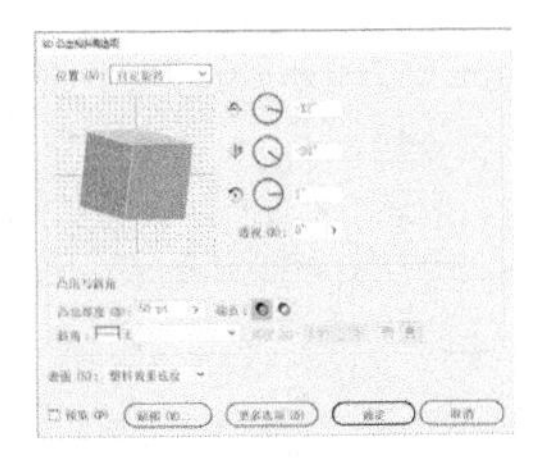

图6-21

勾选“预览”选项，然后单击面板下方的“贴图”按钮，弹出图6-22所示的“贴图”面板。在其中首先单击“表面”右侧的“翻页”按钮，确认停在数字“5”的地方，然后在“符号”下拉菜单中选中最后的“新建符号”，如图6-23所示。

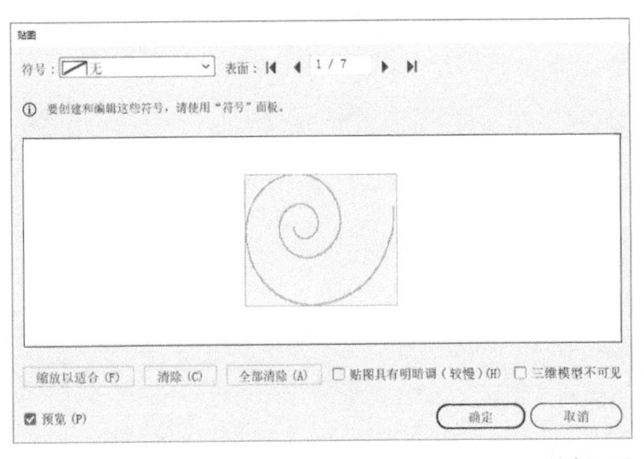

图6-22

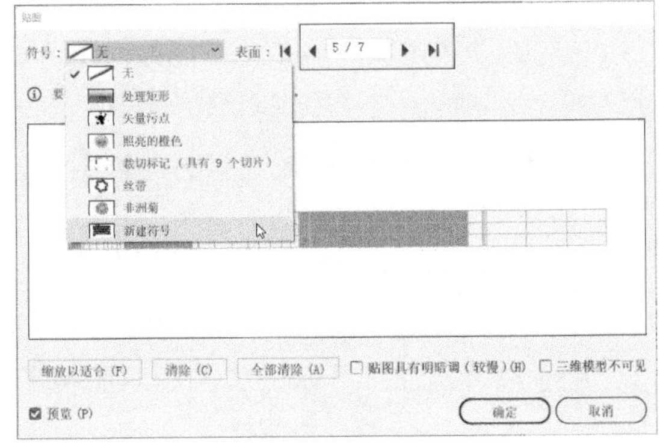

图6-23

此时会发现之前创建的文字符号进入到了“贴图”面板的预览区域，如图6-24所示。同时在3D图形中也出现了这段文字，并且这段文字是紧贴三维图形的表面而生成的，达到透视的效果，如图6-25所示。

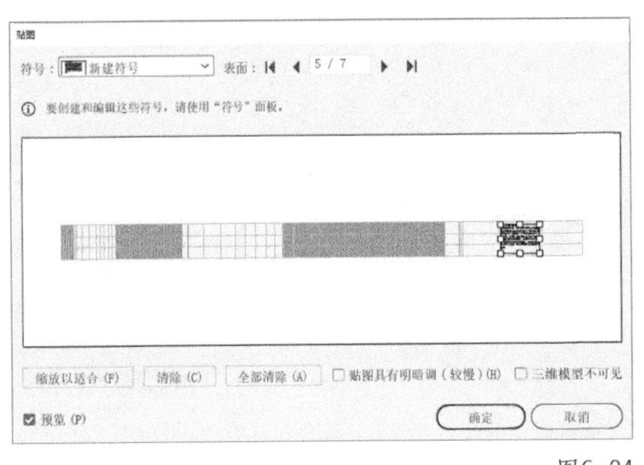

图6-24

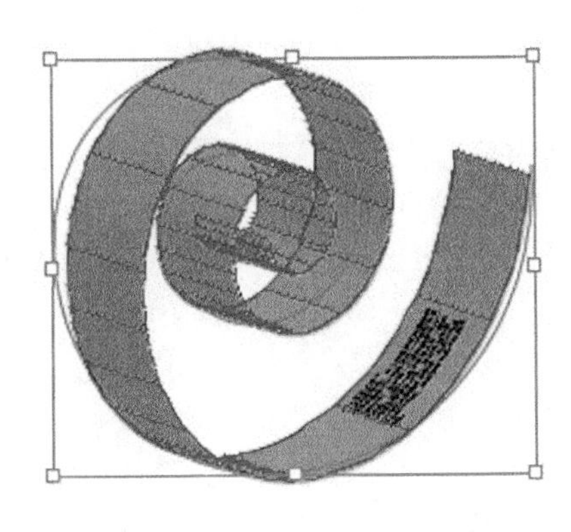

图6-25

如果想改变文字在三维图形中的位置，在图6-26所示的地方移动符号所处的位置即可。单击两次“确定”按钮之后，我们得到符号贴到三维图形对象上的最终效果，如图6-27所示。

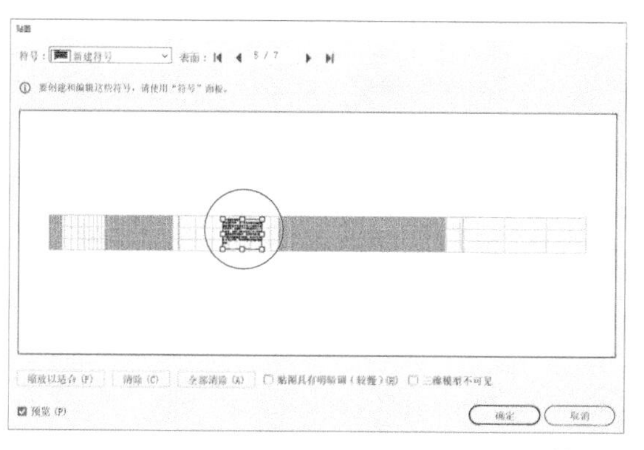

图6-26

图6-27

提示 有关符号和三维图形结合使用的更多技巧在本书第9章的案例中会有更加深入的讲解。

6.2 实训案例：汉堡包图案制作

本案例将使用渐变网格工具并结合“符号”面板来制作图6-28所示的汉堡包图案。

图6-28

操作步骤

01 启动Illustrator CC 2019，新建一个文件，命名为“汉堡包”，将其尺寸设置为A4大小，如图6-29所示。

图6-29

02 使用椭圆工具绘制图6-30所示的图形。使用网格工具，在图形内部合适的地方单击，以添加网格点，如图6-31所示。

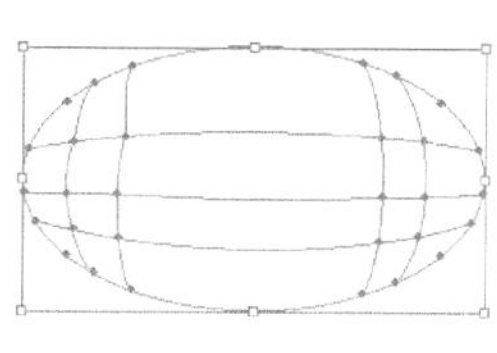

图6-30 图6-31

03 选中椭圆中的全部网格点，对椭圆进行上色，如图6-32所示。使用直接选择工具选中图6-33所示的网格点，可通过按住【Shift】键单击加选多个网格点。选中的网格点以实心的点显示，没选中的网格点以空心的点显示。为选中部分设置一个深咖啡色，如图6-34所示。

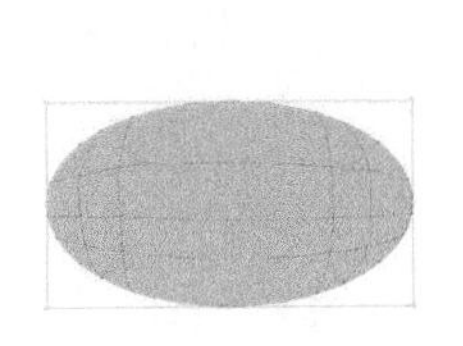

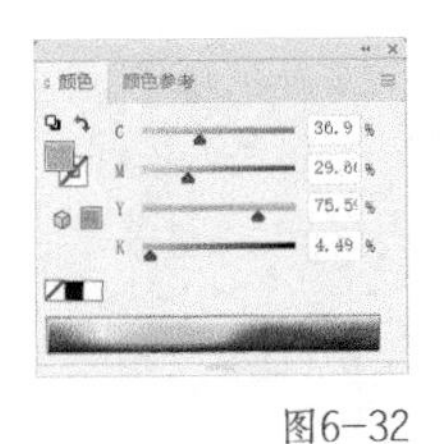

图6-32

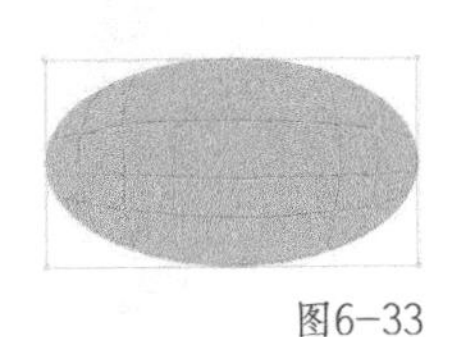

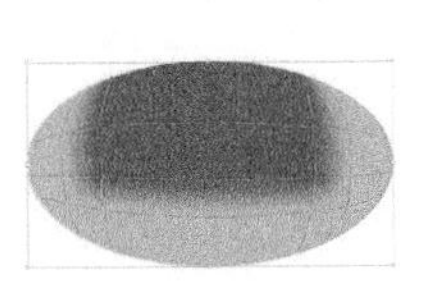

图6-33

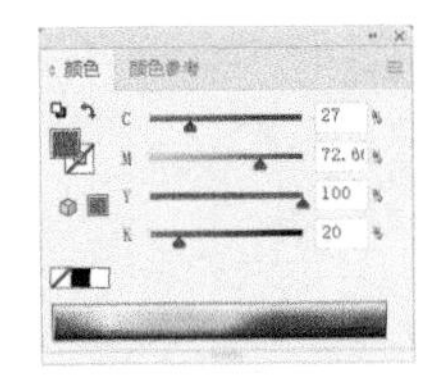

图6-34

04 同理，选中其他位置的点，对其进行上色，效果如图6-35所示。使用直接选择工具，对图形中的网格点进行调整，以得到最佳效果，如图6-36所示。选中调整好的图形，按【Alt】键拖动复制出一个图形，并放在原图上方，如图6-37所示。再复制一个图形，按住【Shift】键使其等比缩小，当鼠标指针变成旋转符号时，将其旋转到图6-38所示的位置。同理，再复制一个图形，将其调整到合适的位置，如图6-39所示。

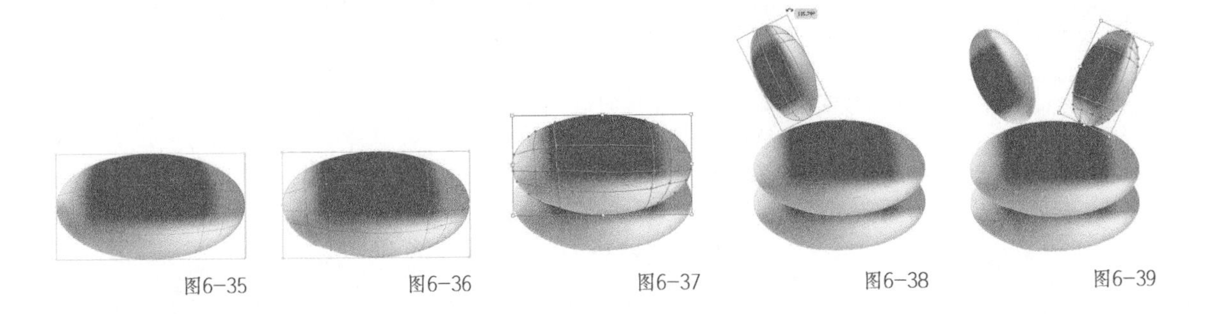

图6-35　　图6-36　　图6-37　　图6-38　　图6-39

05 下面开始绘制汉堡包上面的芝麻图形。使用椭圆工具绘制图6-40所示的图形。使用移动工具并按住【Alt】键拖动它到新的位置，得到一个复制的圆形。再复制一个圆形，并使得复制的两个圆形错位，如图6-41所示。

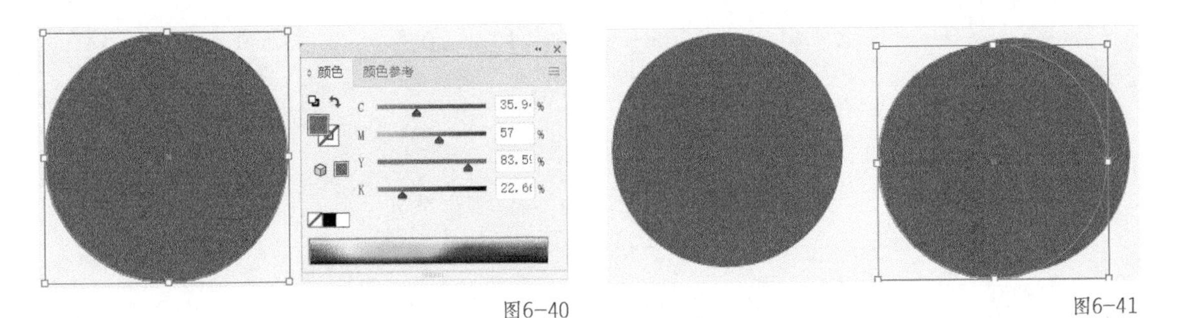

图6-40　　图6-41

06 选中它们，在“路径查找器”面板中执行“相减”命令，得到图6-42所示的图形。复制这个图形将其改为白色。然后将它们摆放到正圆形的两边，如图6-43所示。

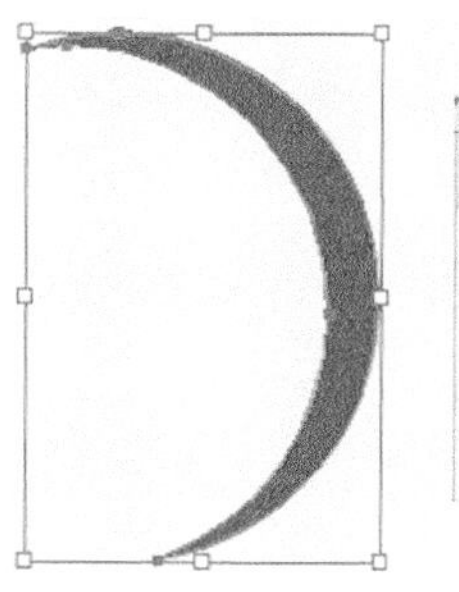

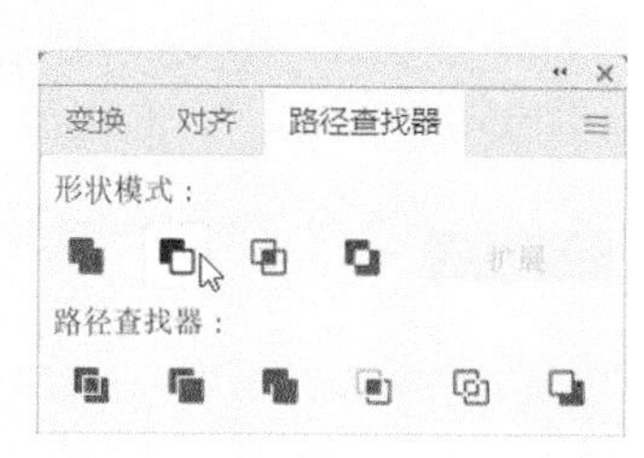

图6-42

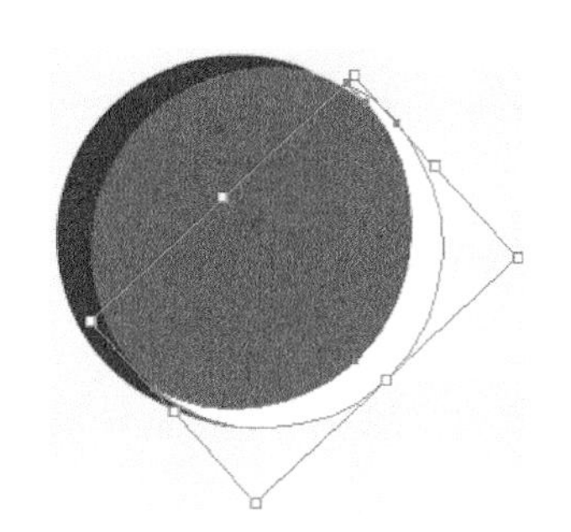

图6-43

07 选中这组图形，执行“符号”面板菜单中的“新建符号”命令，将其命名为“元素符号”，如图6-44所示。

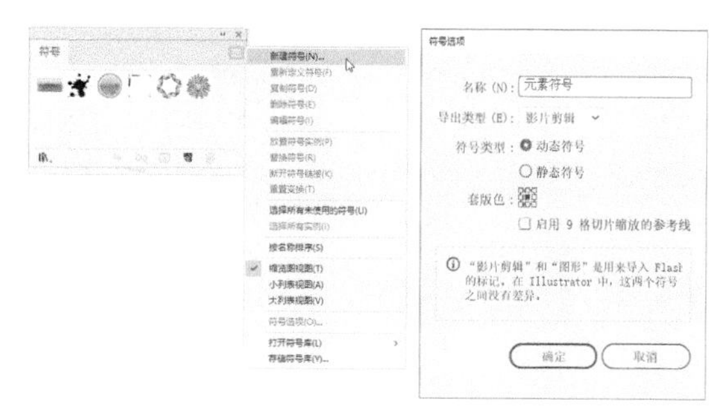

图6-44

08 选中“符号”面板中的“元素符号”，使用符号喷枪工具为图形添加元素符号，如图6-45所示。图片上的“元素符号”如果大小一致，看起来就没有层次感，所以使用“符号缩放器工具”把图中的“元素符号”调整成大小不一的效果，如图6-46所示。到这里，图片上的“元素符号”颜色与图片颜色不统一，为了加强效果，可对其应用“叠加”混合模式，效果如图6-47所示。

图6-45

图6-46

图6-47

09 为图片添加阴影。首先绘制一个椭圆，如图6-48所示。然后使用渐变工具中的“径向”渐变，对椭圆填充渐变色，如图6-49所示。

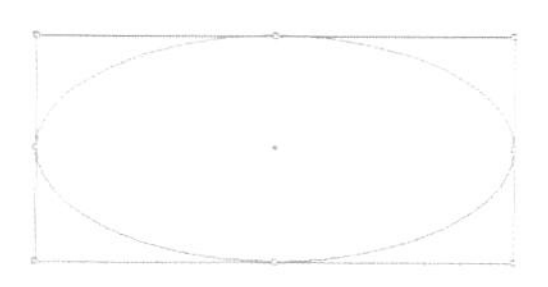

图6-48

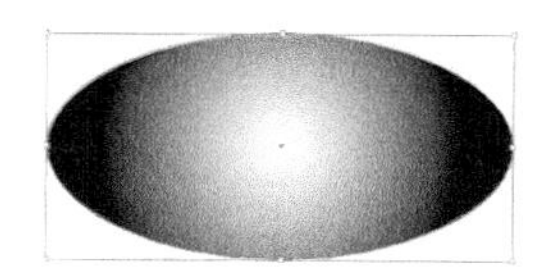

图6-49

10 选中渐变工具中的“反向渐变 ”命令，对渐变进行调整，如图6-50所示。渐变滑块的颜色为深棕色到白色，如图6-51所示。将渐变图放到图形的底部，并调整渐变图不透明度为“44%”，如图6-52所示。最终效果如图6-53所示。

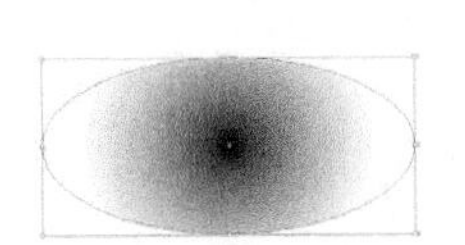
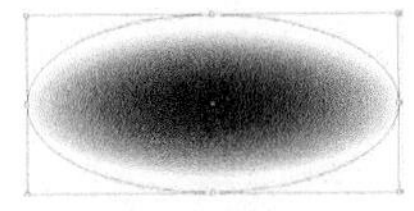

图6-50

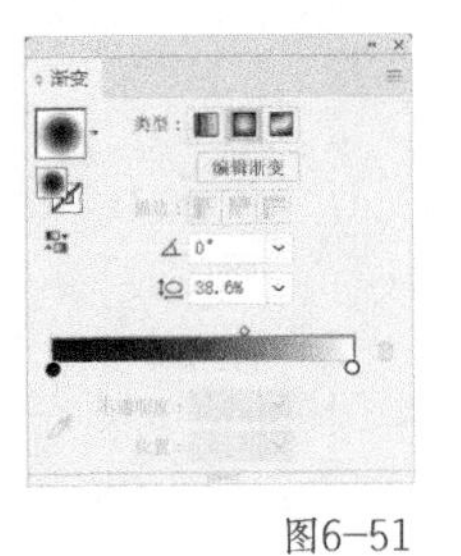

图6-51

图6-52

图6-53

第 7 章
高级路径命令

本章主要讲解Illustrator CC 2019的高级操作——路径的高级操作和特殊编辑，其中包括路径的各项功能的操作、混合工具和命令、封套的应用、剪切蒙版、复合路径等。通过最后的实际案例，用户可以进一步理解各种高级功能在实际工作中的应用。

7.1 知识点储备

本章将讲解Illustrator CC 2019高级操作——路径的高级操作和特殊编辑。其中，路径的高级操作可以算得上是此软件的重要部分，因为Illustrator是矢量图形处理软件，所以其主要操作几乎全部集中在对路径的操作上。

7.1.1 路径的高级操作

除了在前面章节讲解的基本的路径操作以外，Illustrator还提供了很多极具特色的路径命令，如平均、简化路径等效果，它们都位于“对象→路径”菜单下，如图7-1所示。

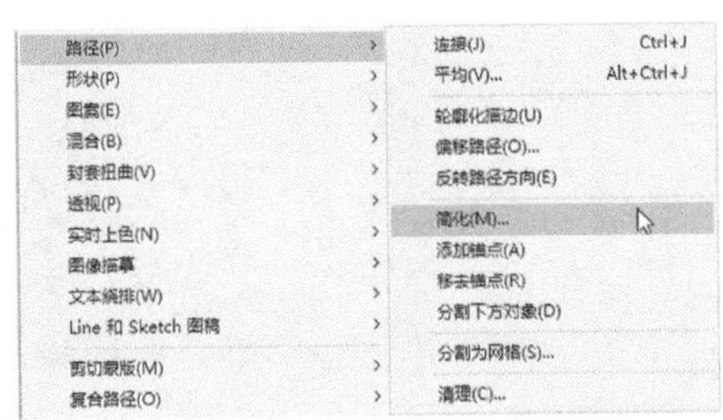

图7-1

1.连接

“连接”命令可以将被选中的锚点、分别处于两条开放路径末端的锚点合并为一个锚点。

使用钢笔工具绘制图7-2所示的开放路径，它是一个酒杯形状的一半。然后选择工具箱中的镜像工具，在酒杯形状的右侧按住【Alt】键并单击，打开图7-3所示的“镜像”对话框，在其中选择“垂直”选项，单击“复制”按钮，得到图7-4所示的效果。使用直接选择工具框选中断开处的两个锚点，如图7-5所示。执行“连接”命令，效果如图7-6所示。

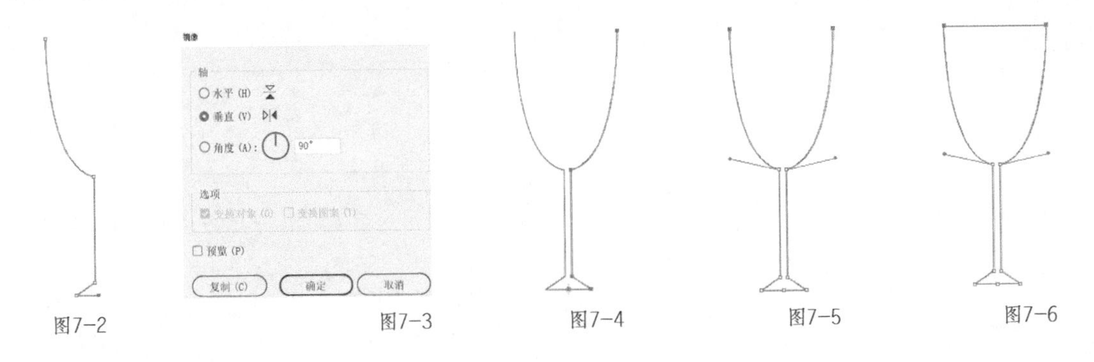

图7-2　图7-3　图7-4　图7-5　图7-6

2.平均

“平均”命令可以将所选择的两个或多个锚点移动到它们当前位置的中部。如果用户选择了该命令，系统会弹出图7-7所示的对话框。

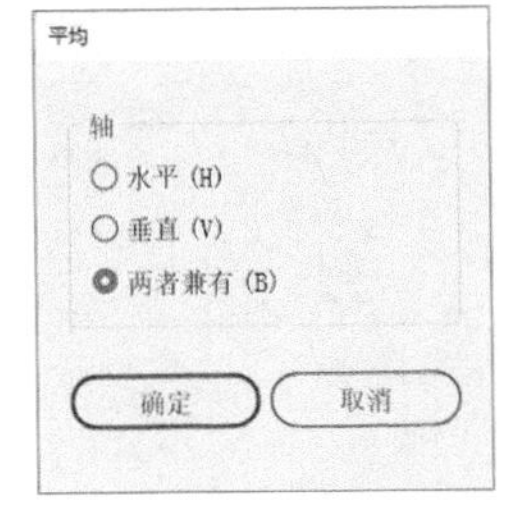

图7-7

用户可以在该对话框中设置平均放置锚点的方向。该对话框中各项参数的含义如下。

水平：被选择的锚点在y轴方向上做均化，最后锚点将被移至同一条水平线上。

垂直：被选择的锚点在x轴方向上做均化，最后锚点将被移至同一条垂直线上。

两者兼有：被选择的锚点同时在x轴及y轴方向上做均化，最后锚点将被移至同一个点上。

为更加直观地理解它的概念，可使用钢笔工具绘制图7-8所示的开放路径，然后使用直接选择工具，选中开放路径中图7-9所示的锚点。执行“平均”命令，3个选项的不同效果如图7-10~图7-12所示。

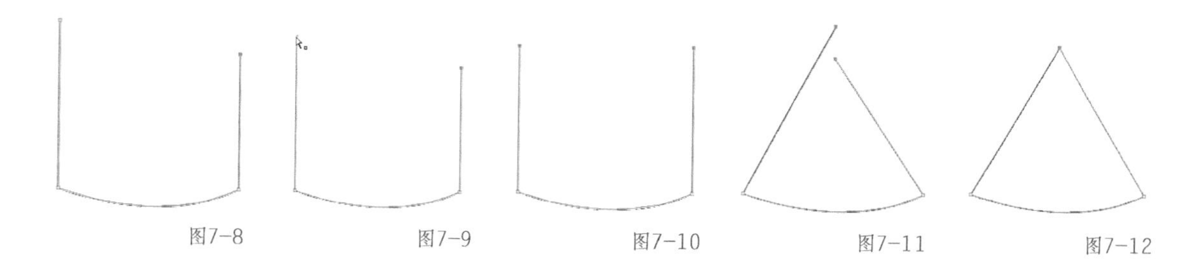

图7-8　图7-9　图7-10　图7-11　图7-12

3.轮廓化描边

“轮廓化描边”命令可以用来跟踪所选路径中所有笔刷路径的外框，图7-13所示是路径与执行了“外框”命令后的对比效果。

为更加直观地理解该命令，可以使用椭圆形工具绘制一个圆，然后在“描边”面板中设置其粗细为“20pt”，如图7-14所示。

对圆执行“轮廓化描边”命令，可以看到圆圈从一个路径对象转换成了填充对象，注意观察它的线框从原图形的中心跑到了图形的外围，如图7-15所示。

然后复制一个圆形，并且分别修改它们的颜色，如图7-16所示。使用选择工具同时框选它们，执行路径查找器里的“分割”命令，图形相重合的地方被分割开来，效果如图7-17所示。

使用群组选择工具，单击页面空白的区域，取消其选择状态，然后单击选中图7-18所示的被分割出来的一小块图形，并使用工具箱中的吸管工具在蓝色圆环上单击，得到双环相扣的效果，如图7-19所示。

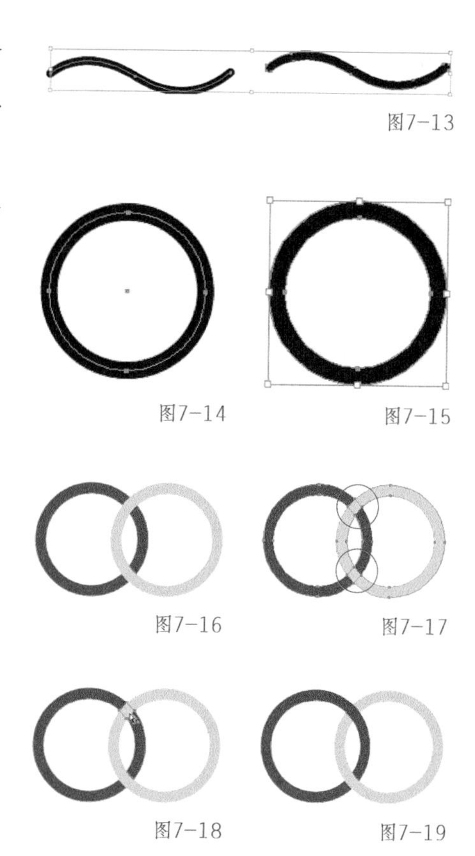

图7-13

图7-14　图7-15

图7-16　图7-17

图7-18　图7-19

4.偏移路径

“偏移路径”命令可以得到一条基于原路径向内或向外偏移一定距离的嵌套路径。用户在选择了一条或多条路径的情况下执行该命令，系统会弹出图7-20所示的“位移路径”对话框。该对话框中的各项参数含义如下。

位移：在该数值框中可以输入路径的偏移量。

连接：在该下拉列表中有三种路径拐角的选项分别是尖角、圆角和斜接。

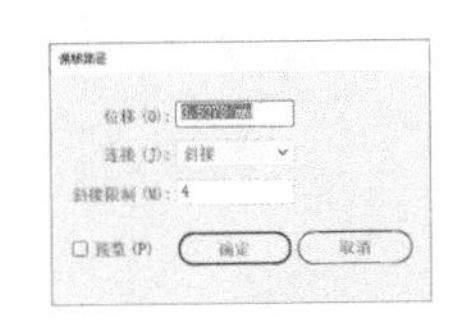

图7-20

图7-21所示是将一个五角星图形按照不同的拐角方式偏移3次并修改图形颜色后得到的效果。

图7-21

5.简化

如果设计图中存在很多的路径，那么系统运行的速度和路径的可调整性及控制性就会受到影响，尤其是在进行描图时，这种情况的发生频率会更高。所以该命令大有用武之地。

在选中图形后执行“简化”命令将弹出图7-22所示的“简化”对话框。该对话框中各项参数含义如下。

图7-22

曲线精度：用来确定简化后的图形与原图形的相近程度，该选项的数值越大，精简后图形包含的锚点越多，与原图越相似，范围在0% ~ 100%之间。

角度阈值：用来确定拐角的平滑程度。如果两个锚点之间的拐角度数小于设定的角度阈值，在这里将不会发生变化，反之就将被删除。

直线：勾选该项可以使生成的图形忽略所有的曲线部位，显示为直线。

显示原路径：勾选该项可以在操作中以红色来显示图形的所有锚点，从而产生对比效果。

“简化”命令的效果如图7-23所示。

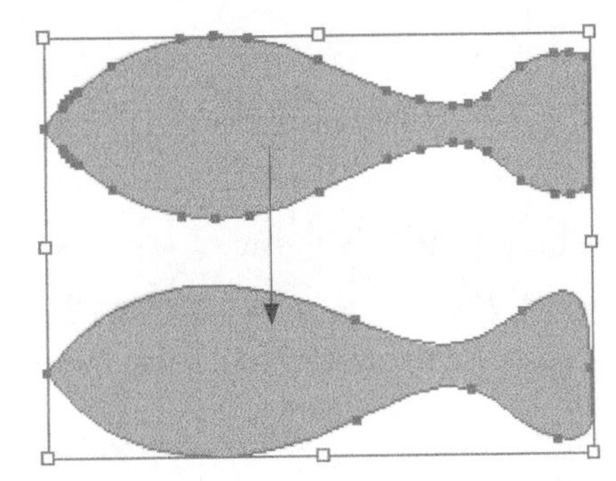

图7-23

6.添加和移去锚点

“添加和移去锚点”命令可以增加所选路径上的锚点，添加的时候是在原有的每两个锚点正中间的位置进行添加。图7-24所示是对基本图形添加锚点后使用直接选择工具变形的效果。

使用直接选中工具选择1个或几个锚点之后，执行“移去锚点”命令，则可以删掉它们。这个操作可以用删除锚点工具代替。

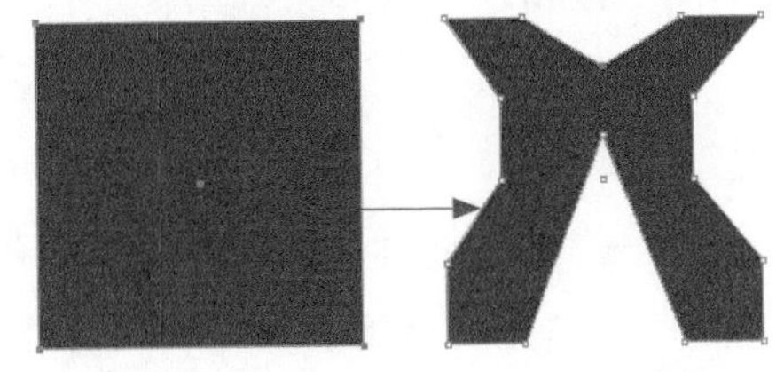

图7-24

7.分割下方对象

“分割下方对象”命令可以将一个选定的对象用作对象切割器或模板来对其他的对象进行切割。

为更加直观地理解它，可使用椭圆形工具和钢笔工具创建图7-25所示的两个对象，注意它们的位置有重叠的部分。使用移动工具选中上方的图形，然后执行“分割下方对象”命令，如图7-26所示。使用移动工具可单独移动它们，可以看到它们被分割为两个对象，如图7-27所示。

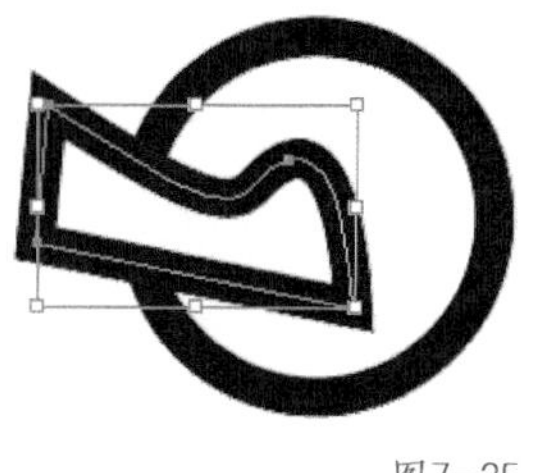
图7-25

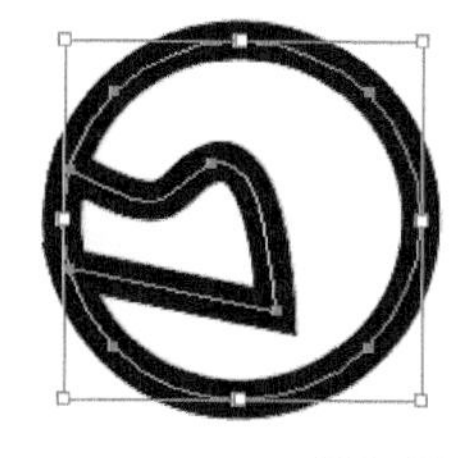
图7-26

图7-27

7.1.2 混合工具和命令

在Illustrator中可通过混合工具与“建立混合”命令创建混合的对象。

混合可以在两个或多个选定对象之间创建一系列中间对象。混合最简单的用途之一就是在两个对象之间平均创建和分布形状。也可以在两个开放路径之间进行混合，以在对象之间创建平滑过渡；或结合颜色和对象的混合，在特定对象形状中创建颜色过渡。

首先创建两个图7-28所示的路径。注意它们的颜色和粗细都不一样。然后全部选中，执行“对象→混合→建立”命令，即可得到混合的效果，如图7-29所示。

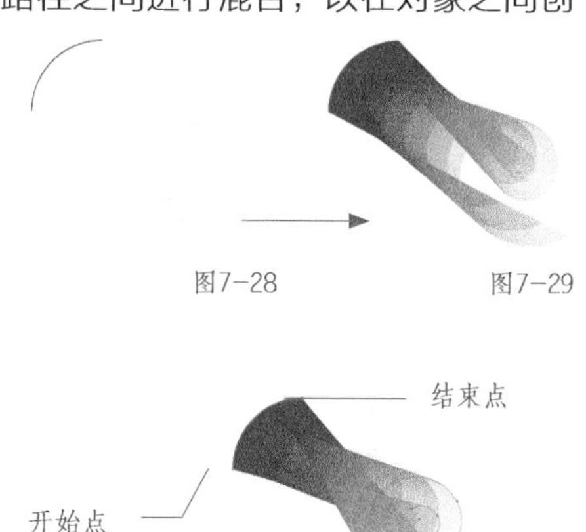

图7-28 图7-29

图7-30

使用混合工具依次单击两个对象，即可创建混合对象。另外使用混合工具在进行单击的时候，可以分别选择路径的开始点和结束点进行单击，不难发现创建的混合对象的效果是不一样的，如图7-30所示。

在几个对象之间创建混合之后形成的对象被看成一个对象。使用群组选择工具移动其中一个原始对象，或编辑了原始对象的锚点，则混合将会随之变化，如图7-31所示。

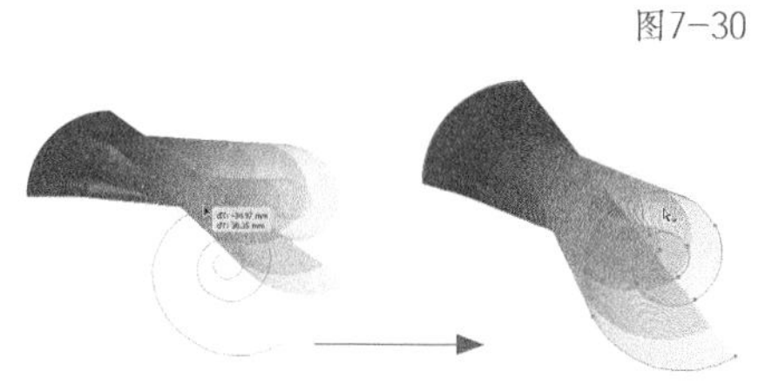
图7-31

默认情况下，对象的混合步骤是254步，可以在选中混合对象的情况下，双击工具箱中的混合工具弹出图7-32所示的“混合选项”面板。在其中“间距”右边的下拉菜单中选择“指定的步骤”，修改其中的数值，即可改变混合步骤。图7-33所示是修改混合步骤为10的结果。

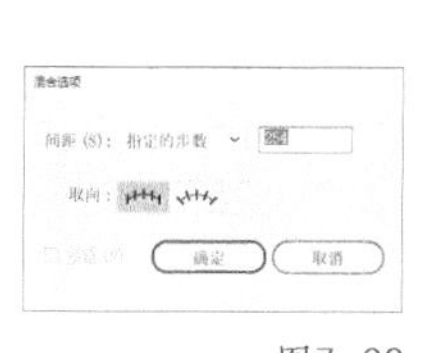
图7-32

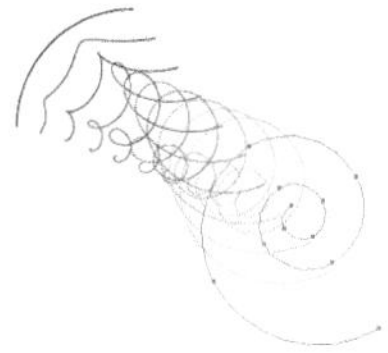

图7-33

混合选项面板其他参数

指定的步数：用来控制在混合开始与混合结束之间的步骤数。较小的步数将导致清晰的分布，而较大的步数将会产生一种朦胧的感觉。

指定的距离：用来控制混合步骤之间的距离。指定的距离是指从一个对象边缘起到下一个对象相对应边缘之间的距离（例如，从一个对象的最右边到下一个对象的最右边）。

平滑颜色：允许Illustrator在一个混合中自动地计算两个原始对象之间的理想步数，从而获得一种最为平滑的颜色过渡效果。如果对象是使用不同的颜色进行的填色或描边，则计算出的步骤数将是为实现平滑颜色过渡而取的最佳步骤数。如果对象包含相同的颜色，或包含渐变、图案，则步骤数将根据两个对象定界框边缘之间的最长距离计算得出。

此外，原始对象之间混合得到的新对象不会具有其自身的锚点。可以通过扩展混合，将混合分割为不同的对象。选择混合对象，执行“对象→扩展”命令，弹出图7-34所示的对话框，单击“确定”按钮即可。

可以看到混合对象被扩展为一个群组的对象，如图7-35所示。单击鼠标右键，执行右键菜单中的“取消编组”命令，如图7-36所示。随后可以使用移动工具随意移动打散后的路径对象，可对打散后的路径对象进行自由的后期编辑，如图7-37所示。

图7-34

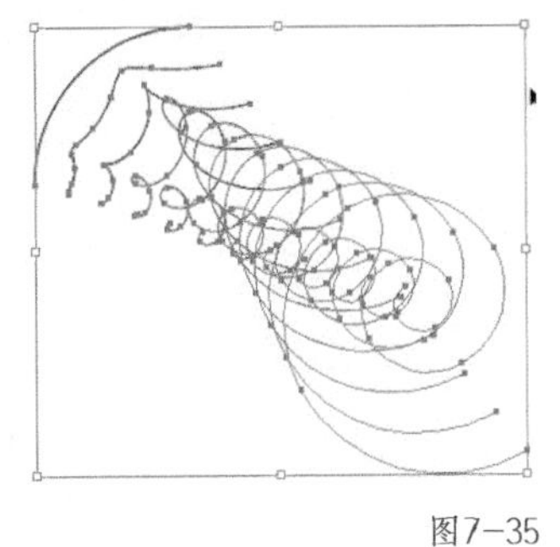

图7-35

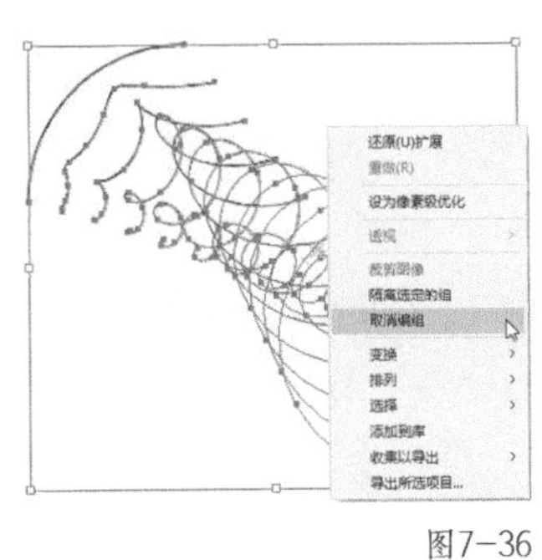

图7-36

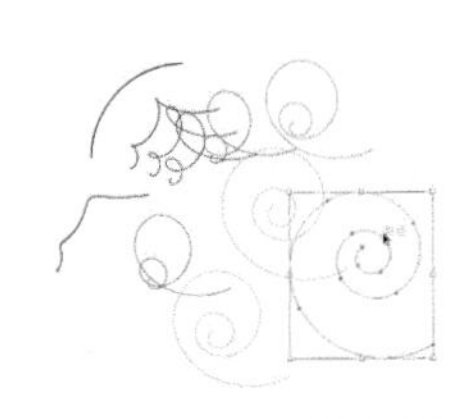

图7-37

7.1.3 封套的应用

封套工具和命令具有很神奇的功能，可以提升用户的创造力，让用户随心所欲地扭曲文字或图像。用户可以通过编辑封套轻松地得到更精确的效果或是修改内容。下面来学习如何建立一个封套，并将其应用到一个对象上，以及熟练操作封套形状和编辑封套内的对象。

1. 用变形建立封套

对操作对象执行封套式扭曲变形操作，即可使被操作对象按照封套的形状进行变形。

应用封套变形扭曲效果的具体操作步骤如下。

（1）输入图7-38所示的文字。

图7-38

（2）执行“对象→封套扭曲→用变形建立”命令，弹出“变形选项”对话框，如图7-39所示。

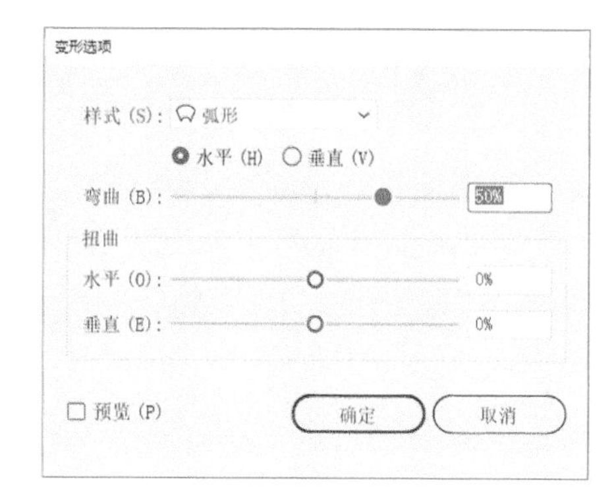

图7-39

该对话框中的各项参数的含义如下。

样式：在该下拉列表中预置了15种封套的变换样式，如图7-40所示。

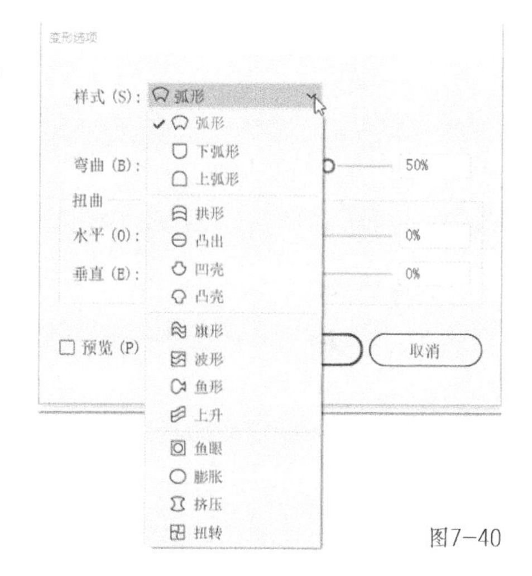

图7-40

弯曲：可以控制变形的程度，数值越大，对象被扭曲的程度越大。

扭曲：控制变形的方向，由水平和垂直两个方向的选择数值来控制。

（3）选中文字，执行其中的“旗帜”选项，单击“确定”按钮，得到的效果如图7-41所示。

封套的扭曲变形算得上是一种控制性非常强的操作，这不仅仅是因为每一种内置的封套形状都带有很多的调节参数，也是因为每一个应用了封套的对象都有覆盖的封套网格。使用直接选择工具可自由地拖动封套网格点的位置，也就可以灵活自由地调节封套效果了，如图7-42所示。

图7-41

图7-42

2.用网格建立封套

操作封套网格的具体步骤如下。

选中要变形的对象，如图7-43所示。执行“对象→封套扭曲→用网格建立”命令，效果如图7-44所示。使用直接选择工具选择网格中的锚点进行变形调节，效果如图7-45所示。

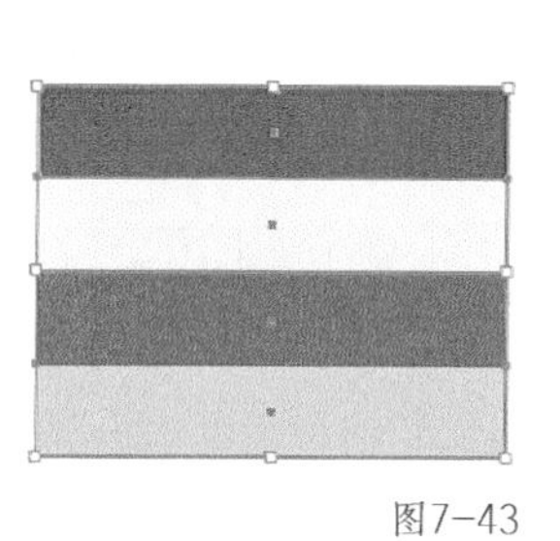
图7-43

图7-44

图7-45

3. 用顶部对象建立封套

可将一个对象建立为另外一个对象的封套，原理可以通过下面的步骤来理解。

首先打开一个鱼的形状，如图7-46所示。然后输入一段文字，如图7-47所示。选择鱼对象，执行快捷键【Ctrl】+【Shift】+【]】命令，将其置于顶层。

同时选中鱼和文字，执行“对象→封套扭曲→用顶部对象建立”命令，即可得到图7-48所示的文字进入到鱼的图形内的效果。

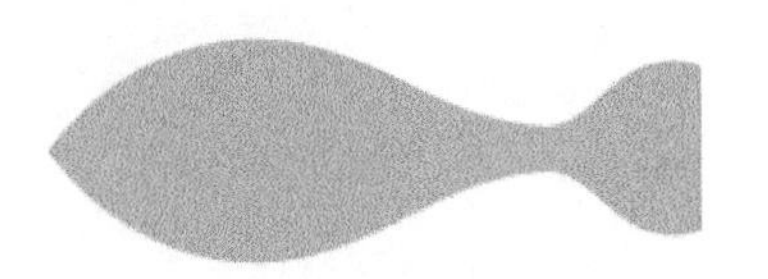

图7-46

图7-47

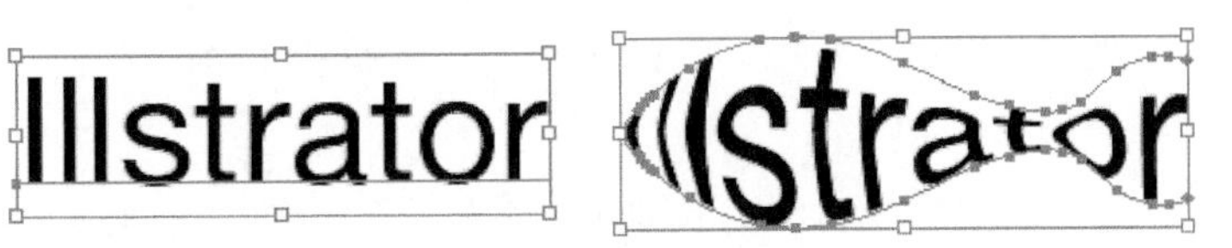

图7-48

4. 封套的释放

封套扭曲除了具备灵活化、多样化的优点，还拥有可以随时恢复的优点。在任何时候，用户都可以将添加封套的对象恢复到添加封套之前的效果。只要在选中对象后，执行“对象→封套扭曲→释放”命令就可以将对象复原了。

7.1.4 剪切蒙版

首先讲解一下蒙版的概念，蒙版就好像是装裱用的画框一样，其中画框就是蒙版，而精美的艺术品则是被遮挡的元素。

应用蒙版的具体操作步骤如下。

新建一个文件，然后导入一张照片，如图7-49所示。使用钢笔工具围绕男士的侧面轮廓绘制一个路径，注意将整个脸部轮廓框选起来并闭合，如图7-50所示。同时选中位图和钢笔绘制的路径，执行快捷键【Ctrl】+【7】(建立蒙版)命令，即可得到图7-51所示的底色被去掉的效果。绘制一个矩形放置到位图的后面，通过对比可以看到当前位图原有的底色被去掉了，如图7-52所示。

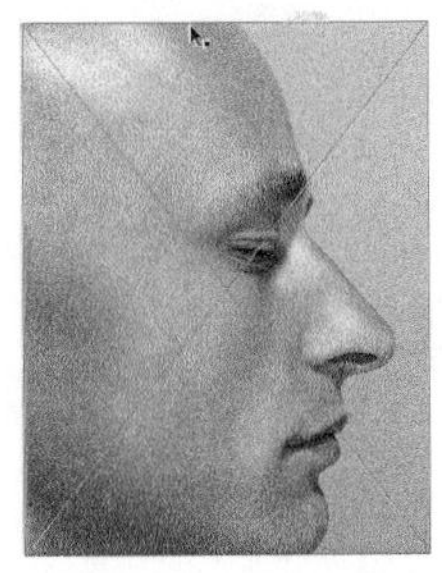

图7-49

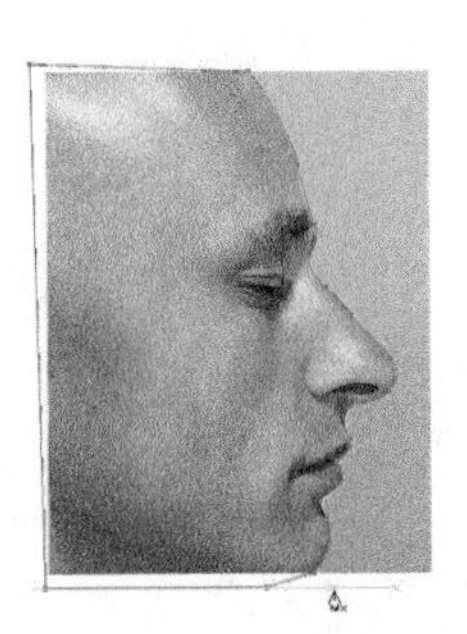

图7-50

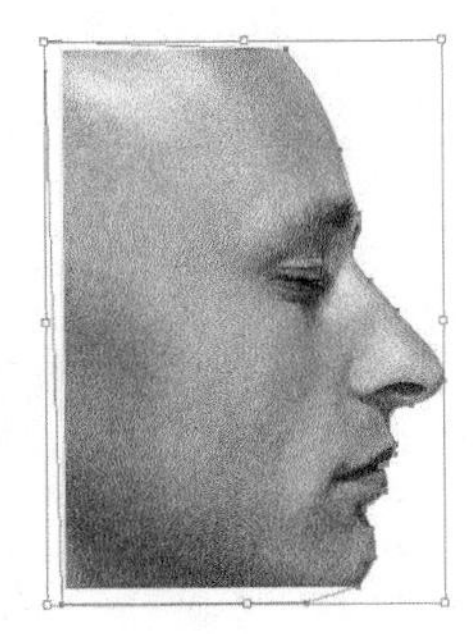

图7-51

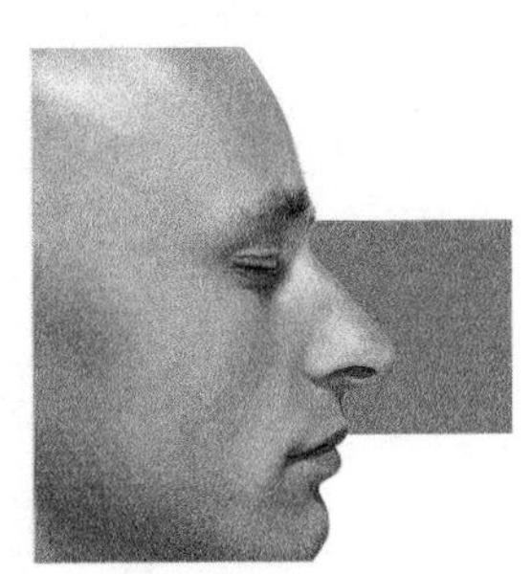

图7-52

7.1.5 复合路径

复合路径主要用来制作镂空效果。选择图7-53所示的几个路径对象，执行“对象→复合路径→建立”命令，即可得到几个重叠位置图形进行镂空后的效果，如图7-54所示。

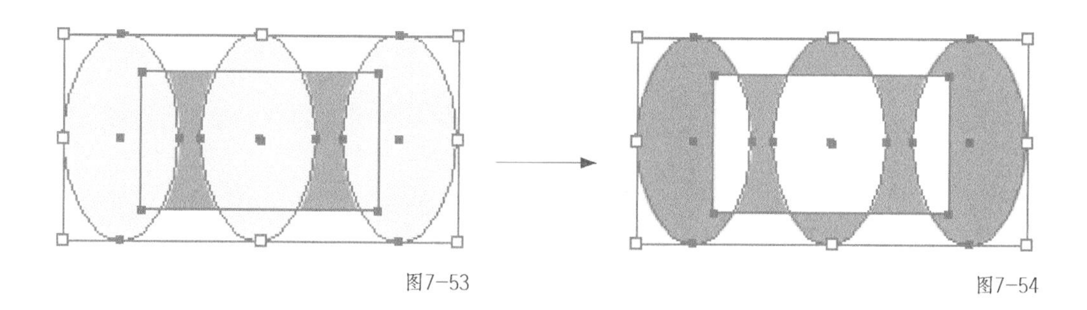

图7-53 图7-54

7.2 实训案例：会议背景板设计

图7-55所示为母亲节大型会议设计的一个会议主席台背景板。这个案例主要使用了Illustrator CC 2019的新工具“宽度工具”来制作基本的曲线图形，然后结合混合工具、封套、剪切蒙版等命令和功能来进行绘制。下面讲解具体的步骤。

图7-55

操作步骤

01 启动Illustrator CC 2019，新建一个文件，命名为“母亲节音乐会会议背景版”，将文件大小设置为W500mm × H200mm，如图7-56所示。

图7-56

02 使用矩形工具创建一个矩形，并为其填充渐变色，如图7-57所示。

图7-57

03 双击渐变条下的渐变滑块，以打开“颜色”面板修改其色值，如图7-58所示。

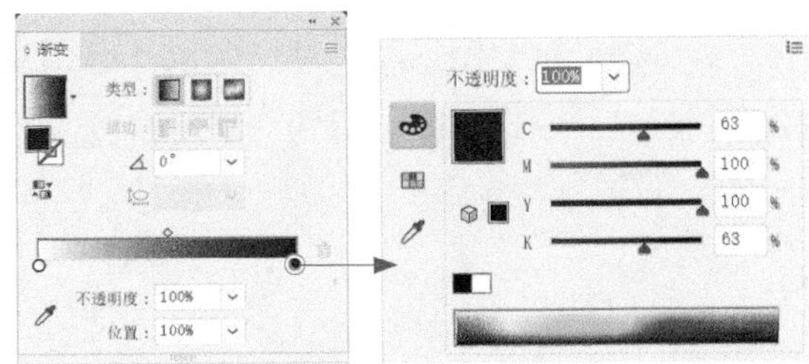

图7-58

04 在滑变条中单击添加渐变滑块并设置其色值，如图7-59所示。

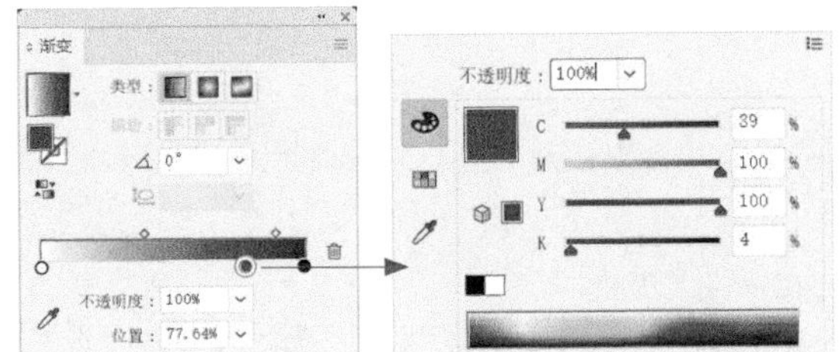

图7-59

05 同理，在滑变条中继续添加两个渐变滑块并修改其色值，得到了一个以暗红色为基调的具有明度变化的渐变矩形，如图7-60所示。

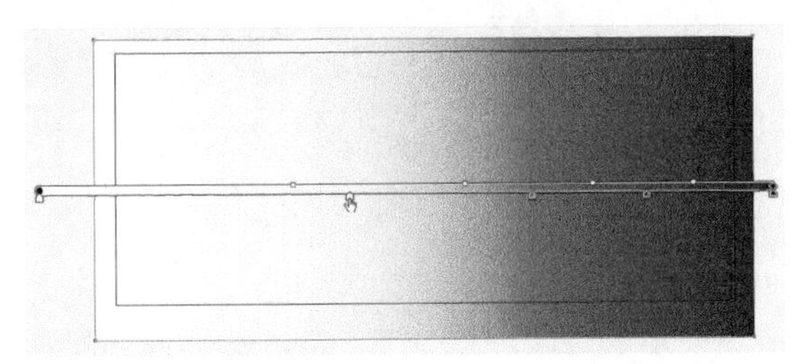
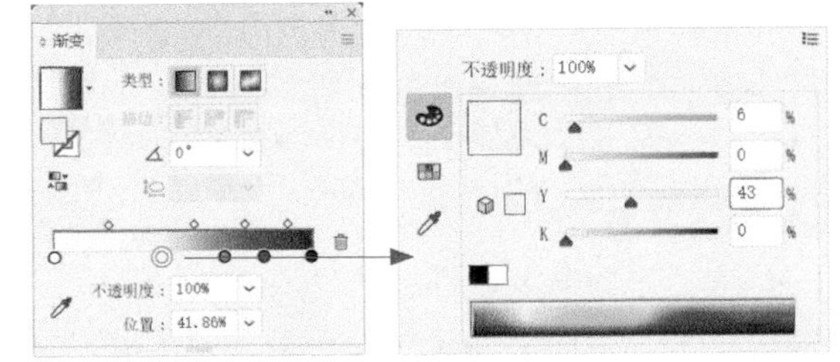

图7-60

06 在“渐变”面板中设置渐变类型为“径向”，如图7-61所示。选择渐变工具，此时在画板中会出现渐变效果的控制范围框和渐变条。使用鼠标左键可对渐变框的方向、位置等进行调整。调整完毕得到如图7-62所示的效果。

图7-61

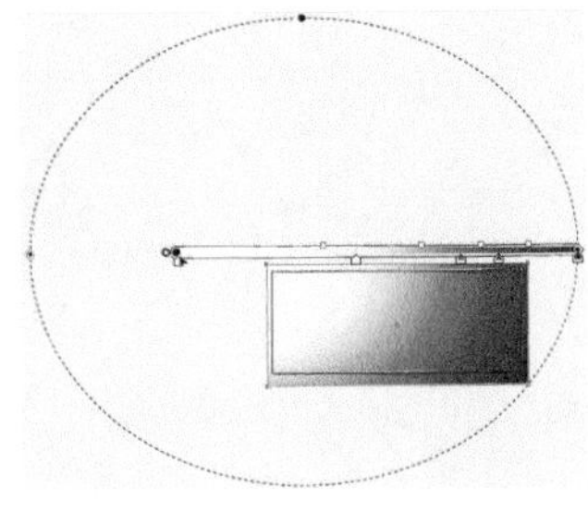

图7-62

07 执行“文件→置入”命令，置入图7-63所示的“母女”素材，调整其大小放置到画面的左下角。打开“音乐素材.ai”文件，将其复制粘贴到画板中，如图7-64所示。

图7-63

图7-64

08 使用文字工具输入文字“母亲节快乐”，如图7-65所示。设置其字体为“方正启体简体”，如图7-66所示。

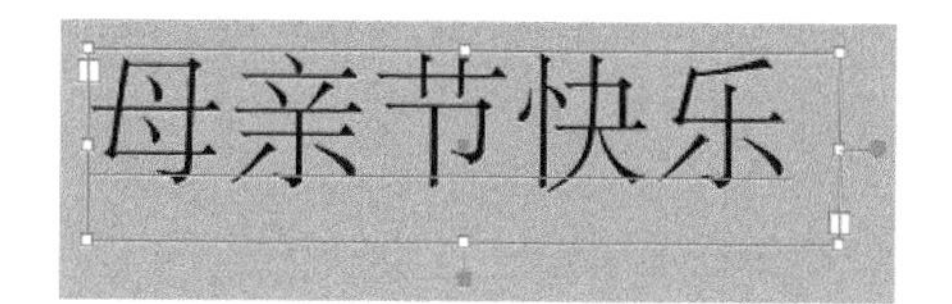

图7-65

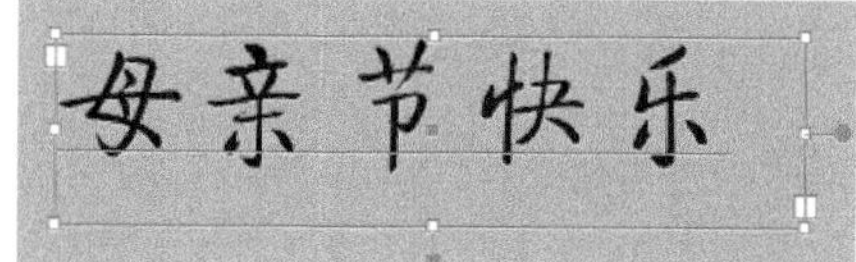

图7-66

09 选中文字“节”，执行快捷键【Ctrl】+【Shift】+【.】命令增加其字号，如图7-67所示。在“字符”面板中设置其字符对齐方式为“全角字框，居中”，如图7-68所示。

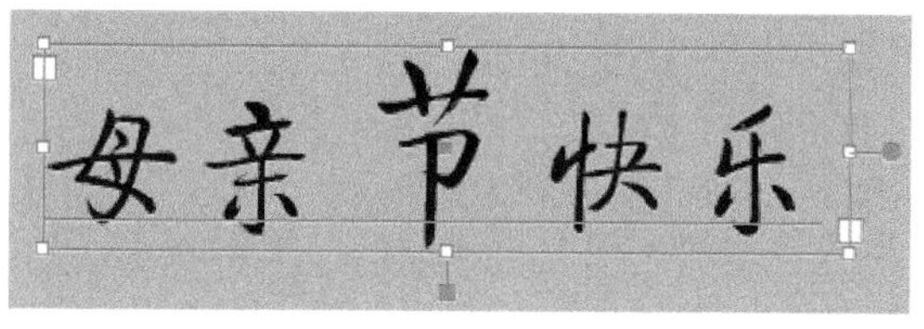

图7-67

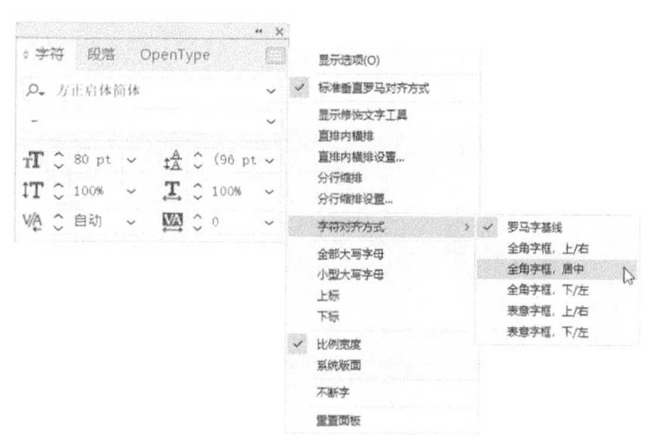

图7-68

10 使用文字工具输入英文“Happy Mothers’ Day”，设置其字体为“Arno Pro Italic”，字号为“36pt”，如图7-69所示。在英文的两侧各添加直线的效果，可直接使用文字工具输入破折号“——”，如图7-70所示。

图7-69

图7-70

11 把文字放到画面中，由于背景是深色，所以将文字设置成白色，这样文字比较清晰，如图7-71所示。也可根据个人喜好使用其他字体样式，如图7-72所示。

图7-71

图7-72

12 使用钢笔工具绘制图7-73所示的路径。在绘制好的路径下方，再绘制一条弧度不一样的路径，如图7-74所示。

图7-73

图7-74

13 选中上面绘制的两条路径，执行快捷键【Ctrl】+【Alt】+【B】命令将其进行混合，混合后效果如图7-75所示。

图7-75

14 使用直接选择工具单击最上方的线段，在“颜色”面板中修改其颜色为红色，如图7-76所示。

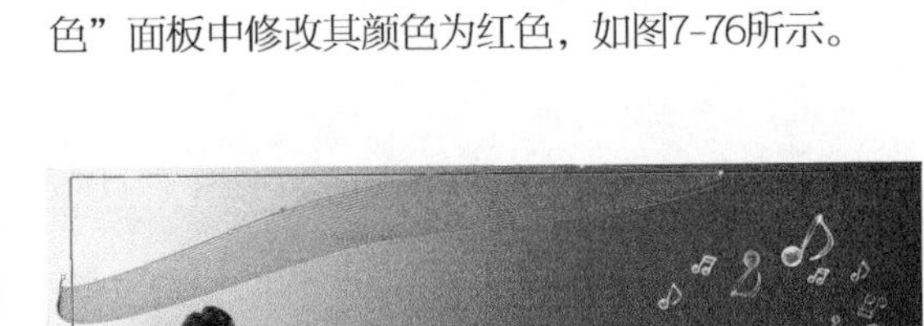

图7-76

15 同理，修改最下方的线段颜色为浅黄色，如图7-77所示。

图7-77

16 使用移动工具并按住【Alt】键将制作好的混合对象复制一个到画板下方，然后调整其大小和方向，如图7-78所示。然后在图层面板将其放置在背景图层上一层。

图7-78

17 在“透明度”面板中修改混合对象的色彩混合模式为“颜色减淡”，可得到更加自然的效果，如图7-79所示。

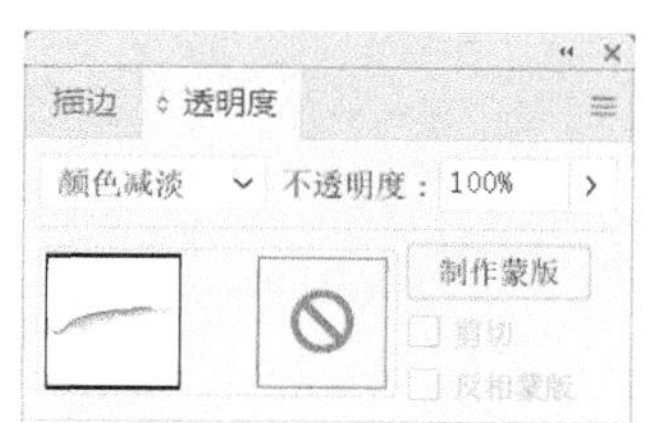

图7-79

18 当画面的效果大概完成之后可将它们全选，然后执行快捷键【Ctrl】+【G】命令对其进行编组。使用矩形工具根据画布的尺寸来绘制一个矩形，如图7-80所示。选择这个矩形和下面的编组对象，执行快捷键【Ctrl】+【T】命令，建立剪切蒙版。用户也可尝试其他的模式来得到理想的效果。挪一个新的封套对象到画板中，并使用直接选择工具修改其路径的位置，使对象自然均衡地分布到画面中，效果如图7-81所示。

图7-80

图7-81

第 8 章 文字的处理

本章主要讲解Illustrator CC 2019中文字的处理，主要包括文字工具的使用、字符面板的各项功能、段落面板的各项功能、文本的导入等。最后的实际案例可以帮助用户更好地理解文字工具在实际工作中的应用。

8.1 知识点储备

Illustrator中与文字相关的功能也是不容忽视的。因为文字的美观与否会直接影响作品的整体效果，因此要给文字以足够的重视。

8.1.1 文字工具

Illustrator中有横排和直排两大类共6个文字工具。通常，人们将横排称为西式排法，直排称为中式排法。其中，每一类又包含普通文字工具、路径文字工具和区域文字工具，如图8-1所示。

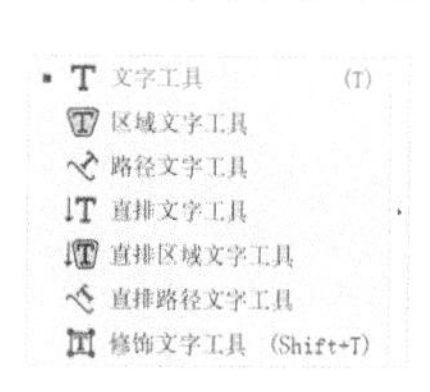

图8-1

1. 普通文字工具的使用

选择工具箱中的文字工具T或直排文字工具IT，即可在页面上的任意位置单击，然后输入文本。图8-2、图8-3所示分别是横排文字和直排文字效果。

图8-2

图8-3

提示	使用单击方式创建的文字为点文字状态，这种状态适用于文字比较少的情况。

2. 输入段落文字

当需要输入大段落文字的时候，也就是文字很多的情况下，最好在输入文本时，用鼠标光标拖出一个段落文本输入区域，如图8-4所示。

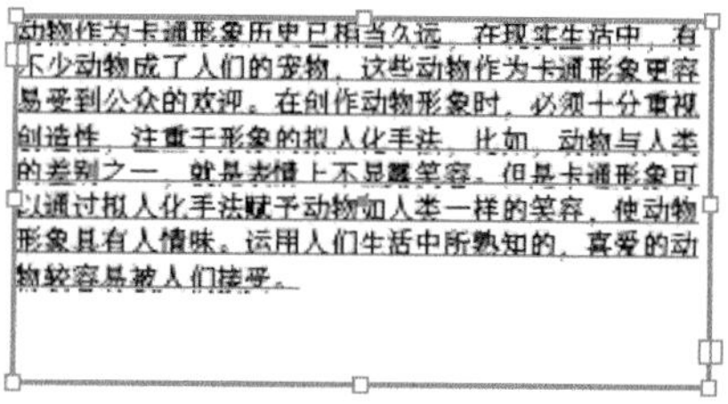

图8-4

在拖动段落文本框的控制手柄改变文本框的大小时，文字的大小与拖动无关，拖动时改变的仅仅是每行的字数。这也就是段落文本框的特点，如图8-5所示。如果是点文字状态，拖动控制手柄之后会改变文字的大小和比例，如图8-6所示。

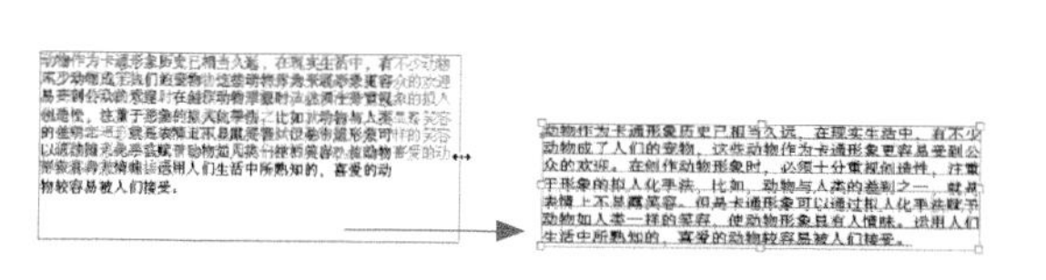

图8-5

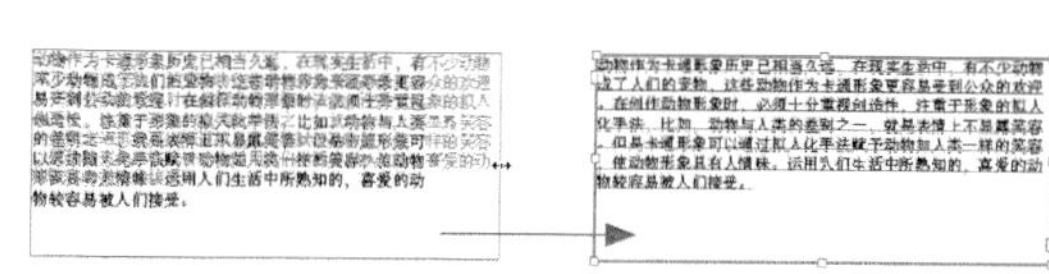

图8-6

使用直接选择工具可以改变段落文本框锚点的位置，使用转换点工具可以改变其形状以适应不同的情况，文本框中的文字会随着文本框形状的变化而流动，如图8-7所示。

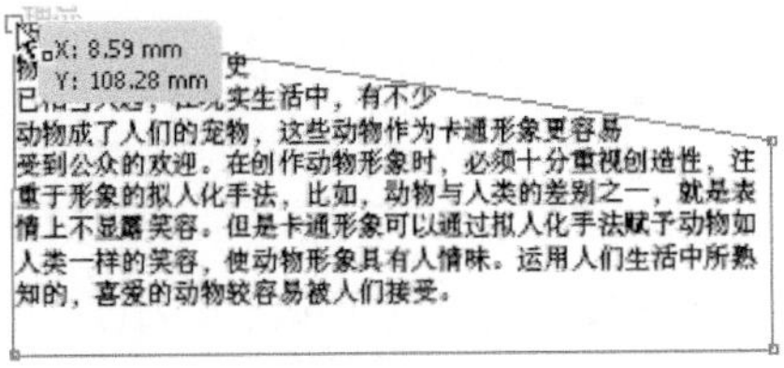

图8-7

3. 区域文字工具

工具箱中的区域文字工具和直排区域文字工具都可以将文字放于一个确定路径的内部，以形成多种多样的文字效果。

首先，打开图8-8所示的已经被透底的位图文件，使用钢笔工具绘制图8-9所示的围绕脸部轮廓的路径。然后，使用区域文字工具贴紧路径单击，可以看到路径被转变为一个文本框了，如图8-10所示。最后，在文本框中输入文本，得到效果如图8-11所示。

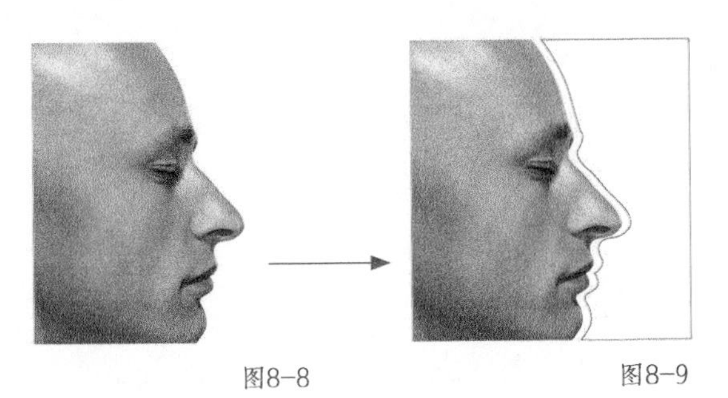

图8-8

图8-9

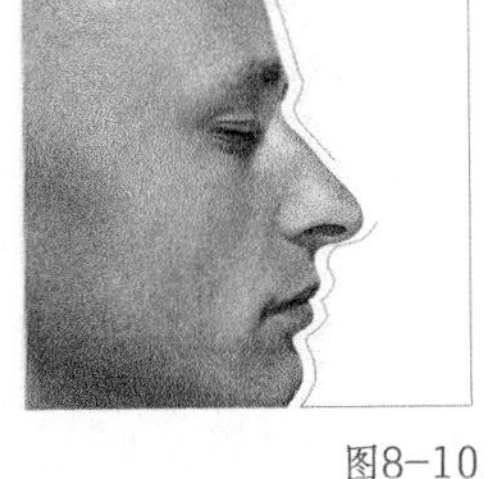

图8-10

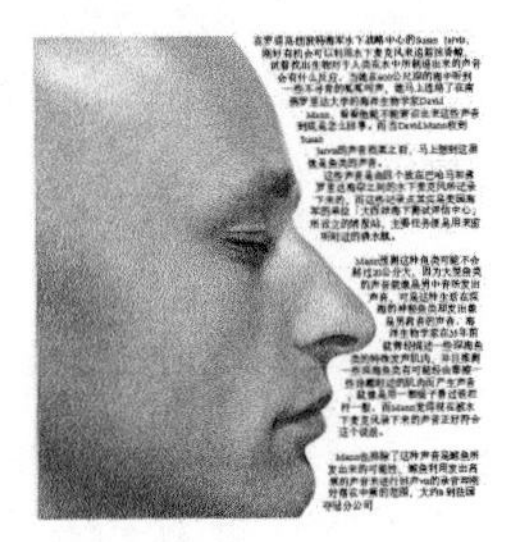

图8-11

4. 沿路径排列文字工具

工具箱中文字工具组内的路径文字工具和直排路径文字工具可以将文字沿路径排列，以形成多种多样的文字效果。

首先，导入位图照片，使用钢笔工具绘制图8-12所示的路径。然后，使用路径文字工具在路径上单击，将其转换为文字输入状态路径，如图8-13所示。最后输入文字，得到效果如图8-14所示。此时文字是处在路径的左侧，如果想更改文字处在路径的方位，可使用群组选择工具拖动图8-15所示的路径中间的直线到另一个方位即可。

图8-12

图8-13

图8-14

使用群组选择工具拖动这个直线可改变文字显示的方位。

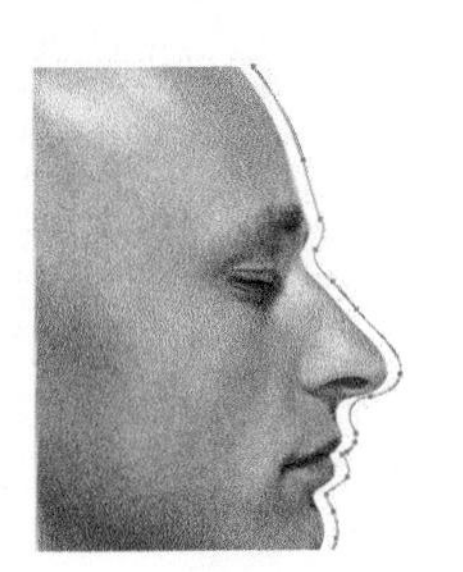

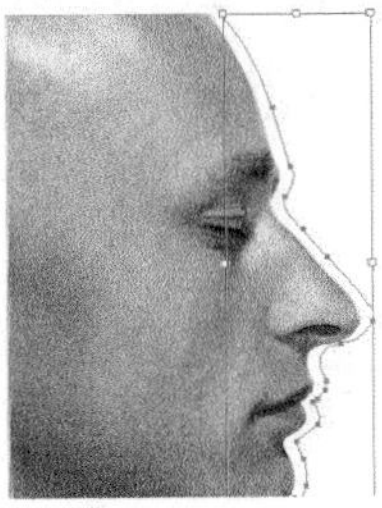

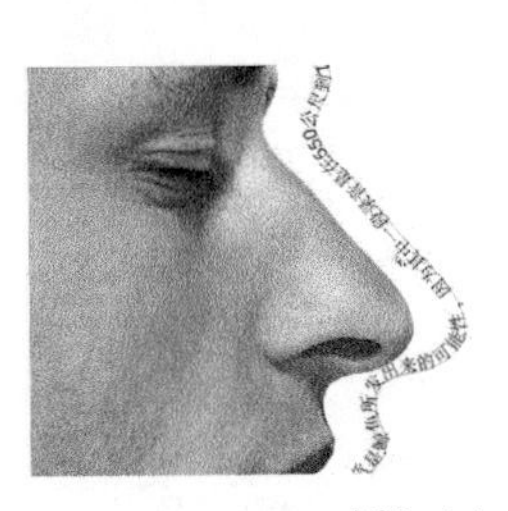

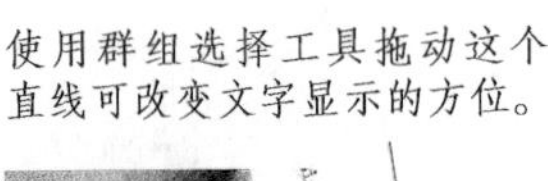

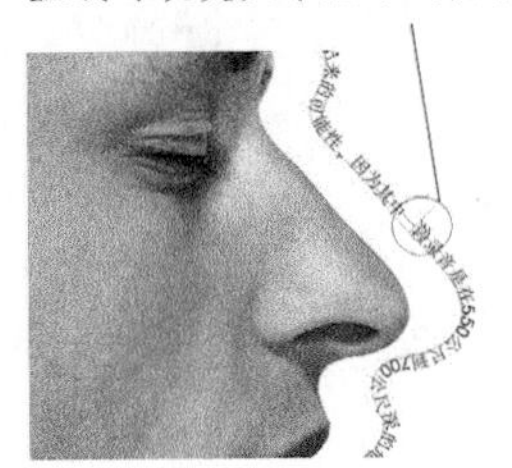

图8-15

8.1.2 字符面板

在Illustrator中，对文字和段落的属性控制主要集中在“字符”和“段落”属性面板上，以及“文字”菜单中。

执行快捷键【Ctrl】+【T】命令，打开“字符”面板，其各项参数如图8-16所示。

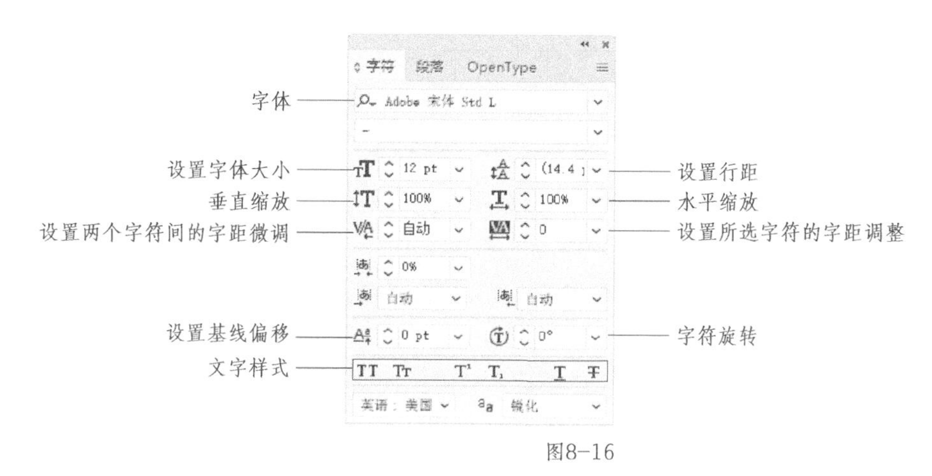

图8-16

1. 字体与大小的设定

选中输入的文字，然后在面板的相应位置进行更改，例如在排版的时候文字的大小一般在9pt~12pt范围内。

2. 字符间距的设定

设定字间距应先选中需要更改间距的文字，然后对其字间距的值进行设定。值为正时，间距加大；值为负时，间距减小。图8-17所示是不同字间距的效果。

Creative suits
Creative suits
Creative suits

图8-17

8.1.3 段落面板

“段落”面板可针对段落属性进行调整。在文字排版时，段落是指两个回车符之间的文字的集合。在输入文字的过程中，按【Enter】键就等于开始了一个新的段落。在软件中，对段落的控制包括文字的对齐方式、文字的缩进设定以及悬浮标点、连字的设定等一系列内容。“段落”面板如图8-18所示。

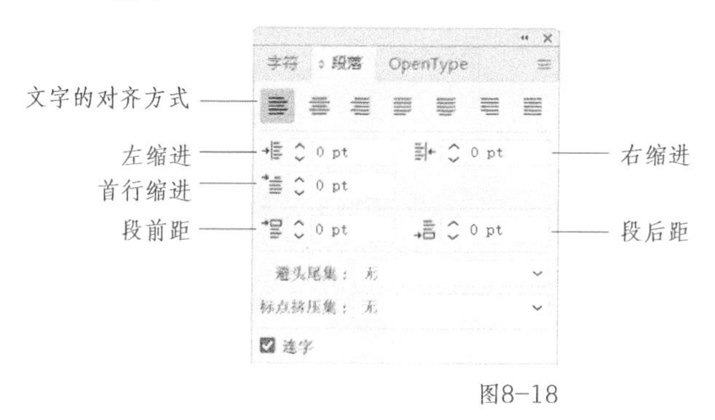

图8-18

1. 文字的对齐方式

在Illustrator中共有7种段落对齐格式，分别为左对齐、右对齐、居中对齐、最后一行强制左对齐、最后一行强制居中对齐、最后一行强制右对齐和强制齐行。左对齐效果如图8-19所示，居中对齐效果如图8-20所示，右对齐效果如图8-21所示，强制居中对齐效果如图8-22所示。

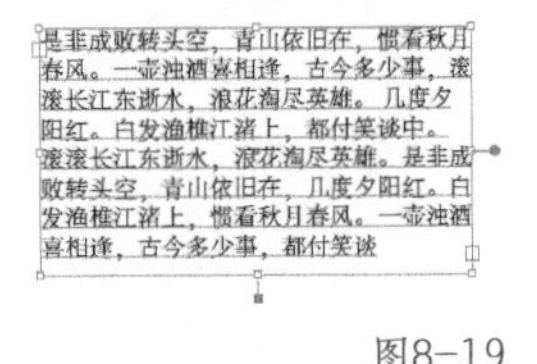

图8-19　图8-20　图8-21　图8-22

2. 首行缩进

首行缩进指每个段落的第一行文字向左缩进的效果，通常用于中文的排版中。因为我国的书写习惯是首行空两格，所以一般情况下首行缩进的数值都是字体大小的两倍。图8-23所示文字字号大小为18pt，首行缩进的数值为36pt。

图8-23

3. 左、右缩进

左、右缩进指将整段文字向左或右侧进行缩排，如图8-24所示，该设置是为了使整段文字的左端一齐向右缩进，以与文本框左侧保持一段距离。缩进值也可以设为负值，如图8-25所示。

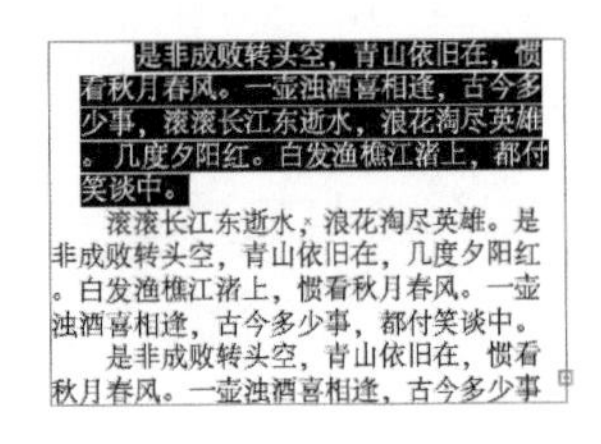

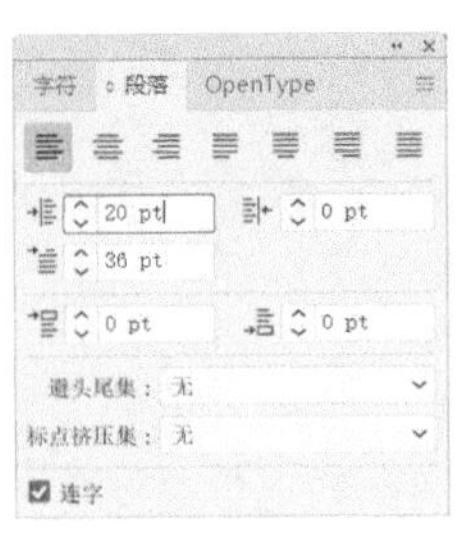

图8-24

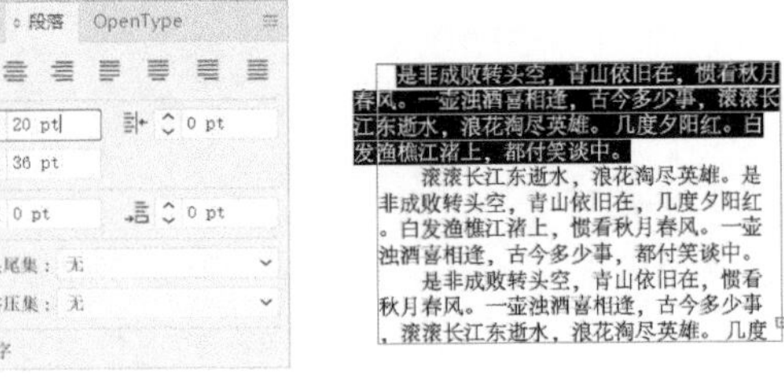

图8-25

4. 段间距

段间距指段与段之间的距离，可以在段前距和段后距中进行设置。图8-26所示为将段前距设置为“20pt”的效果。

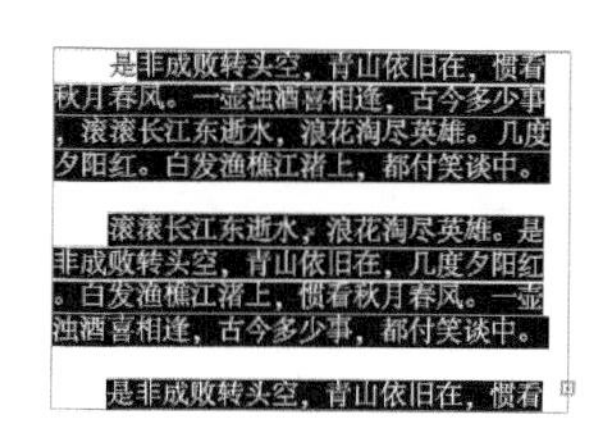

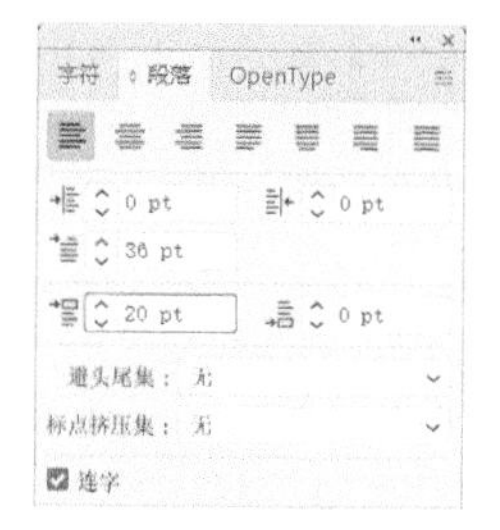

图8-26

8.1.4 导入文本

Illustrator不仅可以手动输入文字，在需要导入文本时，Illustrator还支持导入Word和记事本格式的文本文件。

新建一个文件，然后执行“文件→置入”命令，在计算机中选择需要置入的文本文件，单击“确定”按钮会弹出图8-27所示的“文本导入选项”对话框，在其中选择合适的字符集（一般为GB2312），单击“确定”按钮即可导入文本。导入的文本会自动进入到Illustrator文件中，并自动生成段落文本框，如图8-28所示。

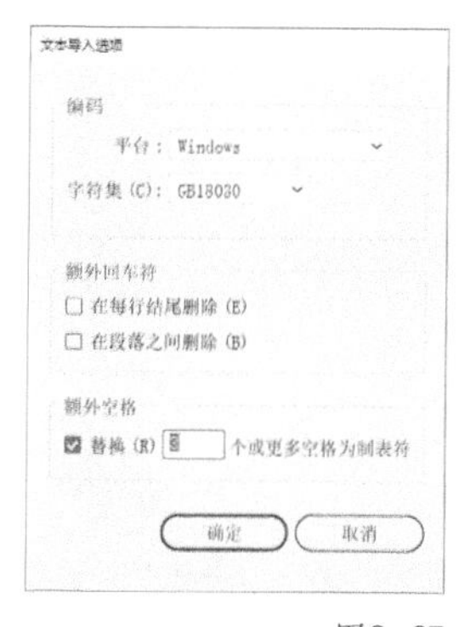

图8-27

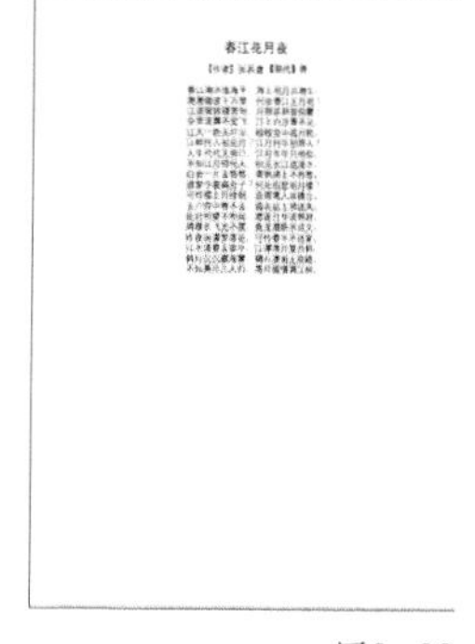

图8-28

8.2 实训案例：文字招贴设计

通过设计图8-29所示的文字招贴来练习文字的基本操作。

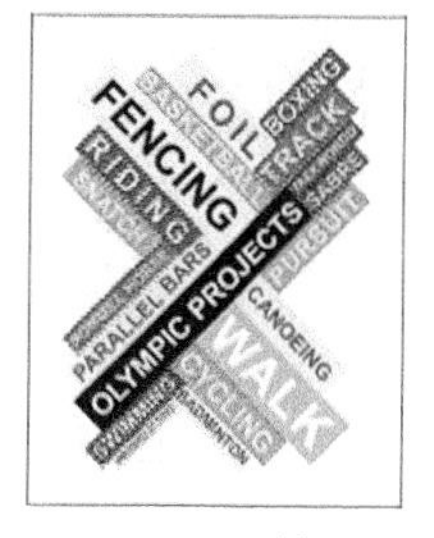

图8-29

操作步骤

01 启动Illustrator CC 2019，新建一个文件，命名为“文字排版练习”，将其大小设置为W156mm×H190mm，如图8-30所示。

图8-30

02 新建一个矩形，并为其填充黑色，如图8-31所示。使用旋转工具将其旋转至图8-32所示的角度。在控制面板中设置其字体为“Arial”，字体大小根据所建的矩形大小而定，如图8-33所示。

图8-31

图8-32

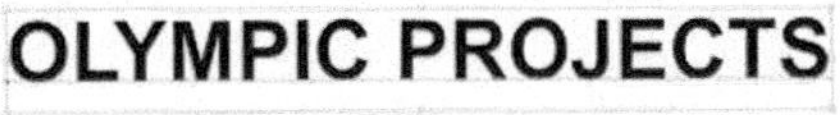

OLYMPIC PROJECTS

图8-33

03 将文字颜色设置为白色，然后将文本框移动到矩形上方，并使用旋转工具将文本框旋转到合适的角度，如图8-34所示。同时选中矩形图形和文本框，再单击矩形，将其作为对齐的基准对象，如图8-35所示。在控制面板中选择“水平居中对齐”和“垂直居中对齐”，达到图8-36所示的效果。同理继续创建矩形，并为其填充颜色，使用旋转工具将其旋转到合适的角度，并将其放到图8-37所示的位置。

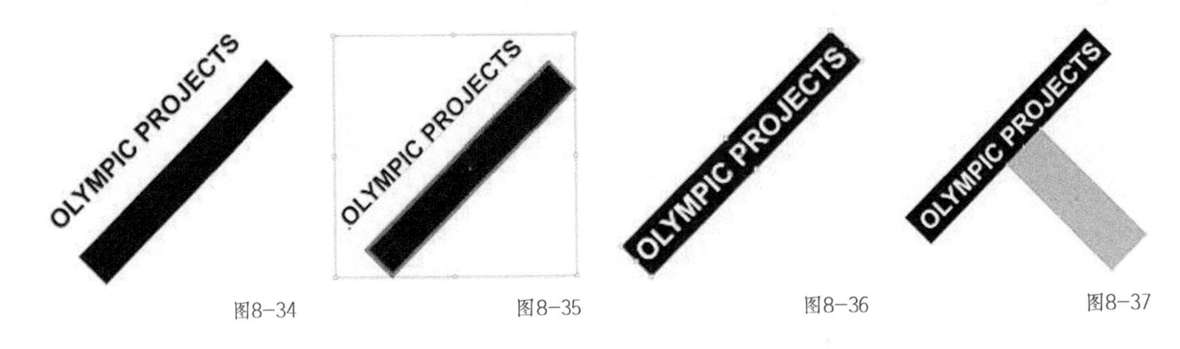

图8-34　图8-35　图8-36　图8-37

04 创建文本框，输入“WALK”，将其旋转到合适的角度与上一步创建的矩形垂直居中对齐，如图8-38所示。增加字符间距以调节文字与矩形宽度，使其达到统一协调，如图8-39所示。同理，排出图8-40所示的文字图形。

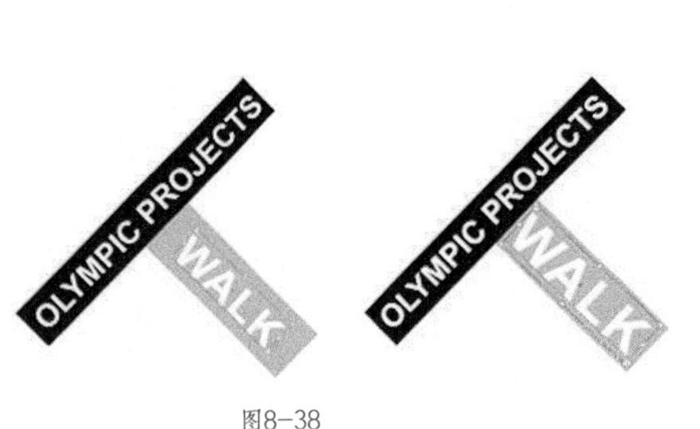

图8-38

图8-39

图8-40

第 9 章
神奇的滤镜

本章主要讲解Illustrator CC 2019中各种滤镜的使用。这些滤镜主要位于“效果”菜单下，包括3D效果、变形、扭曲和变换、风格化等。本章通过对具体功能和实际操作的讲解，帮助用户在实际工作中更好地运用各种滤镜效果。

9.1 知识点储备

在Illustrator以前的版本中有两类滤镜，分别存在于“滤镜”和“效果”菜单中，它们的作用是分别针对矢量图和位图进行特殊效果的处理。

在Illustrator CC 2019中，这两个滤镜被合成到了一个菜单命令中，即“Illustrator效果”菜单下，如图9-1所示。

本章将重点讲解“Illustrator效果”菜单下的命令。

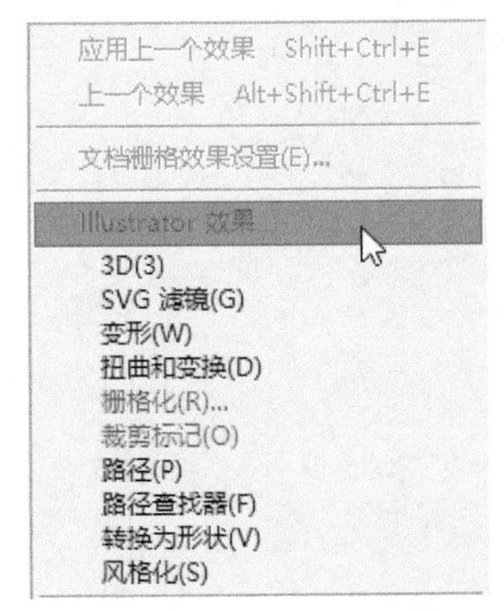

图9-1

9.1.1 3D 效果

3D效果菜单下集中了3个三维滤镜，如图9-2所示。有关它们的具体用法将在本章的案例3D苹果图标中进行详细讲解。

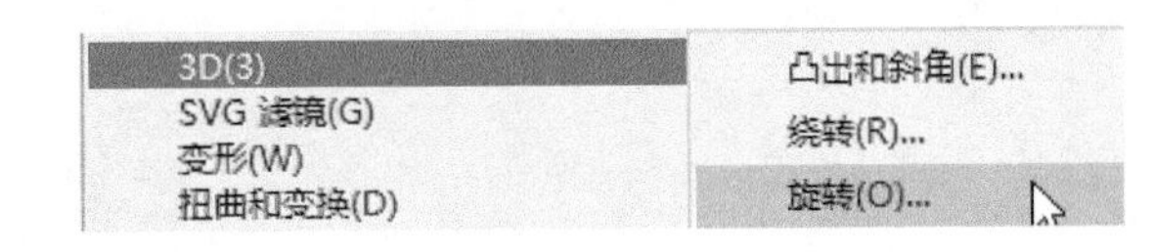

图9-2

9.1.2 变形

执行“变形”菜单下的系列命令，可对选中的对象进行各种样式的变形，如图9-3所示。

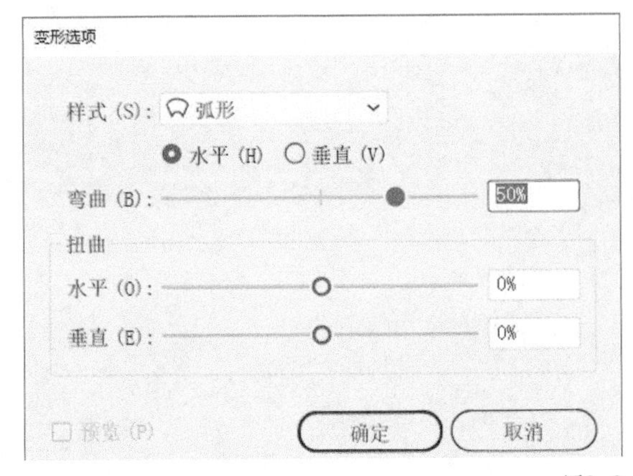

图9-3

9.1.3 扭曲和变换

“扭曲和变换”下集中了7个命令，如图9-4所示。这里讲解3个重要滤镜。

1. 收缩与膨胀

收缩与膨胀滤镜可以使操作对象从它的锚点处开始向内或向外发生扭曲变形。“收缩与膨胀”对话框如图9-5所示。

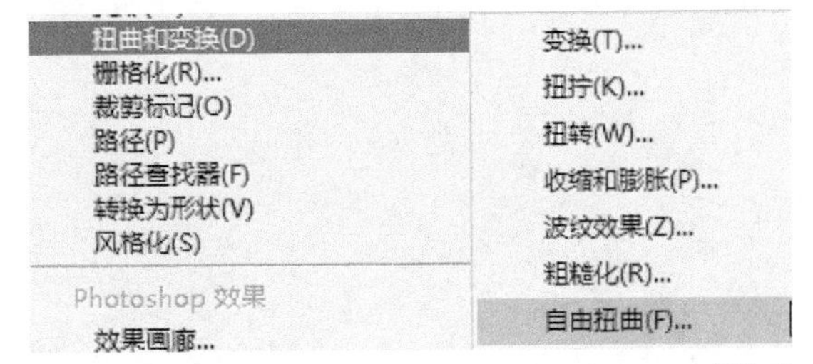

图9-4

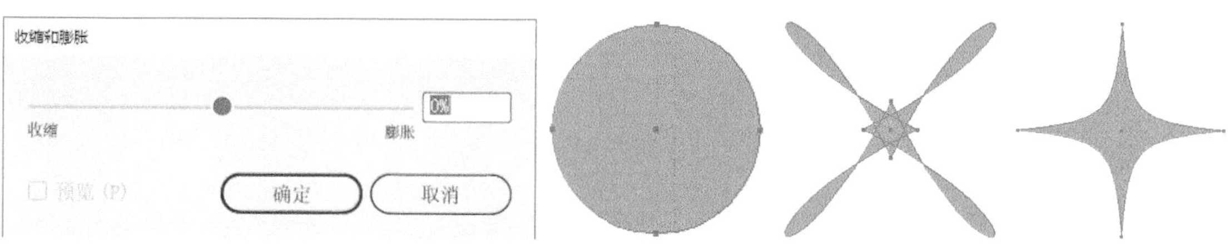

图9-5

图9-6

正值为收缩，负值为膨胀，效果如图9-6所示。

2. 波纹效果

该滤镜可以使操作对象产生锯齿的效果，如图9-7所示。

图9-7

3. 粗糙化

该滤镜可以在操作对象的边缘上制造出粗糙效果，如图9-8所示。

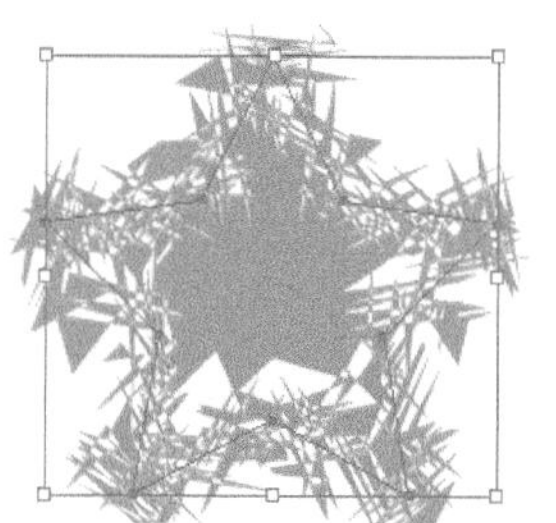

图9-8

9.1.4 风格化

“风格化”菜单下的命令如图9-9所示。

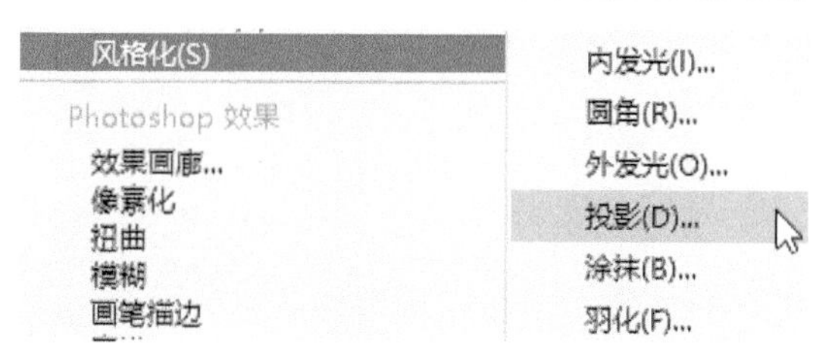

图9-9

1. 内发光和外发光

这两个命令和Photoshop中的滤镜命令非常类似，效果也非常接近，其对话框如图9-10所示。

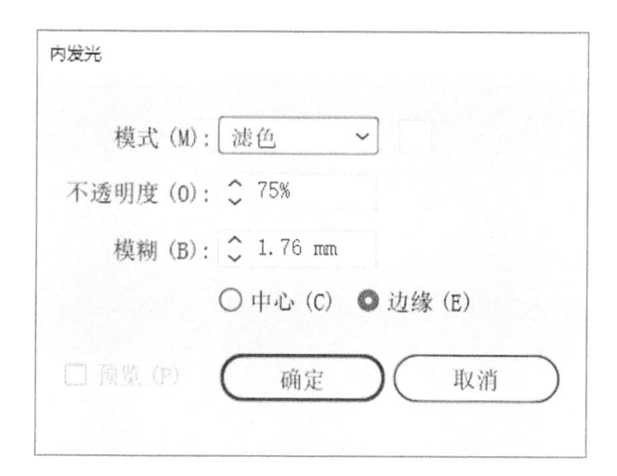

图9-10

2. 圆角

当需要快速得到一个圆角图形时，可以使用此命令。图9-11所示右边的图形适合使用这个命令来制作。

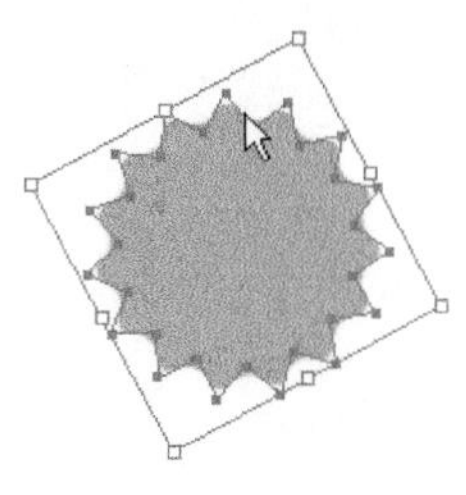
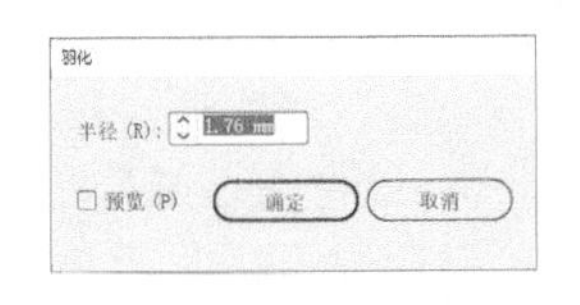

图9-11

3. 投影

投影滤镜可以为选定的矢量对象创建阴影效果，其对话框如图9-12所示。

4. 涂抹

“涂抹选项”对话框可以设置涂抹的笔触效果，如图9-13所示。

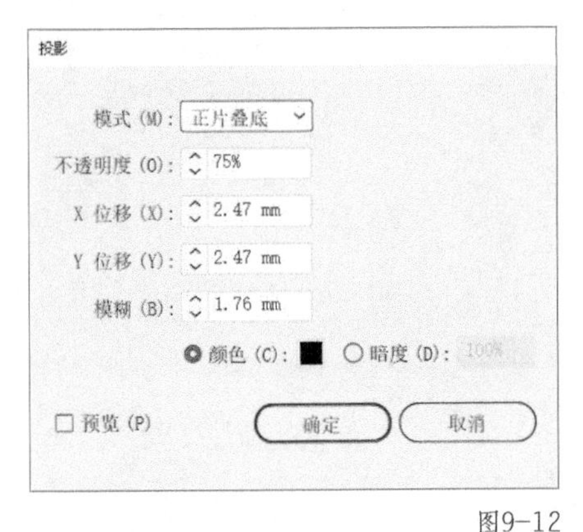

图9-12

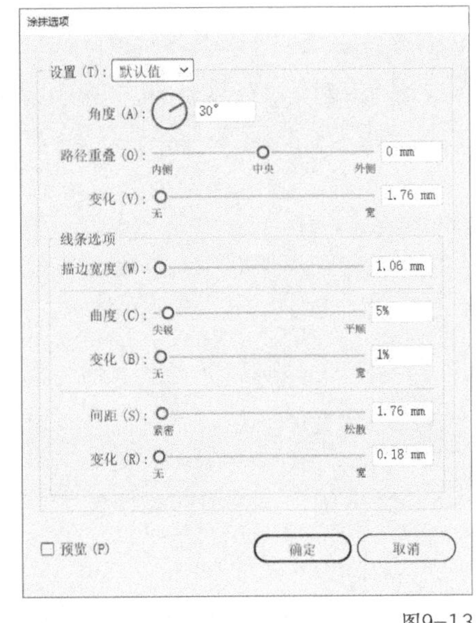

图9-13

5. 羽化

使用羽化滤镜可以得到模糊的边缘效果，如图9-14所示。

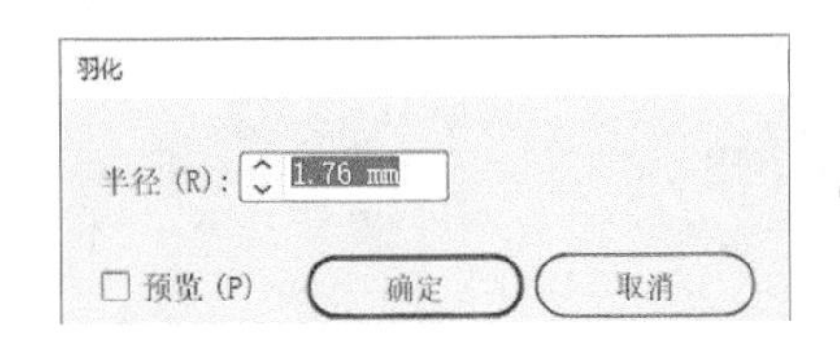

图9-14

9.2 实训案例：3D苹果图标制作

下面使用3D滤镜命令绘制图9-15所示的3D苹果图标。

图9-15

操作步骤

01 使用钢笔工具绘制图9-16所示的苹果侧面轮廓形状，并为其填充一个红色。

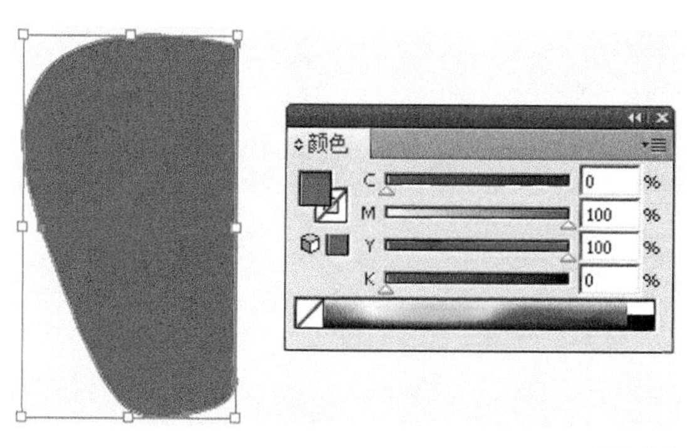

图9-16

02 执行“效果→3D→绕转”命令，弹出图9-17所示的“3D旋转选项”对话框，勾选其中的“预览”选项即可预览三维效果。

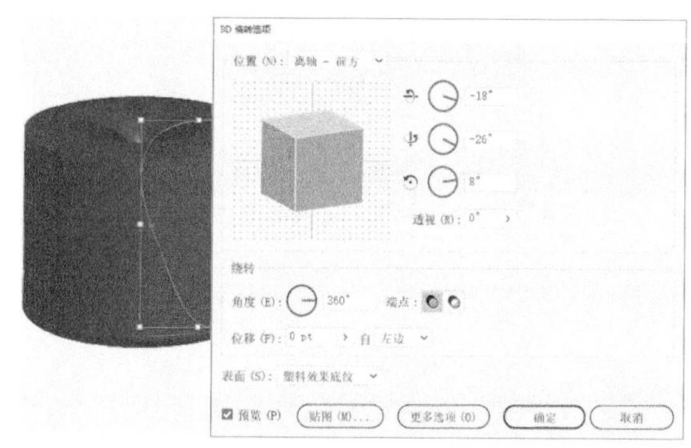

图9-17

03 修改其旋转轴的方向为“右边”即可得到图9-18所示的苹果形状。

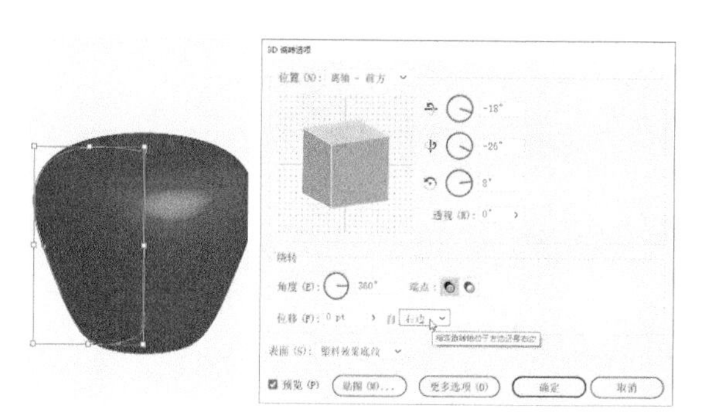

图9-18

04 单击“确定”按钮。此时使用直接选择工具单击选中图9-19所示的锚点，然后向下拖动，会发现随着锚点位置的变化苹果的形状也在发生变化。

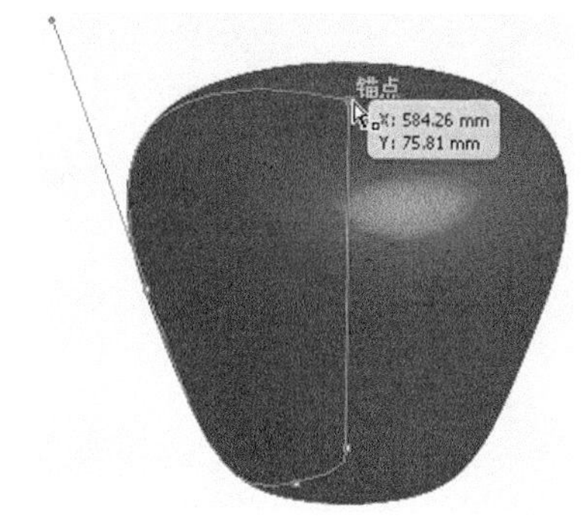

图9-19

05 使用钢笔工具在路径上添加一个图9-20所示的锚点，然后将其向上移动。

图9-20

06 通过调整，苹果的凹陷更深了，如图9-21所示。

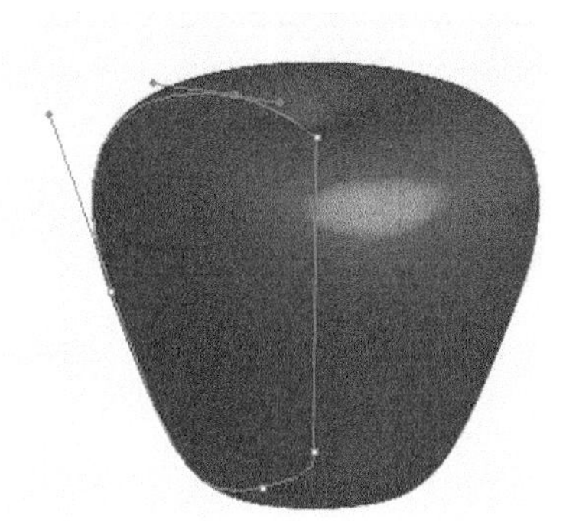

图9-21

07 使用钢笔工具绘制一个树叶的形状，如图9-22所示。

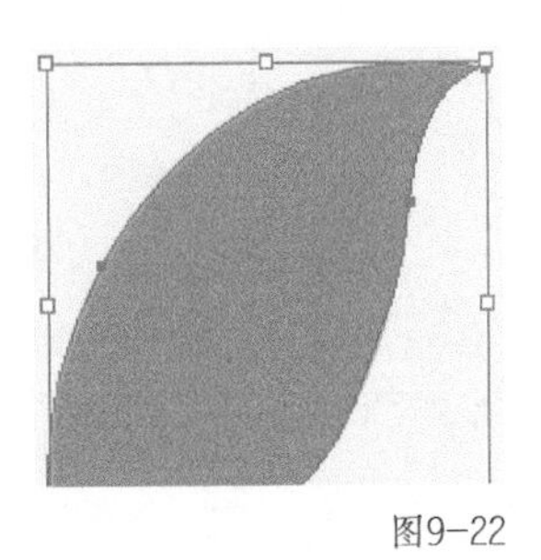

图9-22

08 执行“对象→创建渐变网格”命令，设置行数和列数都是4，如图9-23所示。

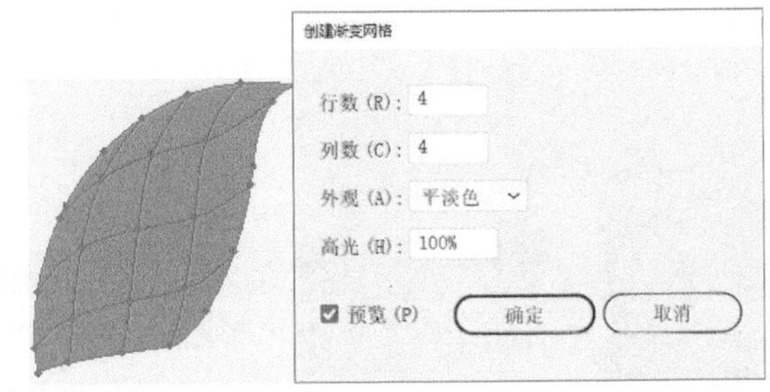

图9-23

09 使用直接选择工具选择树叶中的网格点，改变其颜色。如果想将其变亮，可在“颜色”面板中增加Y值，减少C和M的值，如图9-24所示。

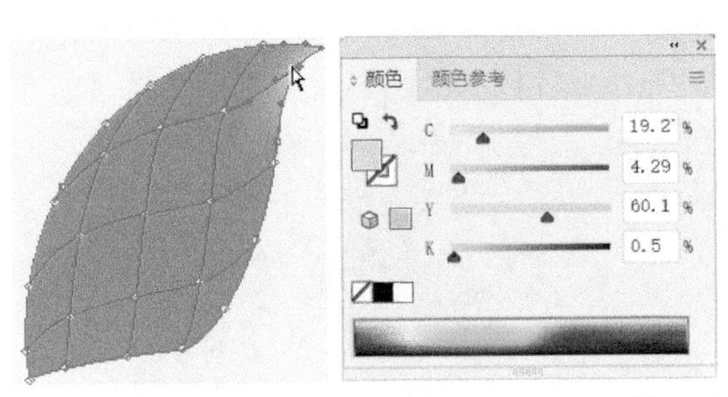

图9-24

10 调整其他网格点，得到图9-25所示的立体树叶。

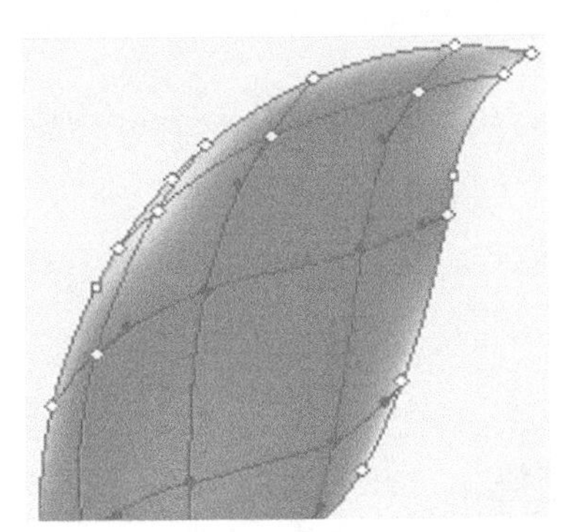

图9-25

11 将立体树叶放在苹果的上方，同理得到另外一片树叶，如图9-26所示。

图9-26

12 同理，使用钢笔工具和渐变网格工具结合“颜色”面板得到图9-27所示的叶梗，并将叶梗放到苹果上合适的地方。

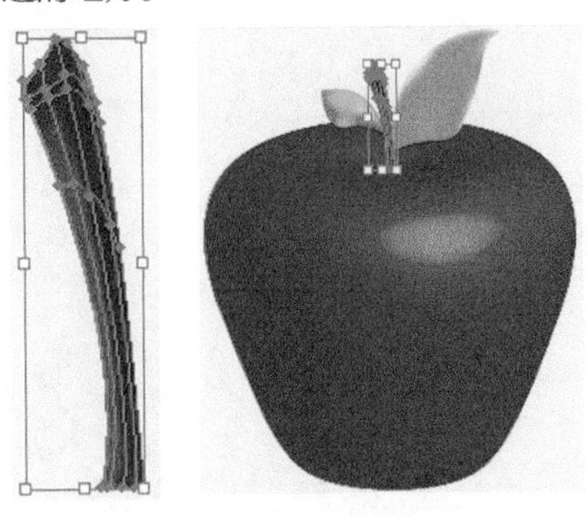

图9-27

13 找一个空白的地方使用椭圆形工具绘制一个正圆形，如图9-28所示。

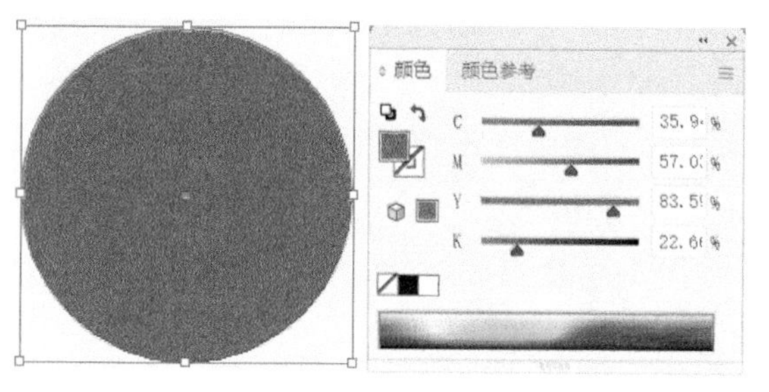

图9-28

14 使用移动工具按住【Alt】键复制一个圆形并将它拖动到新的位置。再复制一个圆形，并使得复制的两个圆形错位，如图9-29所示。

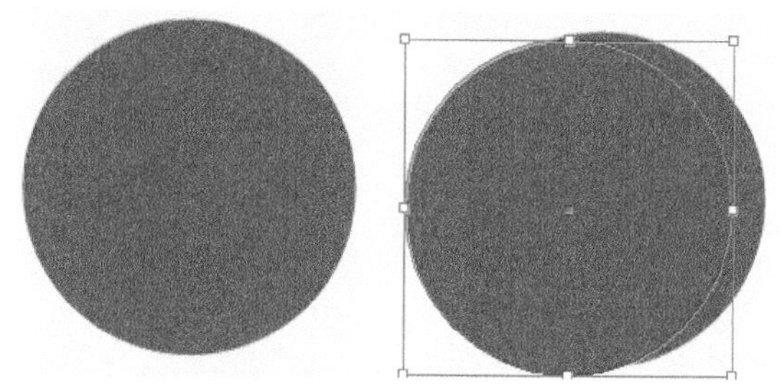

图9-29

15 选中它们，在“路径查找器”面板中执行“减去顶层”命令，得到图9-30所示的图形。

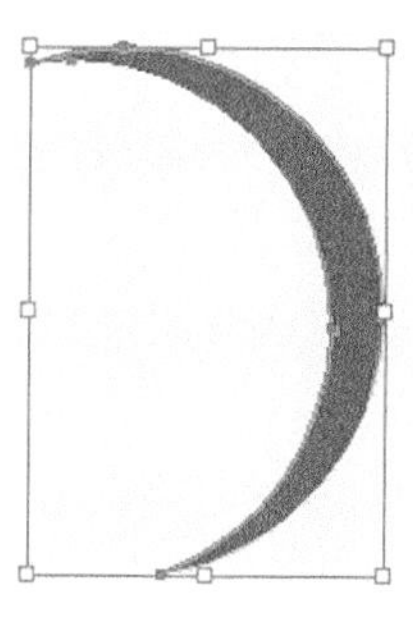
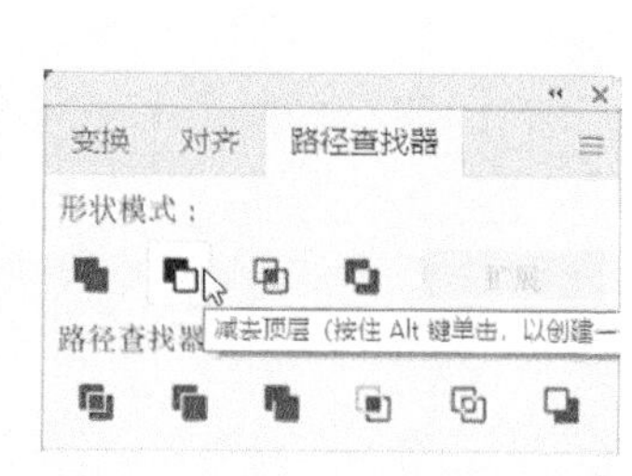

图9-30

16 复制这个图形，并将其改为白色，然后将它们摆放到正圆形的两边，如图9-31所示。

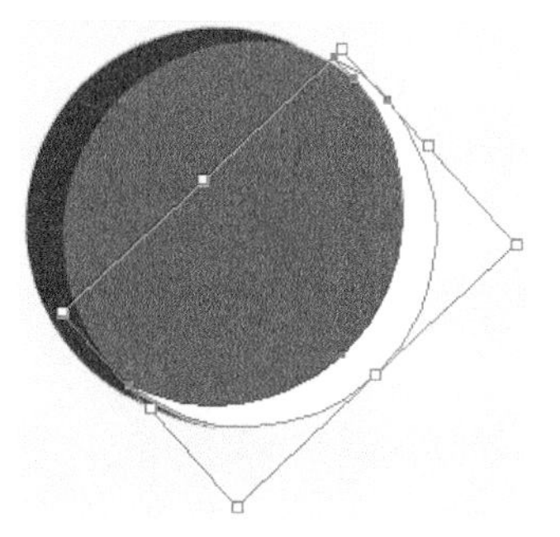

图9-31

17 将这组图形一起拖曳到“画笔”面板中，如图9-32所示。

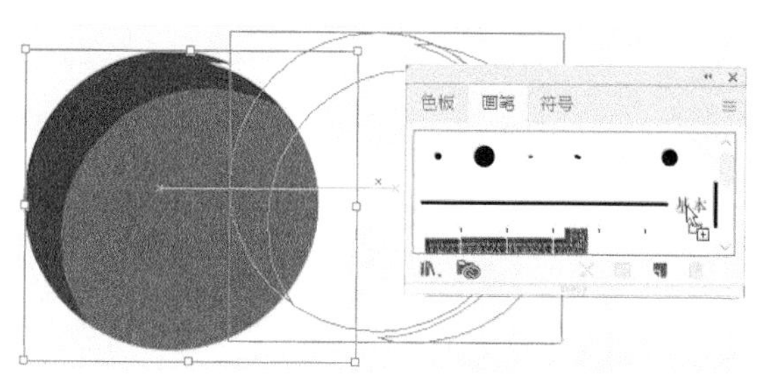

图9-32

18 在“新建画笔”对话框中选择“散点画笔”类型，然后单击“确定”按钮，如图9-33所示。

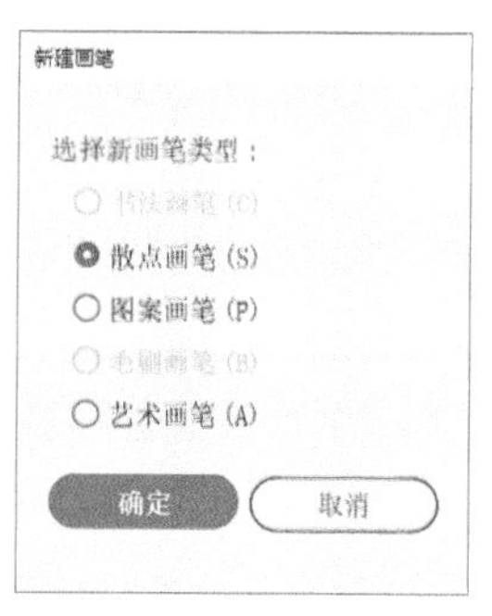

图9-33

19 系统弹出图9-34所示的对话框，单击“确定”按钮即可。

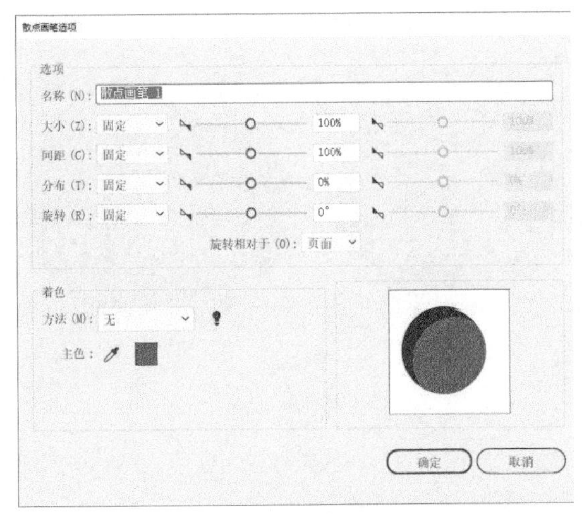

图9-34

20 此时可以看到在“画笔”面板中出现了一个新的自定义散点画笔类型，如图9-35所示。

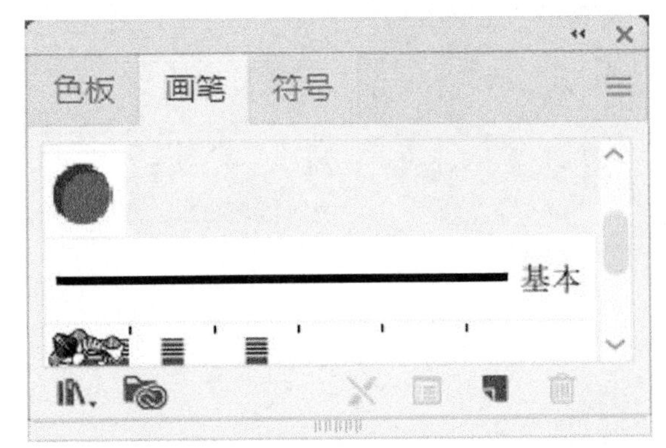

图9-35

21 使用画笔工具在苹果上绘制一条路径。这条路径应用了刚才自定义的散点画笔效果，如图9-36所示。

图9-36

22 默认情况下散点的排列效果非常生硬，可在“画笔”面板中双击自定义的散点笔刷弹出“散点画笔选项”对话框，在对话框中设置画笔的大小、间距、分布和旋转的变换方式均为“随机”，然后修改其数值，得到比较自然的散点画笔效果，如图9-37所示。

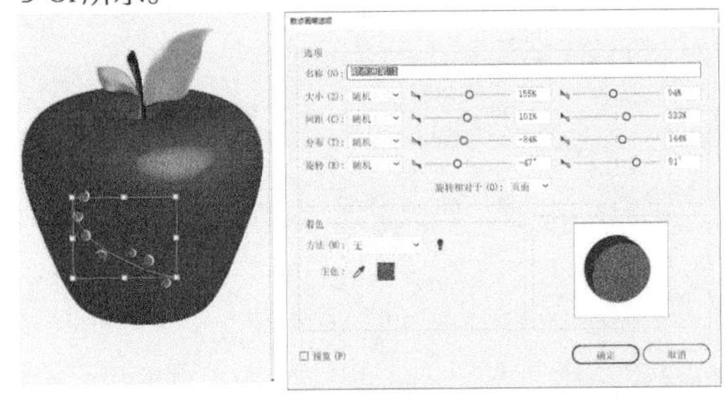

图9-37

23 单击“确定”按钮弹出图9-38所示的画笔更改警告，单击“应用于描边”即可 。

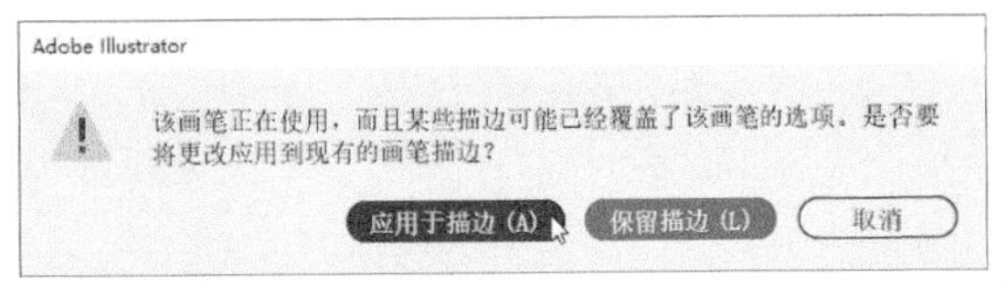

图9-38

24 在透明度中设置其色彩混合模式为“叠加”模式，如图9-39所示。

图9-39

25 为苹果添加一个投影。使用椭圆形工具绘制一个椭圆形，如图9-40所示。

图9-40

26 为椭圆形填充一个黑到黑的渐变色，渐变类型为径向，如图9-41所示。

图9-41

27 设置其中一个渐变滑块的透明度为0%，如图9-42所示。

图9-42

28 执行快捷键【Ctrl】+【Shift】+【[】命令将椭圆形置后，如图9-43所示。

图9-43

29 使用渐变工具对渐变的效果进行调整，如图9-44所示。

图9-44

30 最终效果如图9-45所示。

图9-45

设计实战篇

第 10 章
标志设计

在VI视觉要素中，标志是核心要素。企业标志一般是企业的文字名称、图案记号或两者相结合的一种设计。本章的实战案例结合标志设计的特点，详细讲解“威信物流公司”的标志设计，帮助用户掌握标志设计的要点。

10.1 标志简介

企业标志一般是企业的文字名称、图案记号或两者相结合的一种设计。标志具有象征功能、识别功能，是企业形象、特征和文化的浓缩。一个设计杰出的、符合企业理念的标志会增加企业的权威感，在社会大众的心目中，它就是一个企业或企业品牌的代表。

就其构成而言标志可分为图形标志、文字标志和复合标志三种。图形标志是以富于想象或相联系的事物来象征企业的经营理念、经营内容，借用比喻或暗示的方法创造出富于联想、包含寓意的艺术形象。德国一家人寿保险公司的标志很有表现力：用手小心呵护烛火为图案，取意人到晚年似“风烛残年”，生活保障便十分必要，该标志将保险的优点表现得富有情意，黑白对比，简单明了。图形标志设计还可用明显的感性形象来直接反映标志的内涵。例如美国霍顿 · 密夫林出版商通过几本书组合构成其标志图案，直接说明其经营内容。

文字型标志是以含有象征意义的文字造型作基点，对其变形或抽象地改造，使之图案化。常见的字母标志多为企业名称的缩写。例如，麦当劳黄色的“M”字形标志醒目而独特，如图10-1所示。汉字的标志设计则多是充分发挥书法给人的意象美及组织结构美，利用美术字、篆、隶、楷等字体，根据字面结构进行加工变形作艺术处理，但要注意字形的可辨性，并力求清晰、美观，如图10-2所示。

文字、图案复合标志指综合运用文字和图案因素设计的标志，有图文并茂的效果，如图10-3所示。

图10-1

图10-2

图10-3

企业标志是非语言性的第一人称，有时比语言性的传递手段更迅速、更有力、更准确，而且世界通用。曾为百事可乐做企业形象战略（CI）策划的T.丹尼埃 · 威松说，“标志能表现企业性格”。

10.1.1 标志的来历

标志的来历，可以追溯到上古时代的“图腾”。那时每个氏族和部落都选用一种认为与自己有特别神秘关系的动物或自然物象作为本氏族或部落的特殊标记（后称之为图腾）。最初人们将图腾刻在居住的洞穴和劳动工具上，后来就作为战争和祭祀的标志，成为族旗、族徽。

国家产生以后，又演变成国旗、国徽。

古代人们在生产劳动和社会生活中，为方便联系、标示意义、区别事物的种类特征和归属，不断创造和广泛使用各种类型的标记，如路标、村标、碑碣、印信纹章等。广义上说，这些都是标志。

到21世纪，公共标志、国际化标志开始在世界普及。随着社会经济、政治、科技、文化的飞跃发展，到现在，经过精心设计从而具有高度实用性和艺术性的标志，已被广泛应用于社会一切领域，对人类社会性的发展与进步发挥着巨大作用和影响。

10.1.2 标志的作用

1. 辨识性

辨识性是企业标志的重要功能之一。只有特点鲜明、容易辨认和记忆、含义深刻、造型优美的标志，才能够区别于其他企业、产品或服务，使受众对企业留下深刻印象。

2. 领导性

标志是企业视觉传达要素的核心，也是企业开展信息传播的主导力量。在视觉识别系统中，标志的造型、色彩、应用方式，直接决定了其他识别要素的形式，其他要素的建立都是围绕着标志为中心而展开的。标志是企业经营理念和活动的集中体现，贯穿于企业所有的经营活动中，具有权威的领导作用。

3. 同一性

标志代表着企业的经营理念、文化特色、价值取向，反映企业的产业特点、经营思路，是企业精神的具体象征。标志不能脱离企业的实际情况，违背企业宗旨。只做表面形式工作的标志，就失去了标志本身的意义，甚至对企业形象造成负面影响。

10.1.3 标志的特点

1. 功用性

标志的本质在于它的功用性。每个标志都具有不可替代的独特功能。如交通标志、安全标志、操作标志等；象征国家、地区、城市的旗帜、徽章等标志；商品的专用商标；代表个人的图章、签名等。具有法律效力的标志兼有维护权益的特殊使命，如图10-4所示。

图10-4

2. 识别性

标志最突出的特点是各具独特面貌，易于识别。显示事物自身特征，标示事物间不同的意义、区别与归属是标志的主要功能。各种标志直接关系到集团乃至个人的根本利益，决不能相互雷同、混淆，以免造成错觉。因此标志必须特征鲜明，令人一眼即可识别，并过目不忘。

图10-5

图10-5所示的标志运用江南建筑中具有标志性的翘屋角与圆拱门作为表现形式，体现了中华传统文化和江南地域特征；标志右半部分隐含了杭州著名景点“三潭印月”的形象，体现了杭州的地域特征。标志微妙地传达了城市、航船、建筑、园林、拱桥与水的亲近感，凸现了杭州独有的“五水共导”的城市特征。

3. 显著性

除隐形标志外，绝大多数标志的设置就是为了引人注意。因此色彩强烈醒目、图形简练清晰，是标志通常具有的特征，图10-6所示是英国石油公司的标志。

图10-6

4. 多样性

标志种类繁多、用途广泛，无论从其应用形式、构成形式还是表现手段来看，都有着极其丰富的多样性。

其应用形式，不仅有平面的（几乎可利用任何物质的平面），还有立体的（如浮雕、园雕、容器等特殊式样做标志等）。

其构成形式，有直接利用物象的，有以文字符号构成的，有以具象、意象或抽象图形构成的，有以色彩构成的。多数标志是由几种基本形式组合构成的，而且随着科技、文化、艺术的发展，标志的表现手段会不断创新。

5. 艺术性

凡经过设计的非自然标志都具有某种程度的艺术性。既符合实用要求，又符合美学原则，给予人以美感，是对其艺术性的基本要求。

一般来说，艺术性强的标志更能吸引和感染人，给人以强烈和深刻的印象，如图10-7所示。

图10-7

6. 准确性

标志的含义必须准确。首先要易懂，符合人们认识心理和认识能力。其次要准确，避免意料之外的多解或误解，尤应注意禁忌。好的标志能让人在极短时间内一目了然、准确领会。

7. 持久性

标志与广告或其他宣传品不同，一般都具有长期使用价值，不轻易改动，如图10-8所示。

图10-8

8. 审美性

标志设计的真正意义在于，以对应的方式把一个复杂的小物用简洁的形式表达出来。标志设计是最难的设计之一，它通过文字、图形巧妙组合创造一形多义的形态，比其他设计要求更集中、更强烈、更具有代表性。突出的表现在于设计概括的形象化，以单纯、简洁、鲜明为特征，令人一目了然;简练、准确而又生动有趣，有即时达意的功效。

10.2 标志设计要素

10.2.1 标志的表现手法

1. 表象手法

采用与标志对象直接关联且具有对象典型特征的形象，这种手法直接表达对象特征，令人一目了然。如表现出版业以书的形象、表现铁路运输业以火车头的形象等，图10-9所示是乌鲁木齐铁路局的标志。

图10-9

2. 象征手法

采用标志与内容有某种意义上的联系的事物，如图形、文字、色彩等，以比喻、形容等方式表现标志对象的抽象内涵。并且，象征性标志往往采用已为社会约定俗成的关联物象作为有效代表物。如用鸽子象征和平，用雄狮、雄鹰象征英勇，用日、月象征永恒，用松鹤象征长寿，用白色象征纯洁，用绿色象征生命等。这种手法蕴涵深邃，适应社会心理，为人们喜闻乐见。图10-10所示是世界自然基金会的标志。

图10-10

3. 寓意手法

采用与标志含义近似或具有寓意性的形象，以影射、暗示等方式表现标志对象的内容和特点。如用伞的形象暗示防潮湿，用玻璃杯的形象暗示易破碎，用箭头形象示意方向等。

4.模拟手法

用特性相近的事物模仿或比拟所标志对象的特征或含义的手法。图10-11所示的是日本航空公司采用仙鹤展翅的形象比拟飞行和祥瑞。

图10-11

5.视感手法

采用并无特殊含义的简洁而形态独特的抽象图形、文字或符号表示所标志对象，给人一种强烈的现代感、视觉冲击感或舒适感，给人留下深刻印象。为使人辨明所标志的事物，这类标志往往配有少量小字，一旦人们熟悉这个标志，即使去掉小字也能辨别它。如图10-12所示，李宁牌运动服将拼音字母“L”横向夸大为标志等。

图10-12

10.2.2 标志的设计流程

1.调研分析

在设计标志之前，首先要对企业做全面深入的了解，包括制定经营战略、进行市场分析以及调查企业最高领导人员的基本意愿，这些都是标志设计开发的重要依据。对竞争对手的了解也是设计标志前的重要一点，因为只有充分了解竞争环境，才能提高标志在市场的可识别度，因此需要制定标志设计调查问卷，调研客户群体。

2.要素挖掘

要素挖掘是为设计做进一步的准备。依据对调查结果的分析，提炼出标志的结构类型、色彩倾向，列出标志所要体现的精神和特点，以便挖掘相关的图形元素，为标志设计做充足准备。

3.设计开发

准备好设计要素后，可以从不同的角度和方向开始设计。充分发挥想象，用不同的表现方式，将设计要素融入设计中，致力于设计出含义深刻、特征明显、造型大气、结构稳重、色彩搭配合理的标志。

4.修正并应用

提案阶段确定的标志，可能在细节上还不够完善，需要测试标志在不同环境下使用的效果，根据实际情况对标志进行修改，以使标志更加规范。

10.3 实战案例：威信物流标志设计

目标设计

·“威信物流公司”的标志设计要点

· 技术实现（Illustrator综合运用）

“威信物流公司”的标志设计要点

1. 确定表现手法

在制作标志之前，先选择标志设计的表现手法。在这里，运用表象手法来制作“威信物流公司”的标志。

2. 构思设计方案

由于“威信物流公司”是一家物流公司，我们可以联想到运货汽车、集装箱、货运纸箱等多种与之相关联的事物，在这个过程中，可以用纸笔绘制多种草图以便选择和参考。从纸箱入手，展开联想，有了大概想法后，就可以开始制作标志了。

技术实现

下面使用Illustrator CC 2019来具体设计这个标志。

01 新建一个W210mm × H297mm（A4）的文件，将名称改为“标识”，以便储存和查找。

先制作纸箱的外形。在左边工具栏中选择矩形工具，按住【Shift】键拖动鼠标，绘制一个正方形，填充一个黑色，描边选择无颜色，如图10-13所示。

提示 由于标志制作的尺寸一般不会太大，所以新建文件的尺寸没有特殊规定，一般可以自由拟定。

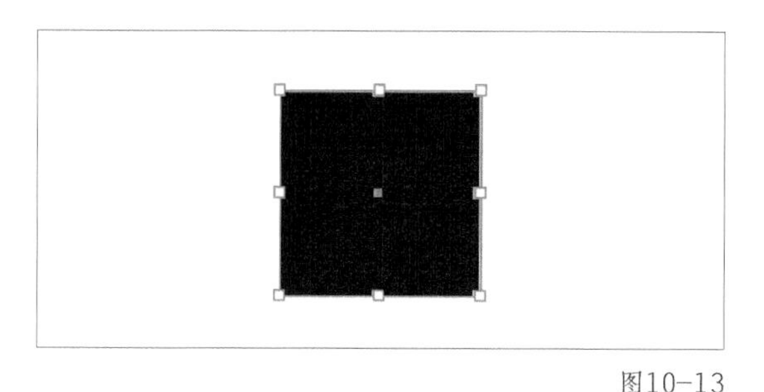

图10-13

02 选中刚绘制的正方形，执行上方菜单栏中“效果→3D→凸显和斜角”命令，位置选择“离轴-前方”，凸出厚度范围在80pt~100pt之间（根据正方形的大小而定），然后单击左下方的“预览”，使图像呈现一个比较满意的立方体，单击“确定”按钮，如图10-14所示。

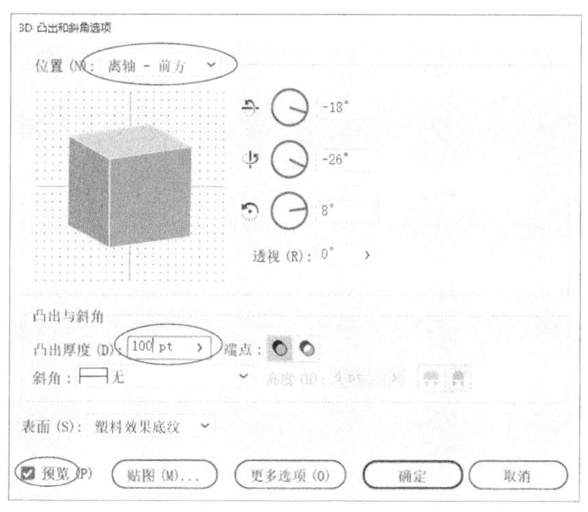

图10-14

03 选中正方体，执行上方菜单栏中的“对象→扩展外观”命令，然后执行快捷键【Ctrl】+【Shift】+【G】命令将群组解散，立方体呈现的三个面便可以拆分、自由编辑，如图10-15所示。

04 分别选中正方体分开的三个面，为其填充不同的颜色，以便接下来的区分制作，如图10-16所示。

05 选中正方体左边红色的区域，按住【Alt】键并水平向右拖动鼠标，将其复制到如图10-17所示的位置。

图10-15

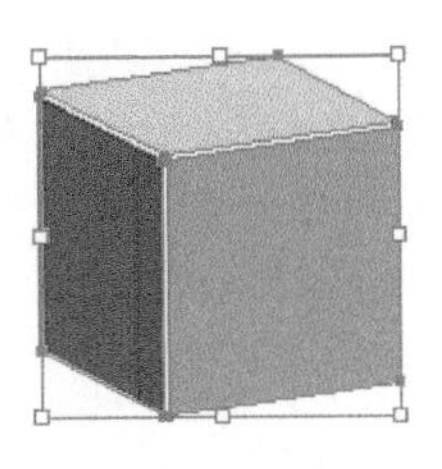

图10-16

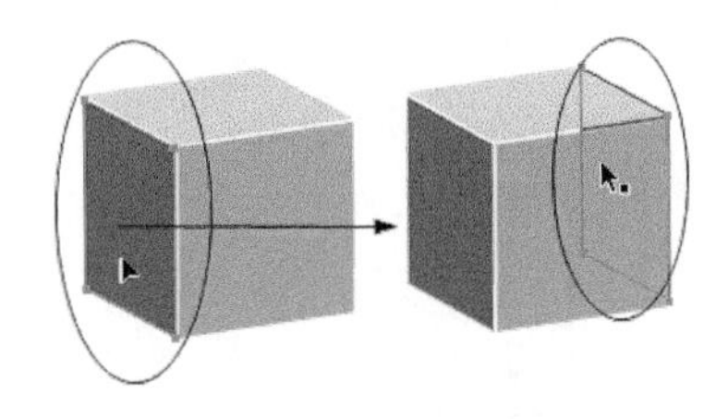

图10-17

06 同理，复制前面的绿色矩形到后面，并将其颜色更改为灰色，然后执行快捷键【Ctrl】+【shift】+【[】命令将其置底，如图10-18所示。

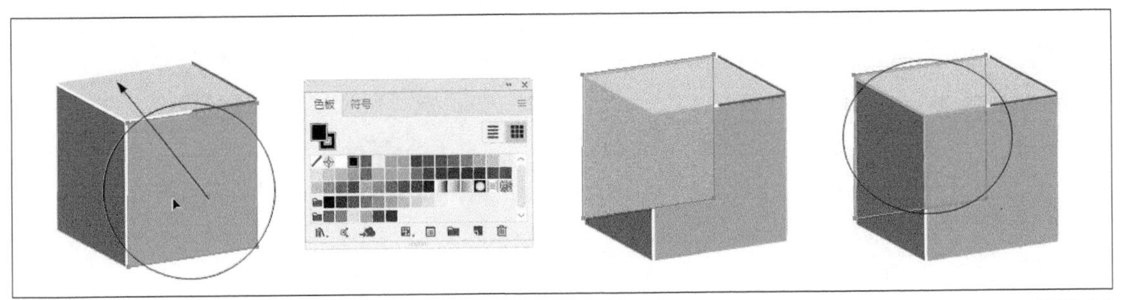

图10-18

07 删除顶部的黄色矩形。此时对象呈现为一个四面体，一个无盖的纸箱外形基本完成，如图10-19所示。

08 选中纸箱左侧面的红色矩形，按住【Alt】键并向左拖动鼠标，将其复制，更改颜色为黑色，如图10-20所示。

09 使用直接选择工具拖动黑色矩形下边的路径线段，形成打开的箱盖形状，如图10-21所示。

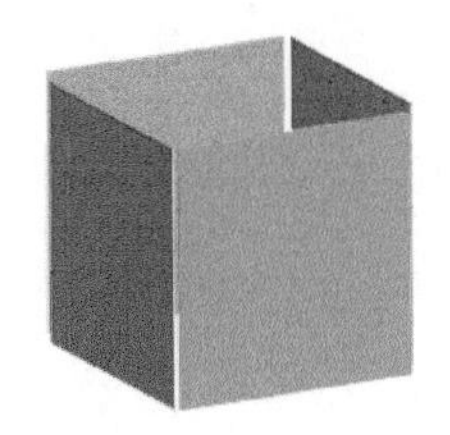

图10-19

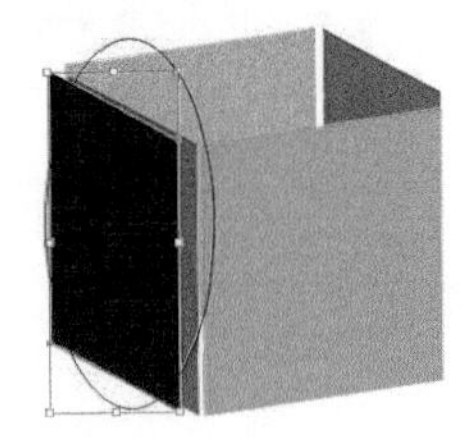

图10-20

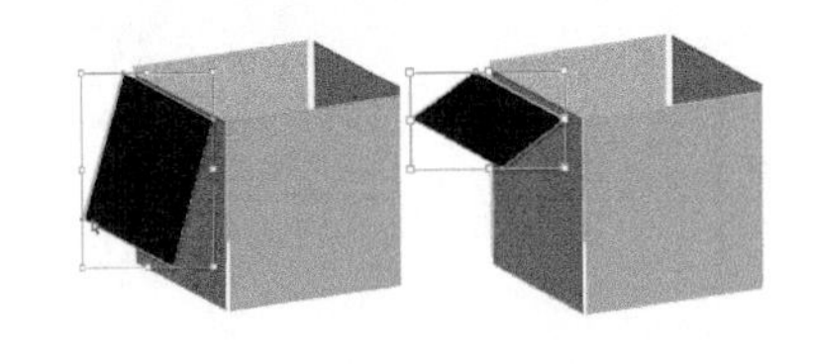

图10-21

10 同理，得到图10-22所示的右边的箱盖形状。

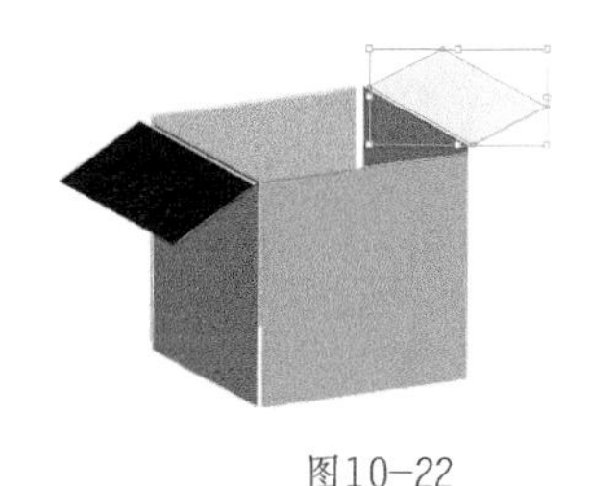

图10-22

11 分别调整这六个面之间的空间距离，使其在视觉上达到舒适的效果。然后分别给这六个面更改颜色，更改之后的效果如图10-23所示。

图10-23

12 在标志下面加上“威信物流”中英文标准字，一个完整的标志设计就完成了，如图10-24所示。

图10-24

提示 公司名称字体一般采用无衬线字体，例如，中文黑体及其变体、英文Arial及其变体，这类字体大方、现代。在案例中，由于威信公司是一家物流公司，为体现其公司简约大气的风格，在字体上采取简洁干净的字体来表现，其组合方式多样，在案例中呈现的是标志和标准字居中对齐的形式。

13 标志设计完成后，可附上标志设计说明文字，呈现标志的设计思路，如图10-25所示。

标志释义：
标志采用打开的集装箱造型，运用橙黄色、洋红、黄色、紫色为主的强对比色系搭配造型。
橙黄：象征威信物流公司蓬勃的生命力，象征威信物流员工的无限热情和工作态度。
深红：是深沉稳重的红，象征着威信物流深沉的企业文化和内部涵养。
天蓝：是海水一般透明的蓝色，象征威信物流透明化的管理制度和明朗的工作作风。
紫色：是威信物流全体人员一丝不苟的工作态度，和几年来积累的良好的信誉度。
四种颜色组成集装箱的四个面，代表着威信物流的任何一个环节都是环环相扣，代表着企业良好的凝聚力和向心力，但是四个组成部分却又不全相接，代表着该企业任何一个部门在工作中的专业性和独立性。
威信物流，用一个个小小的集装箱，缩短了人和人之间的交流，各地的物资供应，威信物流和集装箱的联系必将是紧密的，不可分割的，而这个小小的集装箱，承受的不仅仅是那些看得见的货物，更多的，是该企业不断前进的方向。

图10-25

标志设计

标志的应用十分广泛，它可以代表一个企业，也可以代表一个部门或者个人。标志可以出现在大小活动中，个人名片和办公用具以及和公司有关的一切事物中，图10-26所示是将标志应用到名片设计上。

图10-26

第 11 章
文字设计

文字设计是屏幕设计的重要组成部分，是根据文字在页面中的不同用途，运用系统软件提供的基本字体字形，用图像处理和其他艺术字加工手段，对文字进行艺术处理和编排，以达到协调页面的效果，更有效地传播信息。本章实战案例，结合文字设计的特点，详细讲解钢材工厂“Steel Factory”标志中的文字设计，帮助用户理解文字设计的制作流程。

11.1 文字设计简介

文字设计是平面设计的重要组成部分，是根据文字在页面中的不同用途，运用一些基本的字体字形，用图像处理和其他艺术字加工手段，对文字进行艺术处理和编排，最终达到协调页面效果，更有效地传播信息的目的，如图11-1所示。

11.2 文字设计的优点

根据企业或品牌的个性而精心设计的字体，对笔画的形态、粗细，字间的连接与配置，统一的造型等，都做了细致严谨的规划，比普通字体更美观，更具特色。

在企业形象战略中，企业名称和标志采用统一的字体标志设计已成为新的趋势。虽然只统一了字体一个设计要素，却能具备两种功能，达到视觉和听觉同步传达信息的效果，如图11-2所示。

图11-1

图11-2

11.3 文字设计的主要原则

11.3.1 文字的适合性

信息传播是文字设计最基本的功能。文字设计的重点在于要遵循表述主题的要求，不能相互脱离，更不能相互冲突，破坏文字的诉求效果。尤其在商品广告的文字设计上，任何一个标题，一个字体标志，一个商品品牌都有其自身内涵，文字设计的目的是将其内涵准确无误地传达给消费者。例如，生产女性用品的企业，其广告的文字柔美秀丽，符合女性的形象特征；手工艺品广告文字，多采用不同样式的手写文字，体现手工艺品的艺术风格和情趣。

根据文字字体的特性和使用类型，文字设计的风格可以分为以下几种。

1. 秀丽柔美

字体线条流畅，给人以华丽柔美之感。这种类型的字体适用于女性化妆品、饰品、日常生活用品等主题，如图11-3所示。

2. 稳重挺拔

字体造型规整，富于力度，给人以简洁爽朗的现代感，视觉冲击力较强。这种类型的字体适用于机械科技等主题，如图11-4所示。

图11-3

图11-4

3. 活泼有趣

字体造型生动活泼，有鲜明的节奏韵律感，色彩丰富明快，给人以生机盎然的感受。这种类型的字体适用于儿童用品、运动休闲、时尚产品等主题，如图11-5所示。

4. 苍劲古朴

字体造型朴素无华，饱含古时风韵，能给人们一种怀旧的感觉。这种类型的字体适用于传统产品、民间艺术品等主题，如图11-6所示。

图11-5

图11-6

11.3.2 文字的视觉美感

文字作为画面的要素之一，具有传达感情的功能，因此它必须具有视觉上的美感，能够给人以美的感受，如图11-7左图所示。在文字设计中，美不仅仅体现在局部，也体现在对笔形、结构以及整个设计的把握，如图11-7右图所示。文字是由横、竖、点和圆弧等线条组合成的形态，在结构的安排和线条的搭配上，如何协调笔画与笔画、字与字之间的关系，强调节奏与韵律，创造出更富表现力和感染力的设计，把内容准确、鲜明地传达给观众，是文字设计的重要课题。

图11-7

11.3.3 文字设计的个性

根据广告主题的要求，极力突出文字设计的个性色彩，创造与众不同的字体，给人以别开生面的视觉感受，将有利于企业和产品良好形象的建立。

在设计特定字体时，一定要从字的形态特征与组合编排上进行探求，不断修改，反复琢磨，这样才能创造富有个性的文字，使其外部形态和设计格调都能唤起人们的审美愉悦感受，如图11-8所示。

图11-8

11.4 实战案例：钢材工厂logo设计

目标设计

· 技术实现（Illustrator综合运用）

技术实现

下面使用Illustrator CC 2019来具体设计这个标志。

在文字设计之前，先来构思钢材工厂“Steel Factory”的设计思路，展开设计联想，方便之后的设计制作。

01 进行设计思考，由钢材工厂可以想到坚硬的钢材、工业用具以及坚硬外形，在联想的过程中不妨把这些相关的联想都写下来，以备参考。

02 在进行一番设计思考之后，便可以开始在软件中具体实现。首先，在Illustrator中新建一个W210mm × H297mm的文件，如图11-9所示。

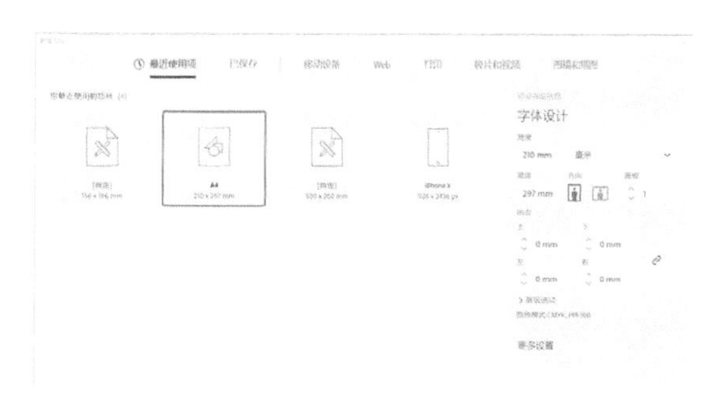

图11-9

03 选择文字工具，输入“Steel Factory”公司名称，执行“文字→更改大小写→首字母大写”命令，使单词首字母呈大写效果，如图11-10所示。

图11-10

05 基本字体确定之后，需要对字体进行进一步的编辑。首先，先将改好的字体复制一个放在一边备用。其次，选中文字执行“对象→扩展”命令，扩展其对象和填充。然后，单击鼠标右键执行其中的“取消编组”命令，这样可以选中任意的一个字母进行编辑，如图11-12所示。

Steel Factory

图11-12

提示 由于扩展之后的文字已经变成图形，不可再对文字进行编辑，所以在执行命令之前先复制一个以做备份。

04 为这个文字选择一个基本字体，考虑到厚重和坚硬等特点，可选用Arial字体的Black样式，如图11-11所示。

图11-11

提示 这一步所选择的基本字体并不是最终的字体，而是需要在这个字体的基础上加以变化和修改，所以字体的变化和修改必须和之后的设计思路挂钩，Arial字体属于英文中的无衬线字体，特点是笔画粗细均匀。用户也可以根据自己的设计思路选择不同的字体。

提示 本次设计的是一个钢厂的标准字，所以在素材选择上，选择的是工地上的图案素材，例如工帽、扳手、钳子一类，不仅形象具体，也使得文字更加生动有趣。

06 将事先准备好的素材复制、粘贴到文件中，将素材和字母一一比较，找到素材和字母形状的共同点，如图11-13所示。

图11-13

07 将这些字母和这些工具结合到一起，让它们形成一组新的艺术字。例如将字母“Y”和钳子的形状结合，如图11-14所示。

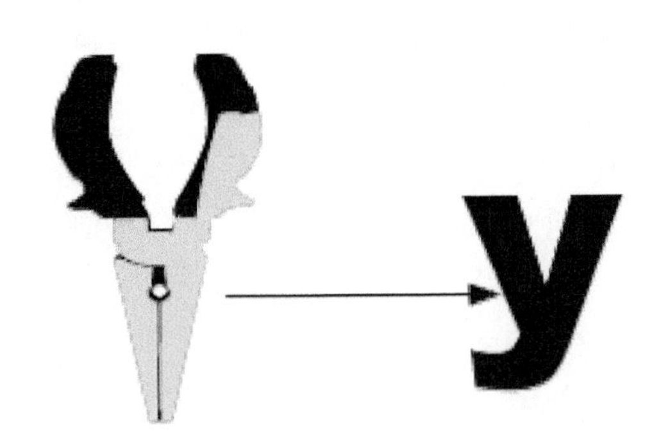

图11-14

08选择直接选择工具，框选中钳嘴部分锚点，按住【Shift】键和鼠标左键，向上垂直拖曳，将尖嘴缩短至合适的长度，如图11-15所示。然后将钳子移动到字母“Y”上，调整大小到满意为止，如图11-16所示。

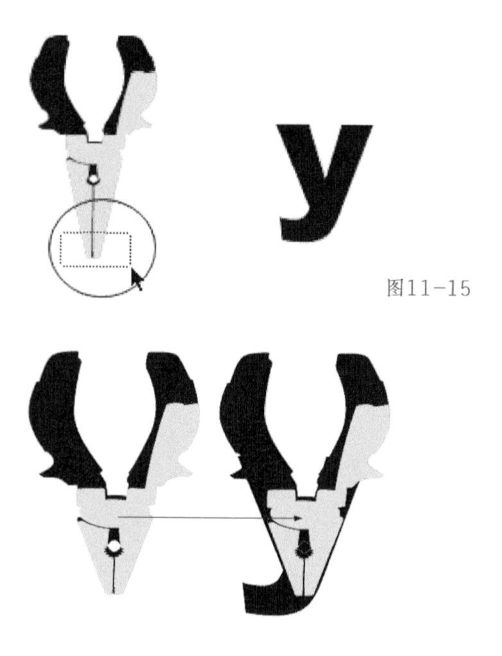

图11-15

图11-16

09字母“O”可以直接用图11-17所示的图形代替。参考“步骤08”缩短手柄，如图11-18所示。

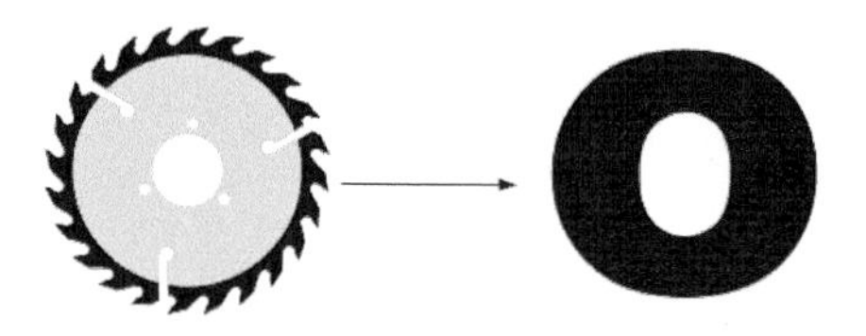

图11-17

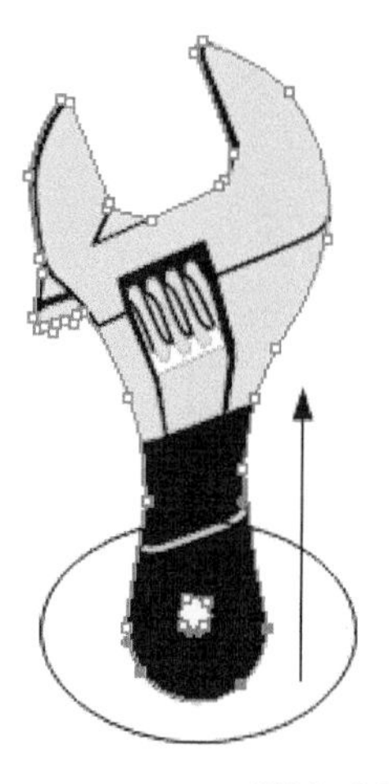

图11-18

10将工具和字母“L”放在一起，选择字母“L”并执行快捷键【Ctrl】+【Shift】+【]】命令，将字母置顶，选择直接选择工具移动字母“R”左上角的两个节点和工具手柄，如图11-19所示。

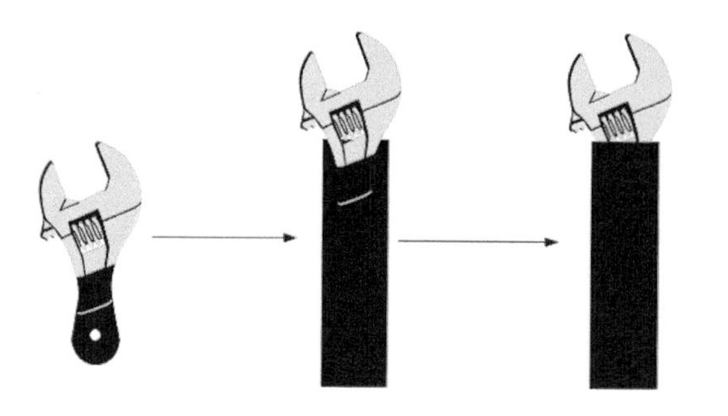

图11-19

11对单词中其他字母做一些细微的改变，让这个字母的组合显得更加整体。如对字母“L”手柄下的基本形做改变，如图11-20所示。

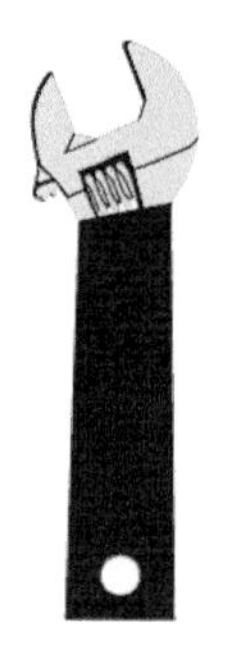

图11-20

12将制作好的字母放到之前的文字中，调整比例和大小，使文字看起来整体美观，如图11-21所示。

图11-21

13 对单词中其他字母做一些细微的改变，让这个字母的组合显得更加整体。如对字母“L”手柄下的基本形做改变，如图11-22所示。同理，可修改字母“F”，效果如图11-23所示。

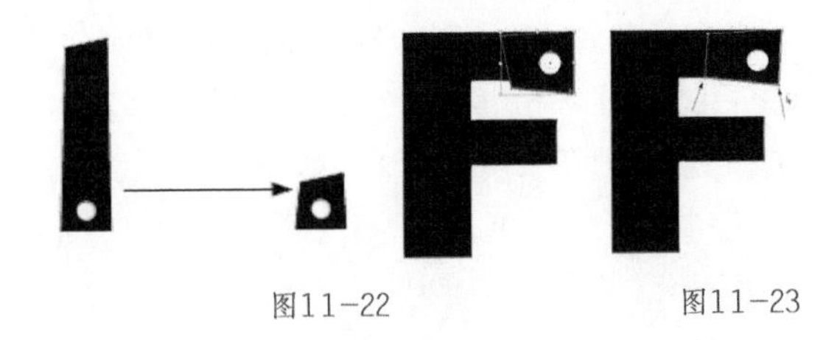

图11-22　　图11-23

14 最终的文字设计效果如图11-24所示。

图11-24

第 12 章
杂志广告设计

杂志广告指刊登在杂志上的广告，它和报纸相似，也是一种传播媒体，它的形式是以印刷符号传递信息的连续性出版物。由于各类杂志具有明确的目标读者，因此杂志各类专业商品广告的良好媒介。本章实战案例，结合杂志广告的特点，向用户讲解杂志内页广告设计的过程。

12.1 杂志广告简介

杂志广告指刊登在杂志上的广告。杂志和报纸相似，也是一种传播媒体，属于连续性出版物。杂志可分为专业性杂志（professional magazine）、行业性杂志（trade magazine）、消费者杂志（consumer magazine）等。由于各类杂志读者群体比较明确，因此杂志广告是各类专业商品广告的良好媒介，如图12-1所示。

图12-1

刊登在封二、封三、封四和中间双面的杂志广告一般用彩色印刷，纸质也较好，因此表现力较强，是报纸广告难以比拟的。杂志广告还可以用较多的篇幅来传递关于商品的详细信息，不仅利于消费者理解和记忆，也具有更高的保存价值。杂志广告的缺点是：杂志出版周期长，经济信息不易及时传递。

12.2 杂志广告特点

1. 保存周期长

杂志是除了书以外，具有比报纸和其他印刷品更具持久优越的可保存性。杂志的长篇文章较多，读者不仅需要仔细阅读，并且需要分多次阅读。这样，杂志广告与读者的接触增多。杂志保存周期长的特点，有利于广告长时间地发挥作用。同时，杂志的传阅率也比报纸高，这是杂志的优势所在。

2. 有明确的读者对象

专业性杂志由于具有固定的读者层面，可以使广告宣传深入某一专业行业。杂志种类繁多，从出版时间上看，有周刊、旬刊、半月刊、双月刊、季刊；从内容上看，有政治、军事、娱乐、文化、经济、生活、教育等。专业性杂志针对不同的读者对象，安排相应的阅读内容，因而受到不同读者对象的欢迎。杂志的专业化倾向也发展得很快，如医学杂志、科普杂志、各种技术杂志等，其发行对象是特定的社会阶层或群体。因此，对特定消费阶层的商品而言，在专业杂志上做广告具有突出的针对性，适于广告对象的理解力，能产生深入的宣传效果。

从广告传播上来说，这种特点有利于明确传播对象，广告可以有的放矢。

3. 印刷精致

杂志的编辑精细，印刷精美。杂志的封面、封底为彩色印刷，图文并茂。同时，杂志印刷技术优良，用纸讲究，因此，杂志广告具有精良、高级的特色。杂志还具有较好的表示手段来表现商品的色彩、质感等。广告作品往往放在封底或封里，印制精致。一块版面常常只集中刊登一种内容的广告，比较醒目、突出，有利于吸引读者仔细阅读、欣赏。

4. 发行量大，发行面广

许多杂志具有全国性影响，有的甚至有世界性影响。运用这一优势，对全国性的商品或服务的广告宣传，杂志广告无疑占有优势。

5. 可利用的篇幅多，没有限制，可供广告主选择，并施展广告设计技巧

封页、内页及插页都可做广告之用，而且，对广告的位置、可机动安排可以突出广告内容，激发读者的阅读兴趣。同时，对广告内容的安排可做多种技巧性变化，如折页、插页、连页、变形等，吸引读者的注意。

12.3 实战案例：杂志内页广告设计

目标设计

· 杂志内页广告设计要点

· 技术实现（Illustrator综合运用）

杂志内页广告设计要点

杂志内页广告是放在杂志内页之中的。这就要求用户在制作时要将视觉传达元素有机结合，突出品牌名称和促销语，设计简洁时尚，色彩则是要把握人的第一视觉。

技术实现

下面使用Illustrator CC 2019来具体设计这个杂志内页广告。

01 新建一个W185mm × H240mm的文件，如图12-2所示，用户可根据杂志大小自定页面大小，更改名称为“杂志广告”，把“出血”设置为“3mm”。

图12-2

02 执行“复制”命令，把选择好的适量素材从页面里复制粘贴进新建的文件中，如图12-3所示。

图12-3

03 执行“编辑→编辑颜色→转换为灰度”命令，去掉其彩色信息。

> **提示** 制作内页广告应该根据广告主题风格定位，案例中《MOJO CITY》是一本城市生活类杂志，所以杂志的广告应该选择具有浓厚城市气息的素材，在这里选用手绘感很强的城市建筑组合为主素材。

> **提示** 在设计制作印刷类作品之初，应当把黑白图片转化为灰度，以免在四色印刷中出现偏色的问题。其次，应当根据要求，把要表现的形象适当地组织起来，构成一个协调、完整的画面，这个步骤称为构图。构图的合理，可以增加整个画面的整体协调感和美感，所以在案例中，主素材的位置也是根据构图来决定的。常用构图有安定有力的“水平式”构图、严肃端庄的“垂直式”构图、优雅变化的“S形”构图、饱有张力的“圆形”构图、纵深感强烈的“辐射式”构图，以及主体明确、效果强烈的“中心式”构图等。

04 调整矢量素材在页面中的大小和位置。将素材放在页面中间偏下三分之一的位置，这是为了让画面稳定，主题鲜明突出，留出标题的位置，如图12-4所示。

图12-4

05 确定广告的主体后，选择杂志往期的封面作为装饰性元素并储存为JPEG格式，同时将封面拖曳进入页面，如图12-5所示。

图12-5

06 调整装饰元素的大小，放置在页面底部，作为杂志往期内容的展示，如图12-6所示。

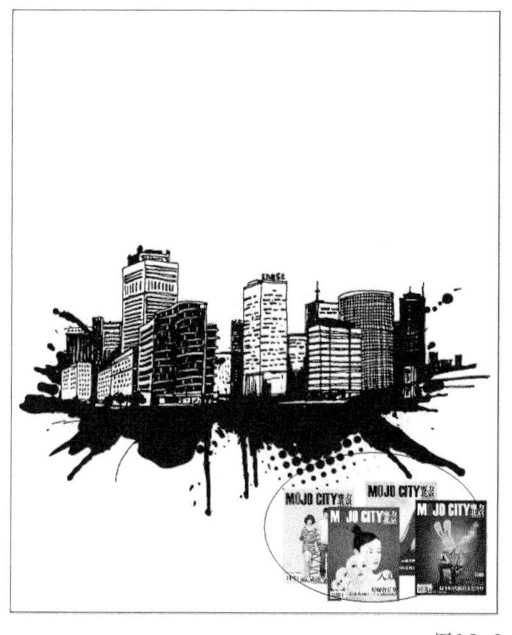

图12-6

07 将杂志的标题复制、粘贴到页面中，调整大小，放置在画面留白的空白区域，如图12-7所示。

MOJO CITY魔力北京
每座城市都有性格

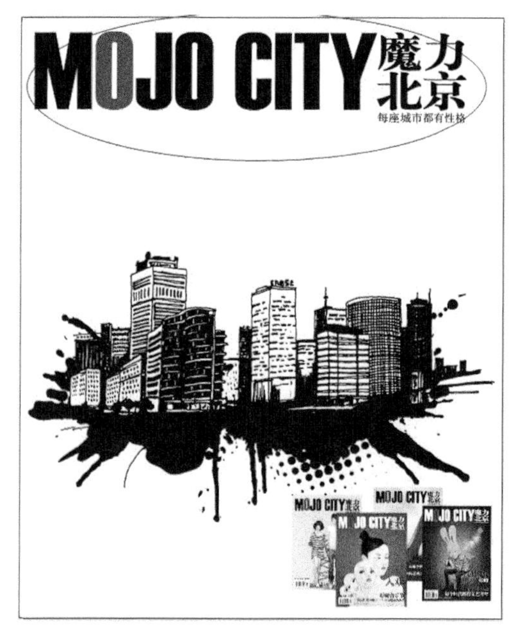

图12-7

08 内页的素材元素基本确定后，一次性拷贝广告的所有文字，选择左边工具栏中的文字工具，按住鼠标左键拉出一个文本框，将之前复制的文字全部粘贴进来，如图12-8所示。

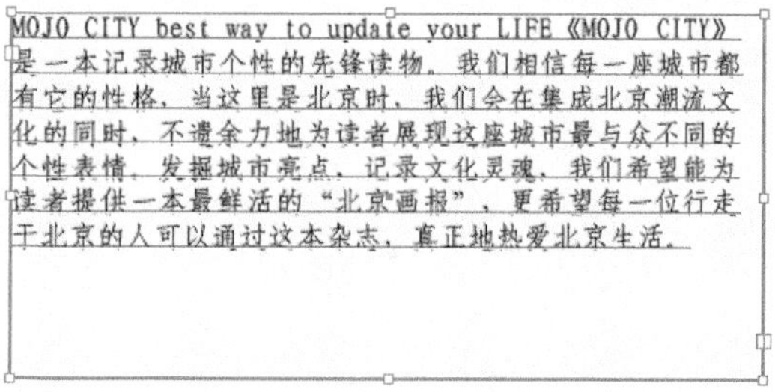
MOJO CITY best way to update your LIFE《MOJO CITY》是一本记录城市个性的先锋读物。我们相信每一座城市都有它的性格，当这里是北京时，我们会在集成北京潮流文化的同时，不遗余力地为读者展现这座城市最与众不同的个性表情，发掘城市亮点，记录文化灵魂，我们希望能为读者提供一本最鲜活的“北京画报”，更希望每一位行走于北京的人可以通过这本杂志，真正地热爱北京生活。

图12-8

提示 这本杂志广告出现中文英文组合的文字排版，在这里英文作为标题性文字，选择规矩的Arial字体，内文则不必过于凸显，层次应该放在英文标题下面。

09 对英文内容执行快捷键【Ctrl】+【X】命令剪切，然后粘贴出来，执行【Ctrl】+【T】命令，调出“文字编辑”面板，对中英文文字进行字体和大小的调整，如图12-9所示。

MOJO CITY
best way to update your LIFE《MOJO CITY》
是一本记录城市个性的先锋读物。我们相信每一座城市都有它的性格，当这里是北京时，我们会在集成北京潮流文化的同时，不遗余力地为读者展现这座城市最与众不同的个性表情，发掘城市亮点，记录文化灵魂，我们希望能为读者提供一本最鲜活的“北京画报”，更希望每一位行走于北京的人可以通过这本杂志，真正地热爱北京生活。
字符
段落
OpenType
Arial
Regular
14 pt
100%
100%

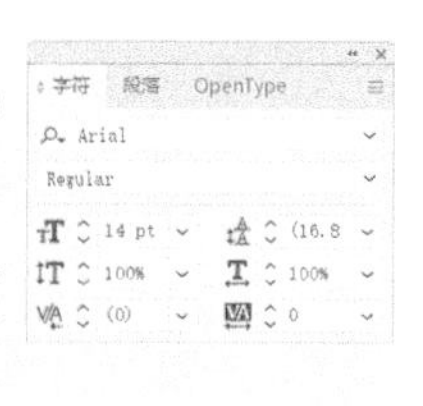

图12-9

10 使用直线工具在英文和中文文字中间加一条虚线，将中英文分割开，选择右边工具栏中的描边工具，设置描边为1pt，勾选“虚线”，如图12-10所示。

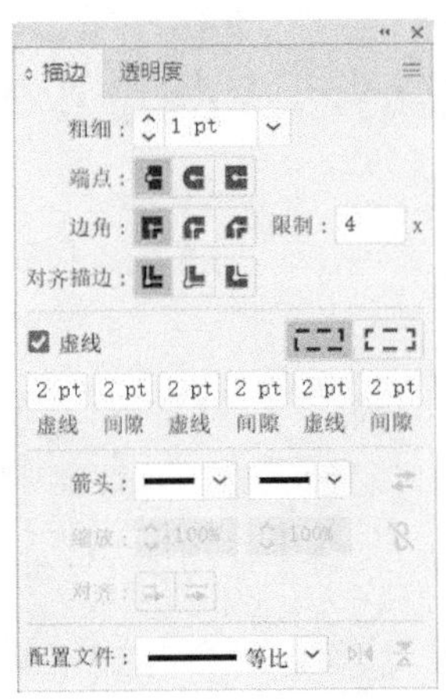

图12-10

11 将文字内容调整到适合的大小并放到页面中，如图12-11所示。

图12-11

12 在图12-12所示的位置加入杂志栏目名称，突出杂志的栏目、丰富封面的元素，用虚线和放射状的表现方式，平衡中间稍微单薄、底部过于厚重的问题。

提示 在杂志广告中，除特殊效果外，虚线一般为0.25pt~1pt，否则打印出来的线条太粗或者太细都会非常影响杂志广告的整体效果。

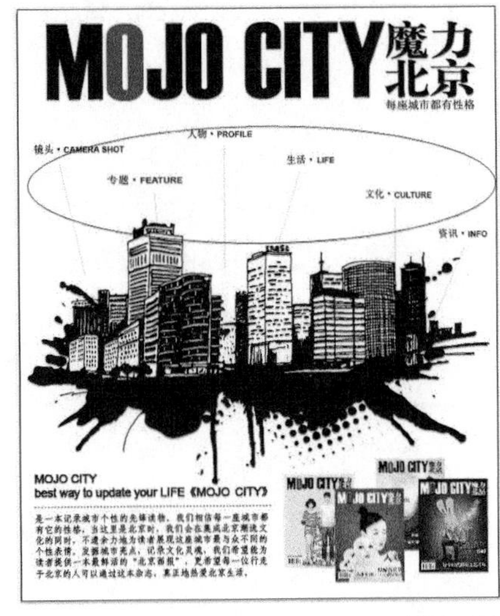

图12-12

13 选择工具栏中的矩形工具，画一个和页面一样大的矩形作为背景（185mm × 240mm），使用渐变工具调一个浅灰色到白色的径向渐变，如图12-13所示。

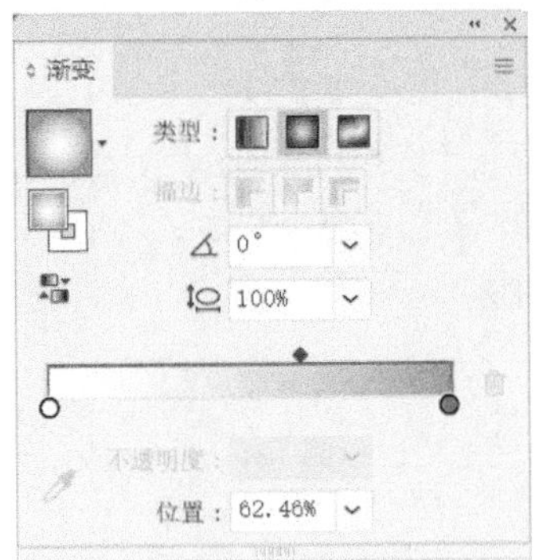

图12-13

14 将制作好的背景放入页面中，执行快捷键【Ctrl】+【Shift】+【[】命令，将其置底，如图12-14所示。

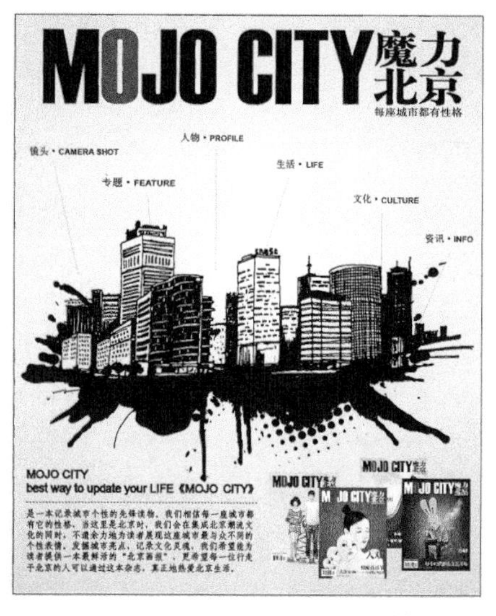

图12-14

15 将选择好的背景素材复制、粘贴到页面中，如图12-15所示。

图12-15

16 删除素材中不必要的元素，并调整元素大小、角度，执行快捷键【Ctrl】+【G】命令，对元素进行编组，如图12-16所示。

图12-16

提示　由于内页广告的大部分颜色比较单一，为突出“城市”主题，选择较为鲜艳的绽放效果图案为背景，从而增加整个广告的亮点和丰富内页广告色彩。

17 将素材拖入页面中，调整大小和位置，杂志内页广告完成，最终效果如图12-17所示。

图12-17

第 13 章 易拉宝设计

易拉宝又称为展示架，是目前会议、展览、销售宣传等场合使用频率最高、最常见的便携展具之一。按照易拉宝的具体类型和属性，可以将展示架归纳为常规展示架和异形展示架(又称为非常规展示架)。本章实战案例详细讲解易拉宝设计，帮助用户理解常规展示架广告的设计过程。

13.1 易拉宝简介

易拉宝是目前会议、展览、销售宣传等场合使用频率最高、最常见的便携展具之一，如图13-1所示。

易拉宝具有如下特点。

（1）合金材料，造型简练，造价便宜。

（2）轻巧便携，方便运输、携带、存放。

（3）安装简易，操作方便。

（4）经济实用，可多次更换画面。

图13-1

13.2 分类

按照其产品的具体类型和属性，可以将展示架归纳为常规展示架和异形展示架(非常规展示架)。

13.2.1 常规展示架

常规展示架在行业内有常用的尺寸约定，必须按照其规定的尺寸进行设计和制作画面，便于支架和画面的组合安装。支架使用的型材是事先开模成型的，现常用的有铝合金和RP材料(就是常说的塑钢)。在制作工艺允许的范围内，可以根据客户要求对展示架的宽度和支撑高度做调整，大部分的展示架都是由画面和支架两个部分组成。

13.2.2 异形展示架

非常规展示架没有固定的标准尺寸约束，客户可以按自身需求定做产品。其画面和架子均可单独拆装，配有包装袋，便于携带，如图13-2所示。

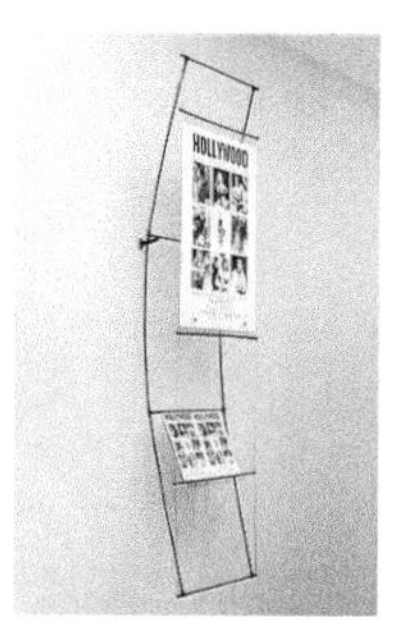

图13-2

1.H型展示架

H型展示架的支撑画面支架从侧面看是“H”形，其画面整体展开后最为实用的尺寸有宽80cm × 高200cm、宽100cm × 高200cm、宽120cm × 高200cm。画面制作工艺为写真或者丝印，材料常用PP、合成纸、相纸等。支架的材质一般为RP(塑钢)和铝合金，有不同的样式和型号，客户可以根据自身需求选择适合自己的支架。

2.X型展示架

X型展示架的支撑画面骨架从侧面看是“X”形，其画面整体展开后最为实用的尺寸有宽60cm × 高160cm、宽80cm × 高180cm。画面制作工艺与H型展示架相同，材料为PVC。如果制作数量巨大可以选择折丝印画面，画面效果更为逼真、更富有质感，画面颜色与设计原稿的偏差小。

3.L型展示架

L型展示架的支撑画面骨架从侧面看是“L”形，其画面整体展开后最为实用的尺寸和画面制作工艺与X型展示架相同，材料为PP、合成纸。和H型展示架一样适合户外展览、广告促销等。

13.3 实战案例：易拉宝设计

目标设计

· 技术实现（Illustrator综合运用）

技术实现

下面使用Illustrator CC 2019来具体设计这个易拉宝。

01 启动Illustrator CC 2019，新建一个文件，命名为“智鼎东方易拉宝设计”，将其大小设置为W800mm × H2000mm，如图13-3所示。

02 将事先准备好的智鼎东方的logo复制粘贴到画板的上方，如图13-4所示。

图13-3

图13-4

03 从Word中复制全部文字内容，然后在Illustrator中使用文字工具创建一个文本框，将其粘贴进来，如图13-5所示。

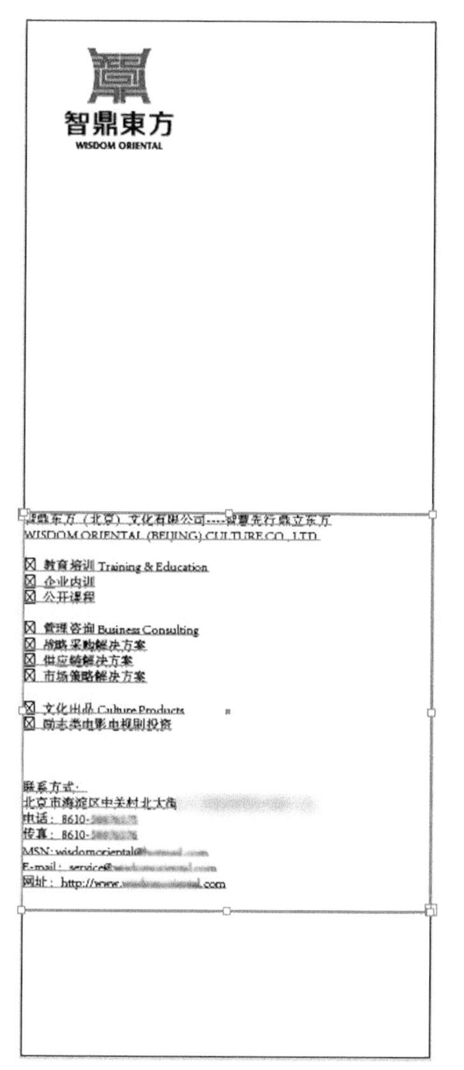

图13-5

04 执行“文件→置入”命令，在弹出的“置入”对话框中选择“鼎.psd”，然后单击置入。并在Illustrator中选中置入的图片，按【Shift】键拖动调整大小，如图13-6所示。

图13-6

05 使用文字工具选中“联系方式”等文字内容，执行快捷键【Ctrl】+【X】命令将其剪切，然后使用文字工具另外创建一个文本框，执行快捷键【Ctrl】+【V】命令将其粘贴进去，即可完成将“联系方式”等文字内容拆分为新文本框的过程，如图13-7所示。

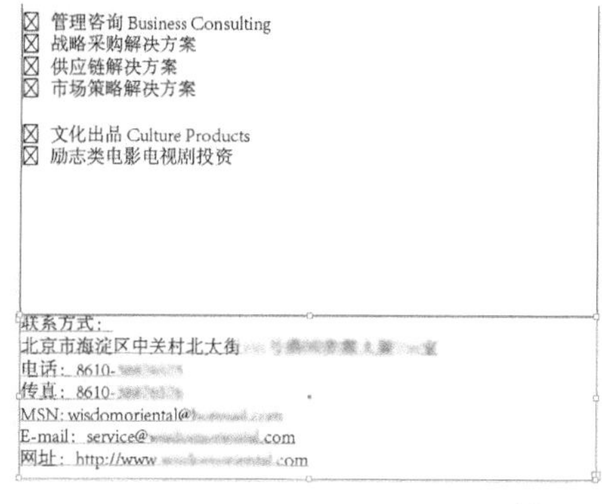

图13-7

06 同理，选中“智慧先行鼎立东方”，将其拆分为一个独立的文本框，如图13-8所示。

智鼎东方（北京）文化有限公司----智慧先行 鼎立东方
WISDOM ORIENTAL (BEIJING) CULTURE CO., LTD.

☒ 教育培训 Training & Education
☒ 企业内训
☒ 公开课程

☒ 管理咨询 Business Consulting
☒ 战略采购解决方案
☒ 供应链解决方案
☒ 市场策略解决方案

☒ 文化出品 Culture Products
☒ 励志类电影电视剧投资

联系方式：
北京市海淀区中关村北大街[illegible]
电话：8610-[illegible]
传真：8610-[illegible]
MSN: wisdomoriental@[illegible]
E-mail：service@[illegible].com
网址：http://www.[illegible].com

智鼎东方（北京）文化有限公司----
WISDOM ORIENTAL (BEIJING) CULTURE CO., LTD.

☒ 教育培训 Training & Education
☒ 企业内训
☒ 公开课程

☒ 管理咨询 Business Consulting
☒ 战略采购解决方案
☒ 供应链解决方案
☒ 市场策略解决方案

☒ 文化出品 Culture Products
☒ 励志类电影电视剧投资

智慧先行 鼎立东方

联系方式：
北京市海淀区中关村北大街[illegible]
电话：8610-[illegible]
传真：8610-[illegible]
MSN: wisdomoriental@[illegible]
E-mail：service@[illegible].com
网址：http://www.[illegible].com

图13-8

07 删除“智鼎东方（北京）文化有限公司”后面的符号，然后选中公司名称的中英文，将其剪切、粘贴到“联系方式”的上方，如图13-9所示。

智鼎东方（北京）文化有限公司
WISDOM ORIENTAL (BEIJING) CULTURE CO., LTD.

☒ 教育培训 Training & Education
☒ 企业内训
☒ 公开课程

☒ 管理咨询 Business Consulting
☒ 战略采购解决方案
☒ 供应链解决方案
☒ 市场策略解决方案

☒ 文化出品 Culture Products
☒ 励志类电影电视剧投资

智慧先行 鼎立东方

联系方式：
北京市海淀区中关村北大街[illegible]
电话：8610-[illegible]
传真：8610-[illegible]
MSN: wisdomoriental@[illegible]
E-mail：service@[illegible].com
网址：http://www.[illegible].com

☒ 教育培训 Training & Education
☒ 企业内训
☒ 公开课程

☒ 管理咨询 Business Consulting
☒ 战略采购解决方案
☒ 供应链解决方案
☒ 市场策略解决方案

☒ 文化出品 Culture Products
☒ 励志类电影电视剧投资

智慧先行 鼎立东方

智鼎东方（北京）文化有限公司
WISDOM ORIENTAL (BEIJING) CULTURE CO., LTD.
联系方式：
北京市海淀区中关村北大街[illegible]
电话：8610-[illegible]
传真：8610-[illegible]
MSN: wisdomoriental@[illegible]
E-mail：service@[illegible].com
网址：http://www.[illegible].com

图13-9

08 画面图片的上方有点空，选中文字“智慧先行鼎立东方”，将其移动到图片的上方，如图13-10所示。

图13-10

09 设置其字体为“方正粗雅宋简体”，字号为“220pt”，如图13-11所示。

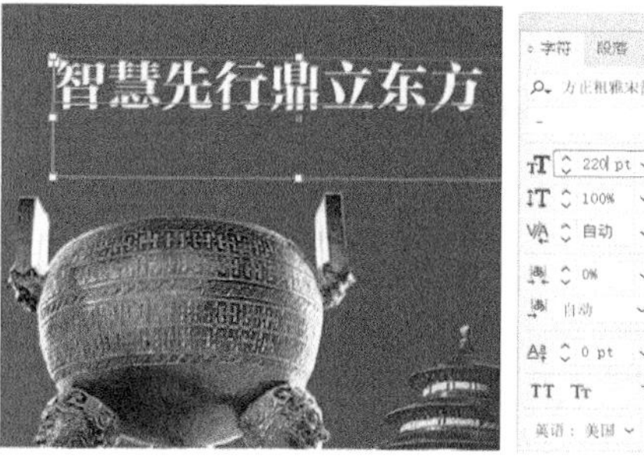

图13-11

10 为了让画面更加美观，将其分为两行，按空格键使第二行文字后移几个字符，如图13-12所示。

图13-12

11 选中图13-13所示的形状（这是Word中生成的项目符号，复制粘贴到软件中变成这样）将其删除。

☒教育培训 Training & Education
☒ 企业内训
☒ 公开课程
☒ 管理咨询 Business Consulting
☒ 战略采购解决方案
☒ 供应链解决方案
☒ 市场策略解决方案
☒ 文化出品 Culture Products
☒ 励志类电影电视剧投资

→

教育培训 Training & Education
企业内训
公开课程
管理咨询 Business Consulting
战略采购解决方案
供应链解决方案
市场策略解决方案
文化出品 Culture Products
励志类电影电视剧投资

图13-13

12 选中图13-14所示的文字，设置其字体为“方正兰亭粗黑”。字号为“80pt”，字距为“100pt”，并在段落面板中设置其段前间距为“30pt”，段后间距为“30pt”。

教育培训 Training & Education
企业内训
公开课程
管理咨询 Business Consulting
战略采购解决方案
供应链解决方案
市场策略解决方案
文化出品 Culture Products
励志类电影电视剧投资

图13-14

13 同理设置另外两个题目，如图13-15所示。

教育培训 Training & Education
企业内训
公开课程
管理咨询 Business Consulting
战略采购解决方案
供应链解决方案
市场策略解决方案
文化出品 Culture Products
励志类电影电视剧投资

图13-15

14 选中图13-16所示的文字，设置其字体为“方正兰亭黑简体”，字号为“72pt”，字距为“100pt”。

图13-16

15 同理，设置同类文字，如图13-17所示。

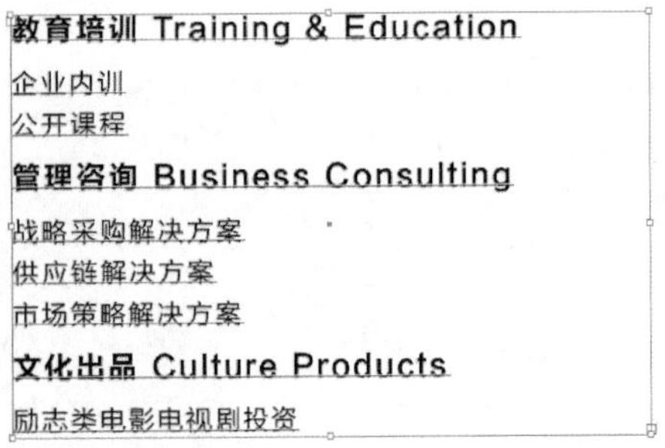

教育培训 Training & Education
企业内训
公开课程
管理咨询 Business Consulting
战略采购解决方案
供应链解决方案
市场策略解决方案
文化出品 Culture Products
励志类电影电视剧投资

图13-17

16 为了突出主题，改变图13-18所示的文字颜色。

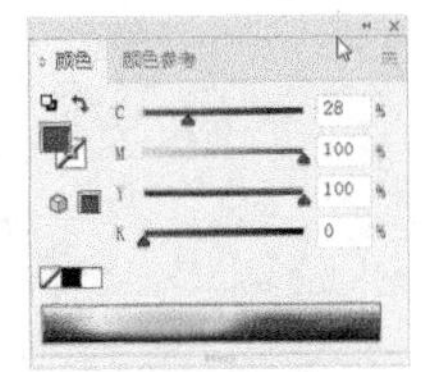

教育培训 Training & Education
企业内训
公开课程
颜色
颜色参考
28
100
100
0

图13-18

17 同理，改变同类文字的颜色，如图13-19所示。

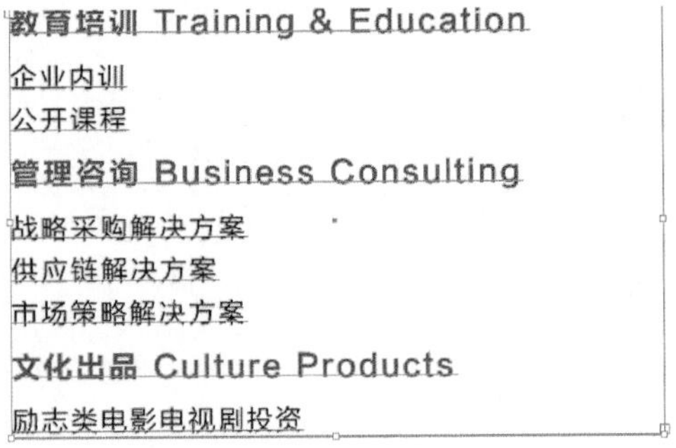

教育培训 Training & Education
企业内训
公开课程
管理咨询 Business Consulting
战略采购解决方案
供应链解决方案
市场策略解决方案
文化出品 Culture Products
励志类电影电视剧投资

图13-19

18 选中图13-20所示的文字，在“段落”面板中设置其左缩进为“400pt”。

教育培训 Training & Education
企业内训
公开课程
管理咨询 Busines
战略采购解决方案
供应链解决方案
市场策略解决方案
文化出品 Culture Products
励志类电影电视剧投资
字符
段落
OpenType
400 pt
0 pt
0 pt
30 pt
30 pt
连字

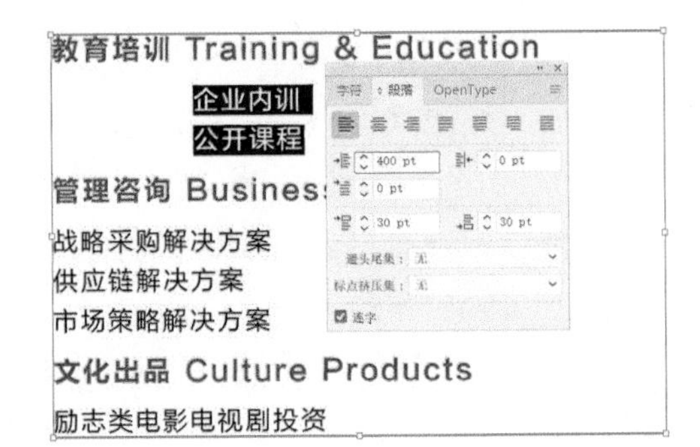

图13-20

19 从Word中复制一个“实心圆”的字符，粘贴到文字“企业内训”的前面并为其填充与文字“教育培训”相同的颜色，如图13-21所示。同理，得到其他行文字的效果，如图13-22所示。

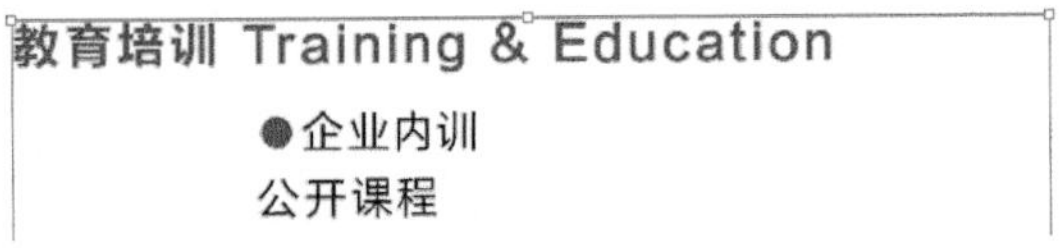

教育培训 Training & Education
●企业内训
公开课程

图13-21

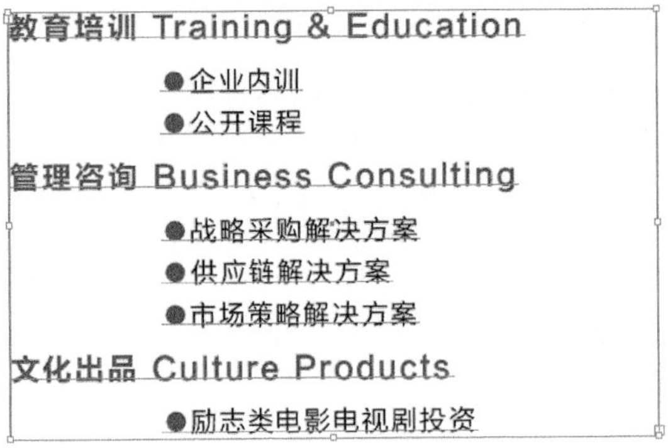

教育培训 Training & Education
●企业内训
●公开课程
管理咨询 Business Consulting
●战略采购解决方案
●供应链解决方案
●市场策略解决方案
文化出品 Culture Products
●励志类电影电视剧投资

图13-22

20 选中“智鼎东方（北京）文化有限公司”设置其字体为“方正大黑繁体”，字号为“80pt”，如图13-23所示。选中该公司的英文名称，设置其字体为“Arial”，字号为“48pt”，字距为“-20pt”，如图13-24所示

智鼎東方（北京）文化有限公司
WISDOM ORIENTAL (BEIJING) CULTURE
联系方式:
北京市海淀区中关村北大街
电话: 8610-
传真: 8610-
MSN: wisdomoriental
E-mail: service@ .com
网址: http://www. .com
字符
段落
OpenType
方正大黑繁体
80 pt
100%
100%
自动
0

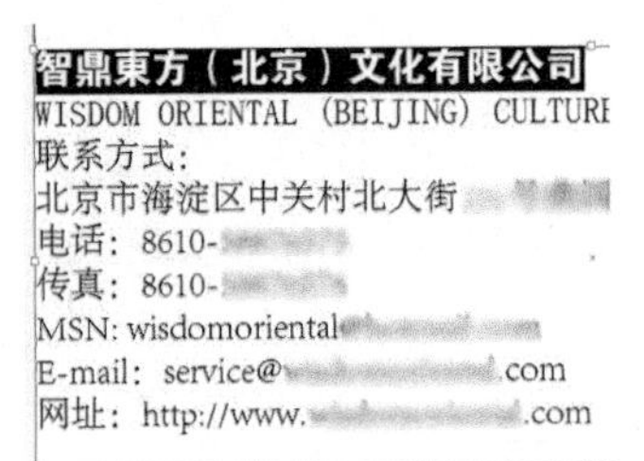

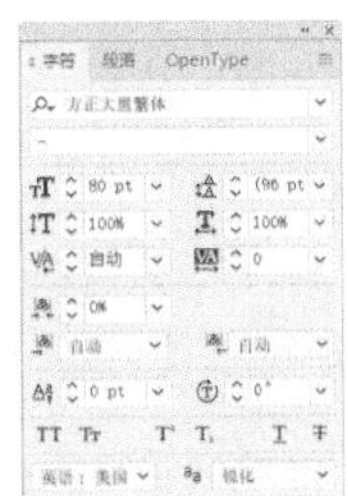

图13-23

智鼎東方（北京）文化有限公司
WISDOM ORIENTAL (BEIJING) CULTURE CO., LTD.
联系方式:
北京市海淀区中关村北大街
电话: 8610-
传真: 8610-
MSN: wisdomoriental
E-mail: service@ .com
网址: http://www. .com
字符
段落
OpenType
Arial
Bold
48 pt
100%
100%
-20

图13-24

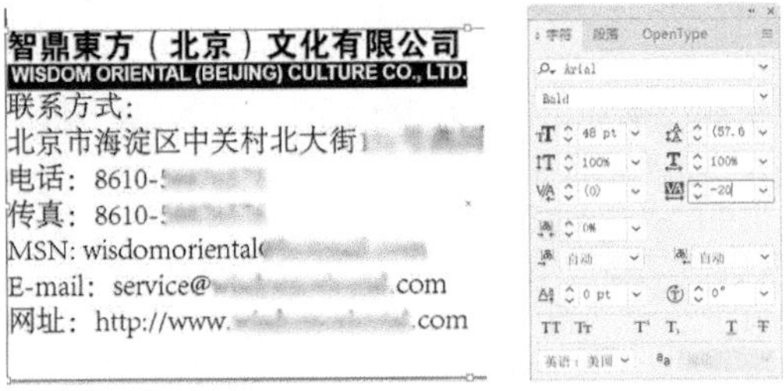

21 同理，选中地址和联系方式，进行如图13-25所示的设置。

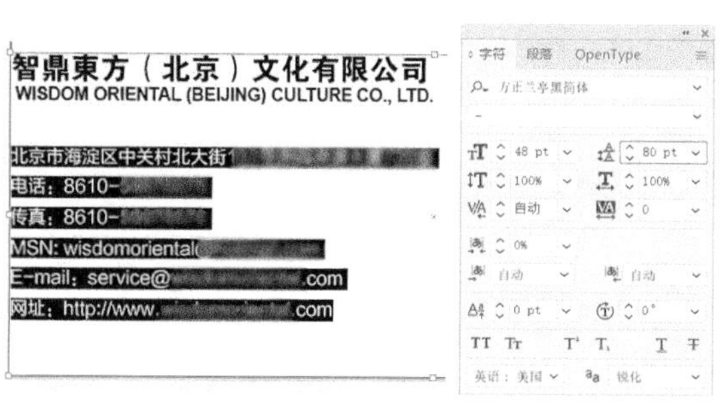

图13-25

22 设置完成后选中文本框，将其移动到合适的位置，如图13-26所示。

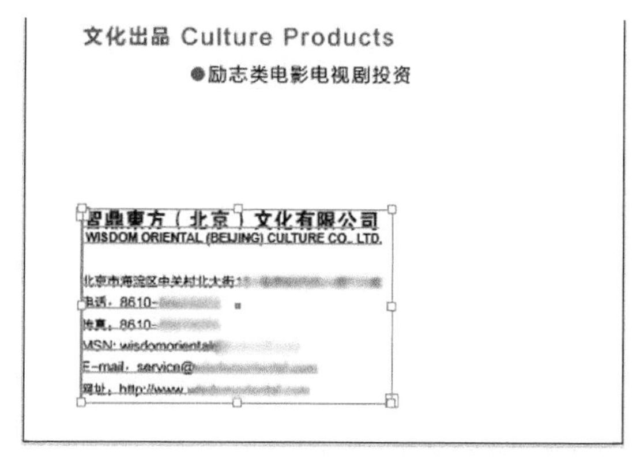

图13-26

23 由于底色都是白色的，略显单调，所以使用矩形工具创建一个矩形，如图13-27左图所示。为矩形填充一个灰色的底色，如图13-27右图所示。

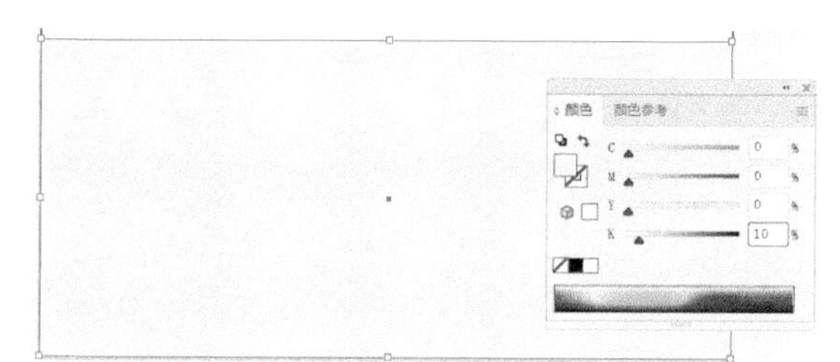

图13-27

24 填充完成后选中矩形，执行快捷键【Ctrl】+【Shift】+【[】命令将矩形置底，如图13-28所示。

图13-28

25 在易拉宝上方红色底色的素材照片之上使用矩形工具创建图13-29所示的矩形，并为其填充和素材颜色一样的红色。

图13-29

26 易拉宝设计基本完成，效果如图13-30所示。还可以按这个版式设计出其他几种不同样式的易拉宝，如图13-31所示。

图13-30

图13-31

第 14 章
名片设计

名片是展示个人姓名及其所属组织、公司单位和联系方法的纸片。名片是新朋友互相认识、自我介绍的最快、最有效的工具之一。因此，名片在设计上很有讲究。名片设计应该便于记忆，具有识别性，让人在最短的时间内获得名片所呈现的信息。本章实战案例，结合名片设计的特点，向用户详细讲解客户总监名片设计的过程。

14.1 名片简介

名片是展示个人姓名及其所属组织、公司单位和联系方法的卡片。交换名片是社交场合中互相认识、自我介绍的最快、最有效的方法之一。

名片是展示个人信息的载体之一，在设计上要用艺术的手法展示不同人的个性。名片设计应该便于记忆，具有识别性，让人在最短的时间内获得名片所呈现的信息。

14.1.1 名片的功能

名片是一个人身份的象征，好的名片可以给人留下深刻的印象。

在人际交往中，简单的自我介绍或手机保存通讯方式，可能不会给对方留下较深的印象，但是一张特别的名片能让对方印象深刻，或许在某个需要的瞬间，对方就会想起那张独特的名片。因此，名片也是一种很好的个人营销方式。

14.1.2 名片的分类

1. 企业名片

一般企业名片的内容会包括企业名称、人名、职位、移动电话、座机电话、企业地址、企业电话、企业传真、企业网站、企业邮箱等。企业名片一般内容是固定统一的，同一企业的员工使用相同的内容模板。

2. 个人名片

个人名片的内容一般包括人名、职位、移动电话、通讯地址、固定电话、邮箱、网站等。个人名片在内容上一般会突出个人的职业、个性等信息。

14.2 名片的设计方法

14.2.1 优质名片的特点

优质的名片在设计上一般具备以下三个特点。

（1）准确的结构关系。

（2）良好的版式。

（3）合理的颜色搭配。

14.2.2 名片的类型

常见的名片类型有传统型、特殊材料型、特殊形状型、特殊工艺型和折叠型，如图14-1~图14-5所示。

图14-1 传统型

图14-2 特殊材料型

图14-3 特殊形状型

图14-4 特殊工艺型

图14-5 折叠型

14.3 实战案例：客户总监名片设计

目标设计

· 名片设计思路解析

· 技术实现（Illstrator综合运用）

名片设计思路解析

由于本案例是为企业的客户总监进行名片设计，所以本名片在设计的时候取企业的名称

“中欧”两个字为主要的元素来进行设计，作为名片的底图。

在版式上选择了比较常见的上下结构。

由于名片中的文字内容比较多，如何将文字信息很好地划分开是一个难点。

技术实现

01 新建一个90mm × 55mm，出血为3mm的文件，如图14-6所示。

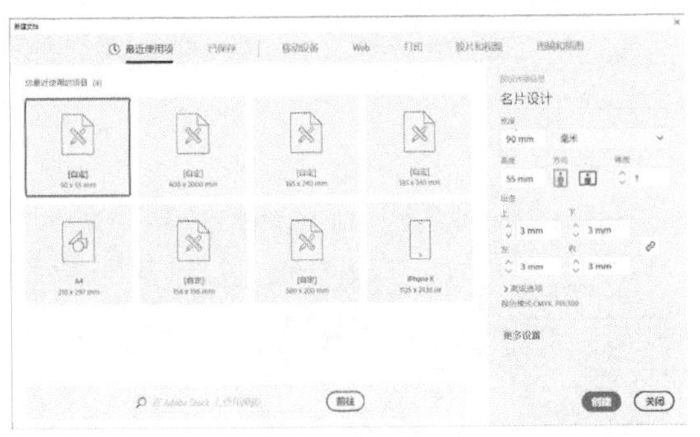

图14-6

02 从Word中复制名片中的文字，粘贴到文件中，如图14-7所示。

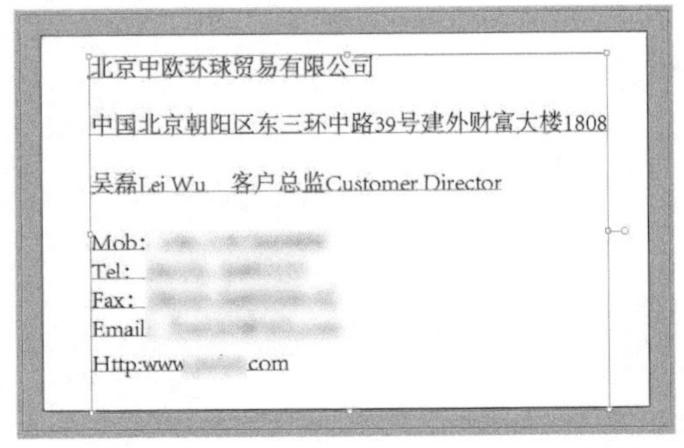

图14-7

03 使用文字工具，将人名和职务名称单独分离出来为一个新的文本框。同理，将联系方式和地址等信息也分离为新的文本框，如图14-8所示。

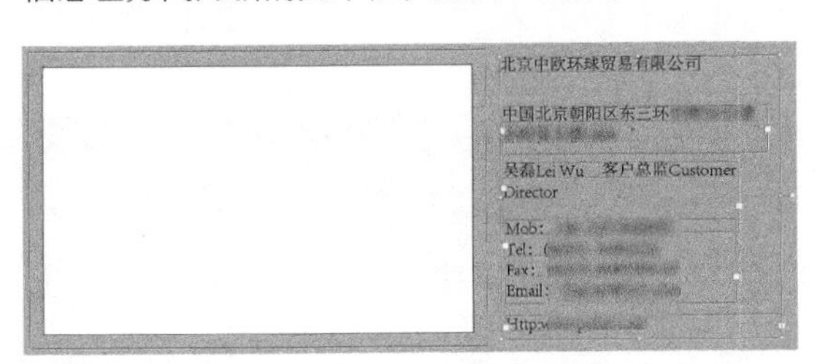

图14-8

04 复制公司的logo粘贴到文件中，并调整其大小，放到画面中间居下的位置，如图14-9所示。

图14-9

05 在对齐面板中设置对齐方式为“对齐画板”选项，如图14-10所示。

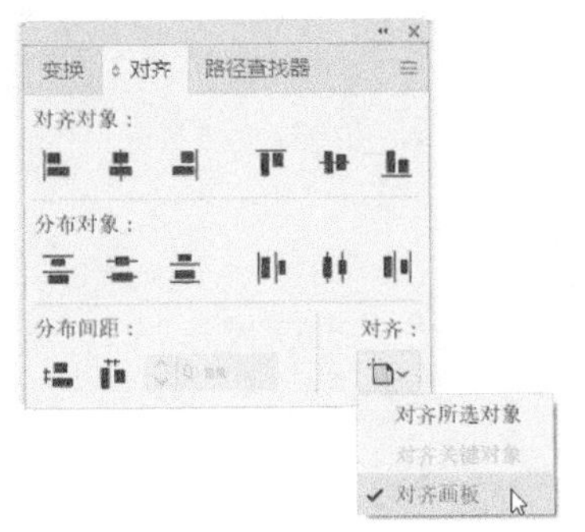

图14-10

06 选中logo，执行对齐面板中的“水平居中对齐”命令，将其对齐到画板的中间，如图14-11所示。

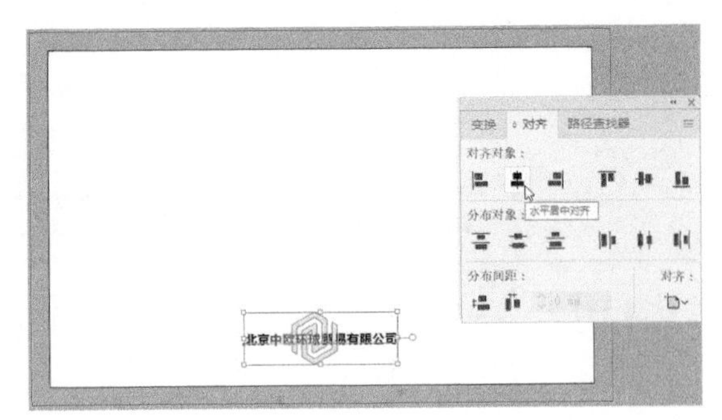

图14-11

07 使用矩形工具创建图14-12所示的两个矩形。它们的位置和范围是即将在上面设计图形的位置。

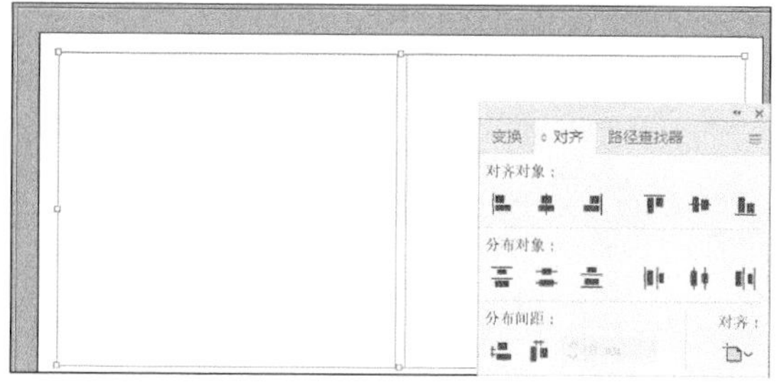

图14-12

08 执行“视图→参考线→建立参考线”命令，将其转换为参考线，如图14-13所示。

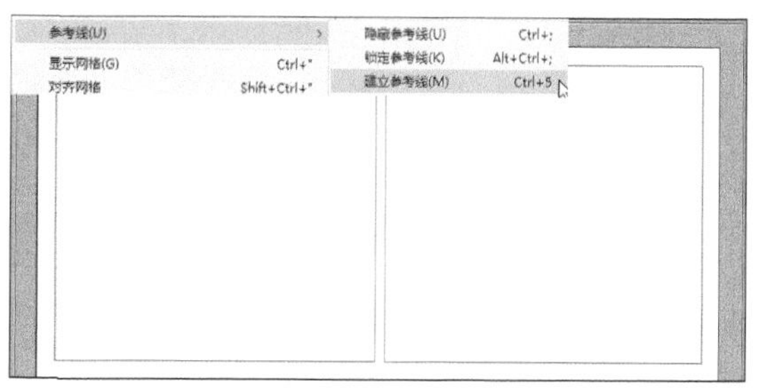

图14-13

09 使用钢笔工具绘制图14-14所示的图形。这个图形以“中欧”两个字的结构为底进行设计，主要采取图形穿插和笔画连线的方法。

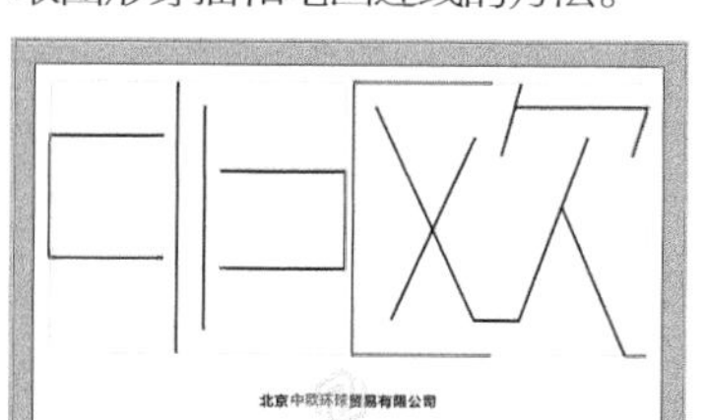

图14-14

10 进一步修改这个图形的效果。为其中的某些图形填充颜色，如图14-15所示。

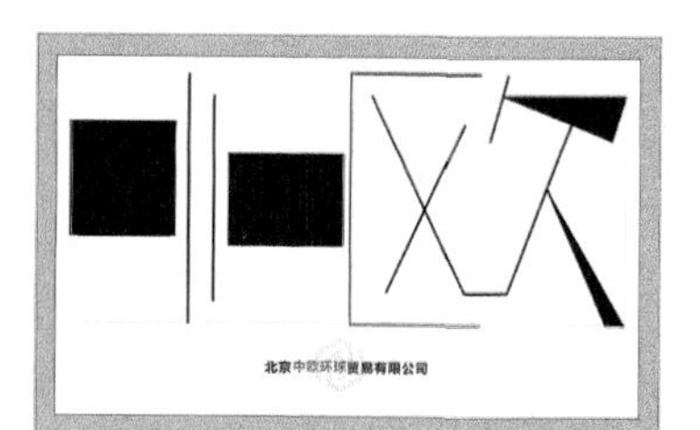

图14-15

11 可适当调整填充颜色的灰度，得到有灰度层次变化的图形，如图14-16所示。

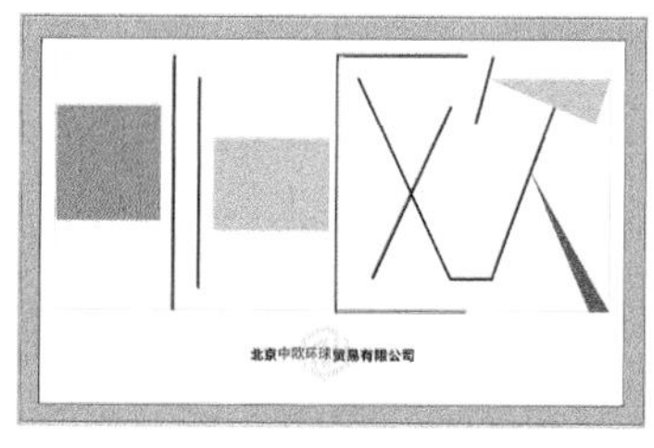

图14-16

12 修改其中某些线条的粗细，如图14-17所示。

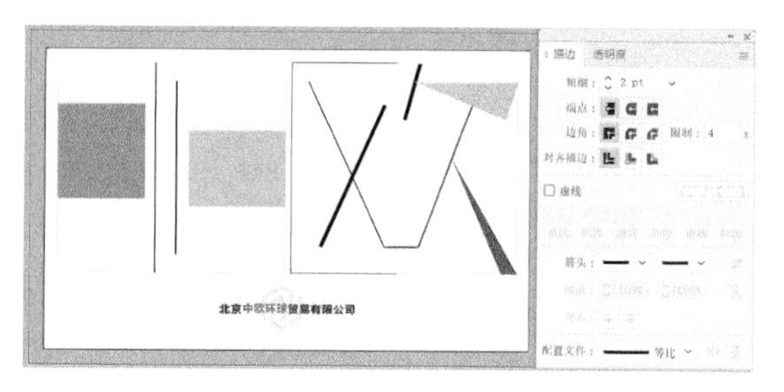

图14-17

13 将这组图形全部选中，使用鼠标左键将其拖曳到“色板”面板中，它被定义为一个新的“图案”出现在“色板”面板中，如图14-18所示。

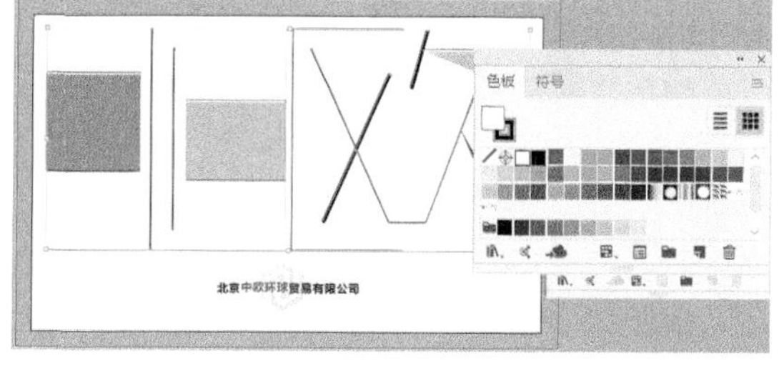

图14-18

14 删除画面中的图形，使用矩形工具贴紧参考线的位置绘制图14-19所示的矩形。

图14-19

15 选中这个矩形，单击色板中刚才定义好的图案，如图14-20所示。

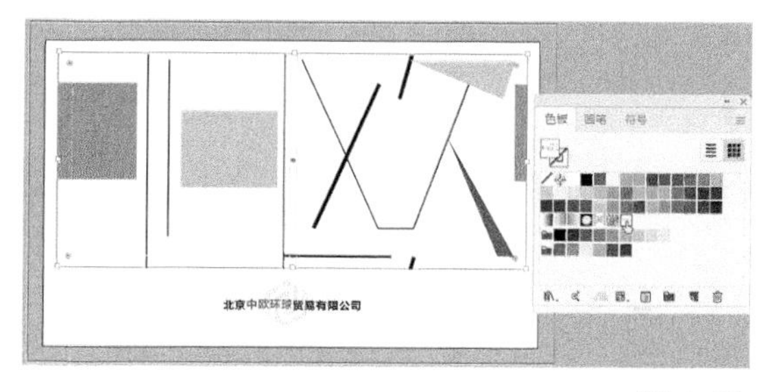

图14-20

16 对于一个有图案的对象，选中它双击工具箱中的旋转工具，可弹出图14-21所示的“旋转”对话框，在其中取消选择“变换对象”选项，勾选“变换图案”选项，设置角度为“-30”，勾选“预览”选项，会发现对象中的图案发生角度的变化，而对象本身并没有变化。

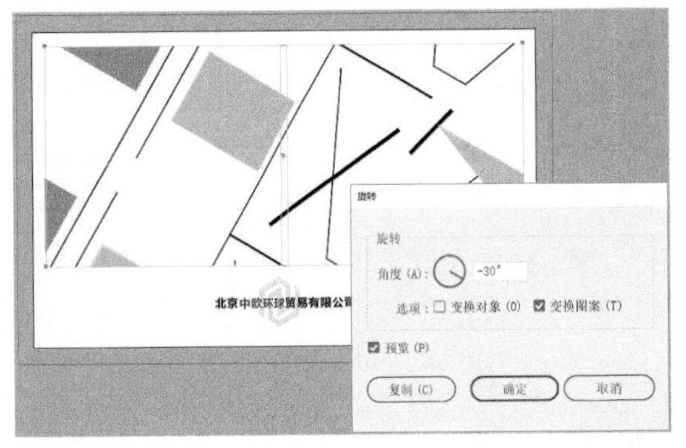

图14-21

17 使用矩形工具在最顶层绘制一个新的矩形，设置其颜色为“C0、Y0、M0、K5”，如图14-22所示。

图14-22

18 在“透明度”面板中降低其透明度，透出矩形下面的图案，如图14-23所示。

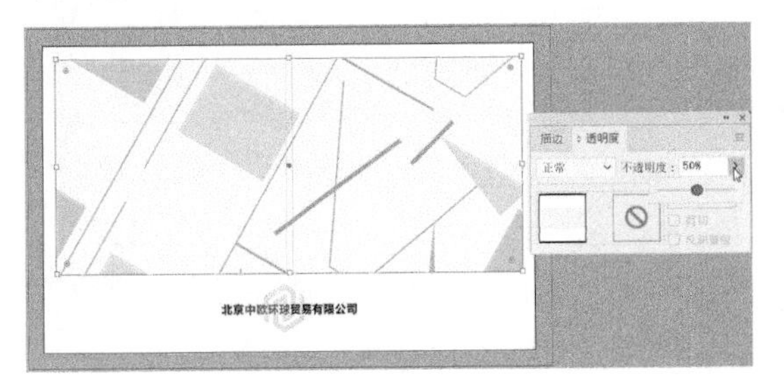

图14-23

19 将人名、职务和手机号码等文字信息移到图14-24所示的位置。

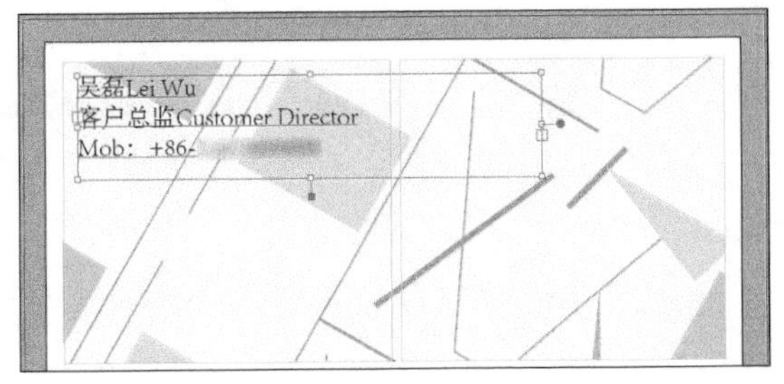

图14-24

20 设置“吴磊”的字体为“方正兰亭粗黑”，字号为“7pt”，颜色为红色（C0、M100、Y100、K25），如图14-25所示。

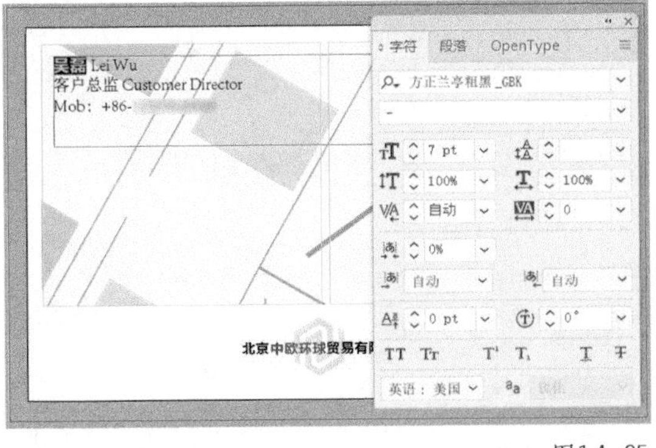

图14-25

21 设置其姓名后面的英文“Lei Wu”的文字字体为“Helvetica Neue LT Pro 35 Thin”，字号为“6pt”，如图14-26所示。

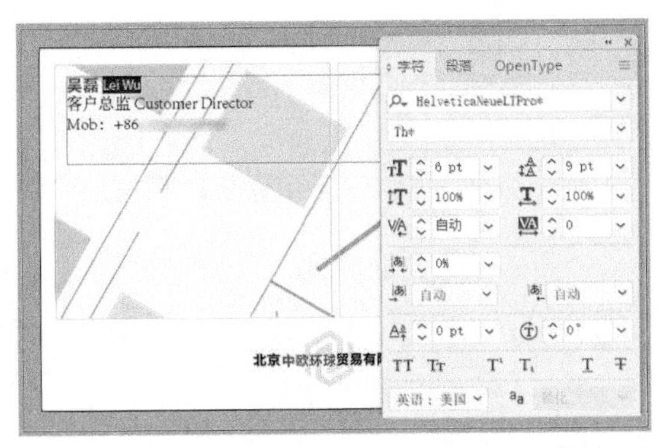

图14-26

提示 这里中文选择的是一种加粗的等线体，而汉语拼音和英文是一种很细的英文字体，这样可以形成一种对比的效果。

22 同理，设置下一行文字，如图14-27所示。

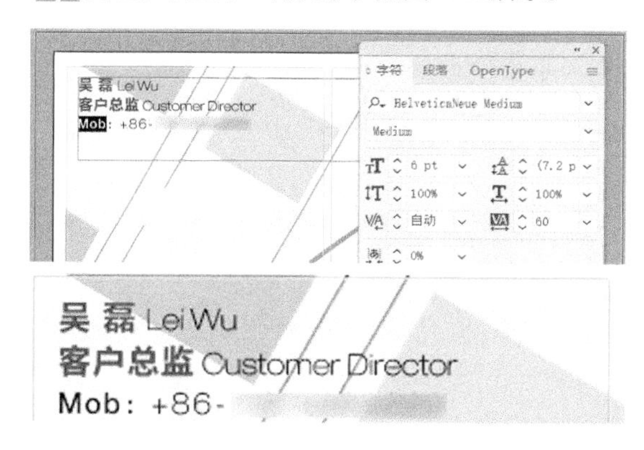

图14-27

23 将地址信息等文字移到图14-28所示的位置，如果它处在其他图形的后方可执行快捷键【Ctrl】+【Shift】+【]】命令将其置顶。

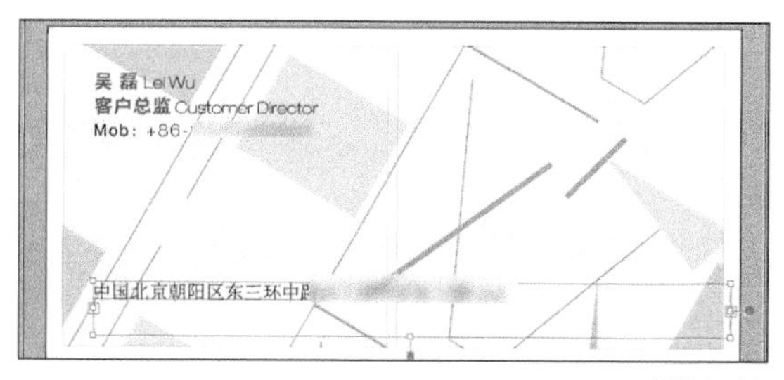

图14-28

24 经过初步的排列，发现第一排中文字后面有点空，可为其增加一些文字，如邮编信息，如图14-29所示。

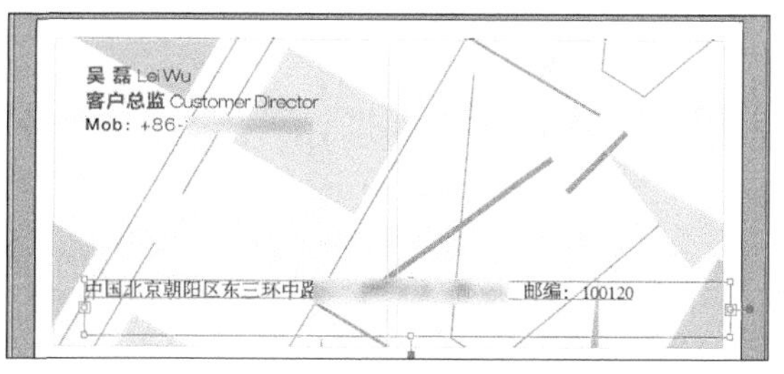

图14-29

25 选中文字，设置其字体为“方正兰亭纤黑”，字号为“7pt”，如图14-30所示。

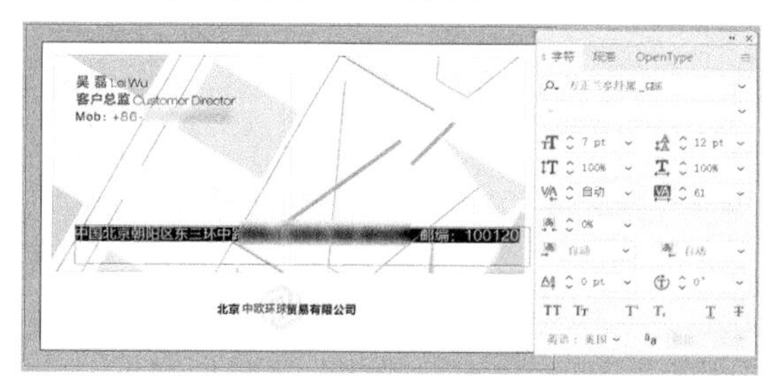

图14-30

26 将电话等文字内容也编辑为一行文字，如图14-31所示。

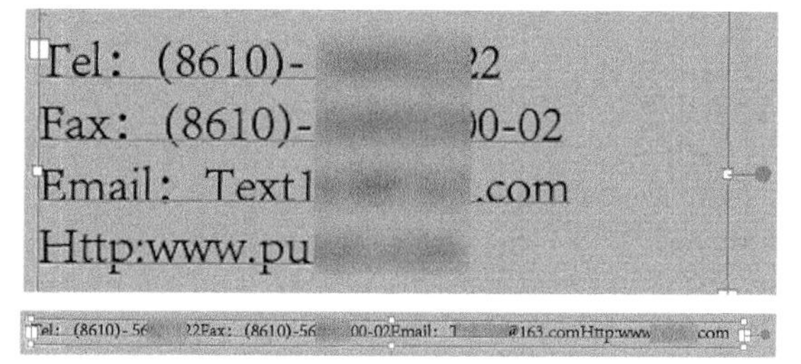

图14-31

27 将电话等文字内容复制粘贴到图14-32所示的文本框中。

图14-32

28 选中文字后用吸管工具直接吸取上面一行文字的效果，如图14-33所示。

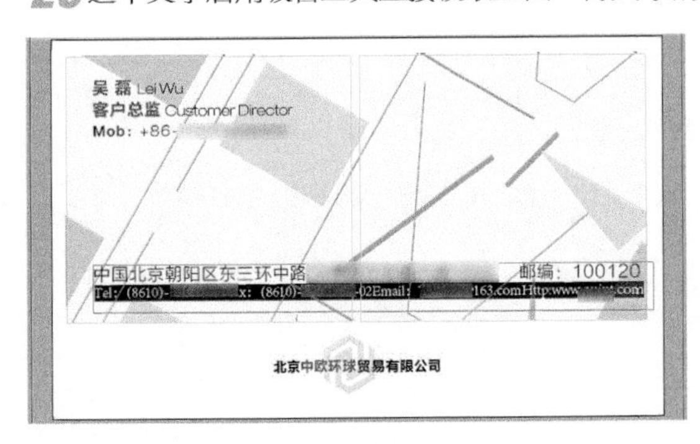

图14-33

29 这行文字过长，不能排版到一行文字中，执行快捷键【Ctrl】+【X】命令，剪切掉这行文字中最后的网址部分，如图14-34所示。缩小字间距将其排成一行，如图14-35所示。

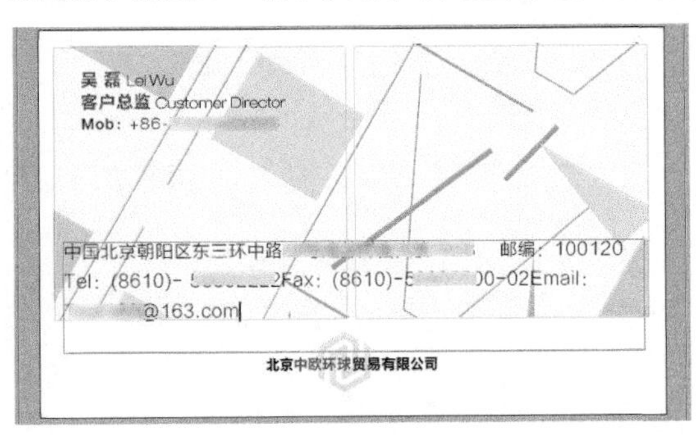

图14-34

图14-35

30 使用文字工具将网址粘贴到名片的右上方的位置，为其设定合适的字体和字号，如图14-36所示。

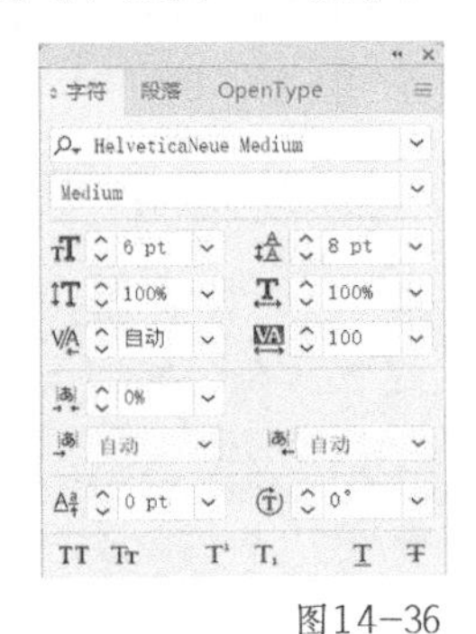

图14-36

31 背景图形颜色有些抢前面的文字，应考虑将背景图形弱化。方法是选中半透明的矩形调整其透明度，如图14-37所示。

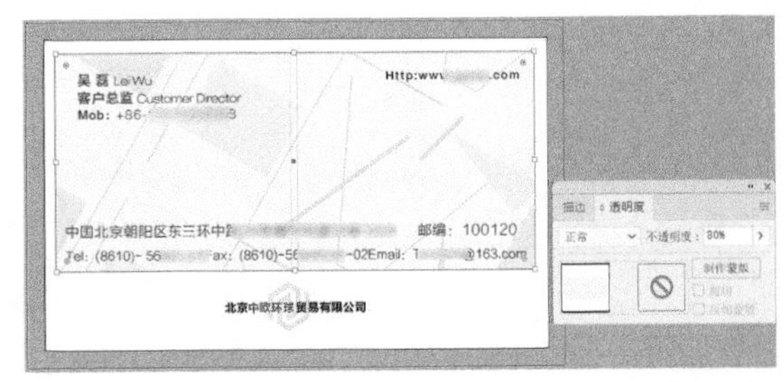

图14-37

32 经过调整最终效果如图14-38所示。

图14-38

第 15 章
插画设计

通行于国外市场的商业插画主要包括出版物插图、卡通吉祥物、影视与游戏美术设计和广告插画4种形式。当下在国内，插画已经遍布于平面和电子媒体、商业场馆、商品包装、影视演艺海报、企业广告甚至T恤、日记本、贺年片等领域。本章实战案例将向用户详细讲解绘制“怀抱玩偶的卡通少女”矢量插画的过程。

15.1 插画简介

插画，也被俗称为插图。商业插画主要包括出版物插图、卡通吉祥物、影视与游戏美术设计和广告插画4种形式。当下，插画遍布于电子媒体、商业场馆、公众机构、商品包装、影视演艺海报、企业广告甚至T恤、日记本、贺年片等领域。

插画艺术与绘画艺术有着亲近的血缘关系，插画中的许多表现技法都是借鉴了绘画艺术的表现技法。插画艺术与绘画艺术的联姻，使得前者无论是在表现技法多样性的探求，还是在设计主题表现的深度和广度方面，都有着长足的进展，展示出更加独特的艺术魅力。从某种意义上讲，绘画艺术是基础学科，插画艺术是应用学科。纵观插画发展的历史，其应用范围在不断扩大。特别是在信息高度发达的今天，人们的日常生活中充满了各式各样的商业信息，插画设计已成为现实社会不可替代的艺术形式，如图15-1所示。

图15-1

插画是运用图案表现的形象，本着审美与实用相统一的原则，线条、形态清晰明快，制作方便。

绘画插图多少带有作者主观意识，它具有自由表现的个性，无论是幻想的、夸张的、幽默的还是象征化的情绪，都能自由表现处理。作为插画师必须对事物有较深刻的理解才能创作出优秀的插画作品。最初绘画插图都是由画家兼任，随着设计领域的扩大，插画技巧日益专门化，如今插画工作早已由专门插画师来担任。

插图师经常为图形设计师绘制插图或直接为报纸、杂志等媒体配画，如图15-2、图15-3所示。他们一般都是职业插画画家或自由艺术家，像摄影师一样具有各自的表现题材和绘画风格。对新形势、新工具的职业敏感和渴望，使他们中的很多人开始采用电脑图形设计工具创作插画。新的摄影技术完全改变摄影的光学成像的创作概念，以数字图形处理为核心，又称“不用暗房的摄影”。它模糊了摄影师、插图师及图形设计师之间的界限，现今这三种工作可以在同一台电脑上完成。

图15-2

图15-3

15.2 插画的功能和作用

15.2.1 插画的界定

现代插画与一般意义上的艺术插画在功能、表现形式、传播媒介等方面有着差异。现代插画的服务对象首先是商品，商业活动要求把所承载的信息准确、明晰地传达给观众，希望人们正确接收、把握这些信息，并让观众采取行动的同时得到美的感受。因此，说它是为商业活动服务的。

一般意义的艺术插画有三个功能和目的。

（1）作为文字的补充。

（2）让人们得到感性认识的满足。

（3）表现艺术家的美学观念、技巧，甚至表现艺术家的世界观、人生观。

现代插画的功能性非常强，艺术感过强的设计往往会使插画的功能减弱。因此，设计时不能让插画的主题有产生歧义的可能，必须立足于鲜明、单纯、准确。

15.2.2 现代插画诉求功能

插画的基本诉求功能就是将信息简洁、明确、清晰地传递给观众，引起他们的兴趣，使他们信服传递的内容，并能接受宣传的内容。

（1）展示生动具体的产品和服务形象，直观地传递信息。

（2）激发消费者的兴趣。

（3）增强广告的说服力。

（4）强化商品的感染力，刺激消费者的欲求。

15.3 插画的表现形式

现代插画的形式多种多样，可由传播媒体分类，亦可由功能分类。以媒体分类，基本上分为两大部分，即印刷媒体与影视媒体。印刷媒体包括招贴广告插画、报纸插画、杂志书籍插画、产品包装插画、企业形象宣传品插画等。影视媒体包括电影、电视、计算机显示屏等。

15.3.1 招贴广告插画

招贴广告插花也称为宣传画、海报。在广告还依赖于印刷媒体传递信息的时代，可以说它处于主宰广告的地位。随着影视媒体的出现，其应用范围有所缩小，如图15-4所示。

15.3.2 报纸插画

报纸是信息传递最佳媒介之一，它具有大众化、成本低廉、发行量大、传播面广、速度快、制作周期短等特点，如图15-5所示。

图15-4

图15-5

15.3.3 杂志书籍插画

杂志书籍插画包括封面、封底的设计和正文的插画，广泛应用于各类书籍。例如，文学书籍、少儿书籍、科技书籍等，如图15-6所示。

图15-6

15.3.4 产品包装插画

产品包装使插画的应用更广泛。产品包装设计包含标志、图形、文字三个要素。它有双重使命：一是介绍产品，二是树立品牌形象。产品包装最为突出的特点在于它介于平面与立体设计之间，如图15-7所示。

图15-7

15.3.5 企业形象宣传品插画

企业形象宣传品插画是企业的 VI设计，它包含在企业形象设计的基础系统和应用系统的两大部分之中，如图15-8所示。

图15-8

15.3.6 影视媒体中的影视插画

影视插画是指电影、电视中出现的插画，一般在广告片中出现得比较多。如今计算机荧幕也成为了商业插画的表现空间，众多的图形库、动画、游戏节目、图形表格都是商业插画的一员，如图15-9所示。

图15-9

15.4 实战案例：怀抱玩偶的卡通少女绘制

目标设计

· 技术实现（Illustrator综合运用）

技术实现

下面使用Illustrator CC 2019来具体设计制作。

01 打开Illustrator CC 2019，新建一个W210mm×H297mm（A4）的文件，更改文件名称为“矢量插画”，如图15-10所示。

图15-10

02 选择左边工具栏中的钢笔工具，勾画少女脸型的大致轮廓，如图15-11所示。

图15-11

> **提示** 卡通插画的人物通常与常人不同，通常是“三头身、五头身”，人物头相对比较大、比较圆，显得可爱，所以在这里，脸轮廓勾画尽量圆润，重点细致勾画脸庞和下巴的轮廓，额头以上轮廓概括即可。因为在下一步的头发绘制后，额头部分会被遮盖住。

03 勾画好少女的脸部轮廓后，为其填色，单击右边色板左下角的“色板库”菜单，选择“肤色”，在弹出的“肤色”色板（如图15-12所示）中选择适当的肤色。

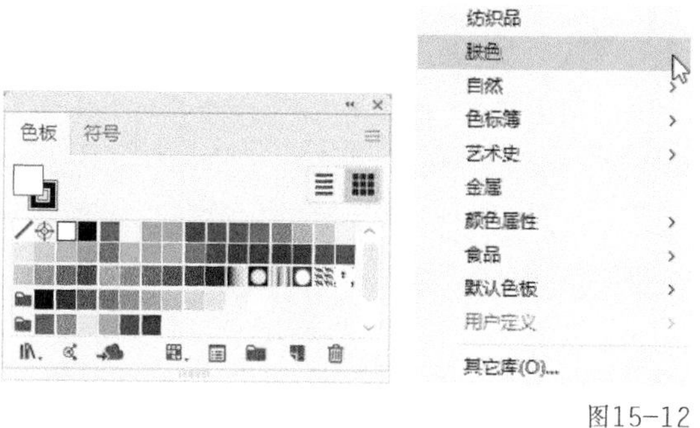

图15-12

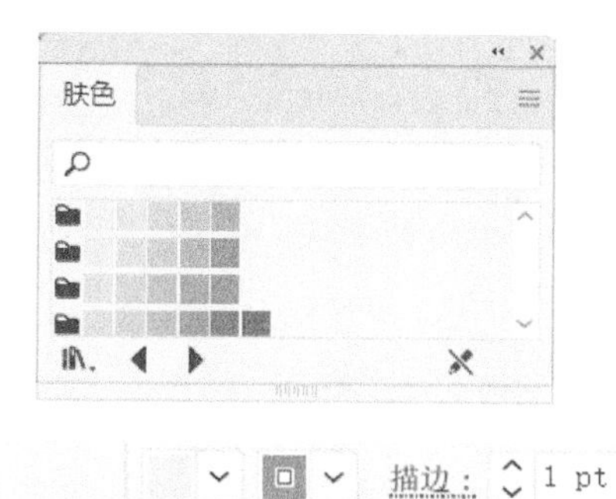

图15-13

提示 在一幅画中，一个人物不宜选择过多肤色填充，所以在绘画开始，应该选择适合人物的肤色并固定肤色选择（如图15-13所示），然后将图案的描边颜色也一并固定选择。在案例中，设置的描边是1pt，颜色是稍微比肤色深一点的颜色，这样在整个画面中，肤色不会太跳跃，描边也不会显得特别生硬。

04 少女的脸部轮廓呈现如图15-14所示的效果。

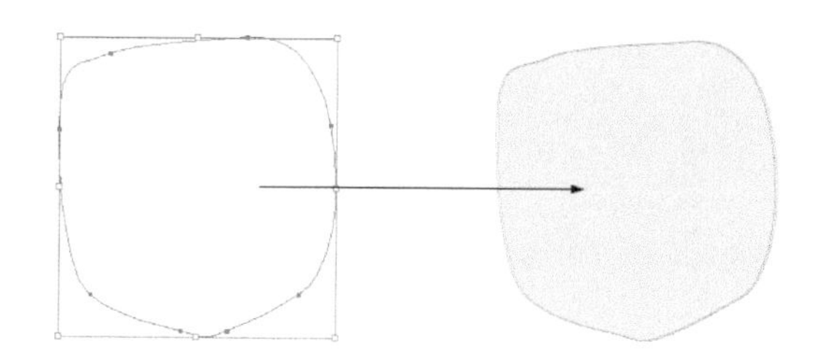

图15-14

05 制作少女的头发。头发的制作分成两个步骤，先制作脸部以上的部分。选择左边工具栏中的钢笔工具，勾画少女脸部以上的头发部分轮廓，如图15-15所示。

图15-15

提示 使用钢笔工具制作头发轮廓，应该注意曲线路径尽量平滑。

06 顶部头发勾画完成之后，将其填色，案例选择的是深棕色（C60、M100、Y100、K60），取消头发轮廓的描边，制作完成如图15-16所示。

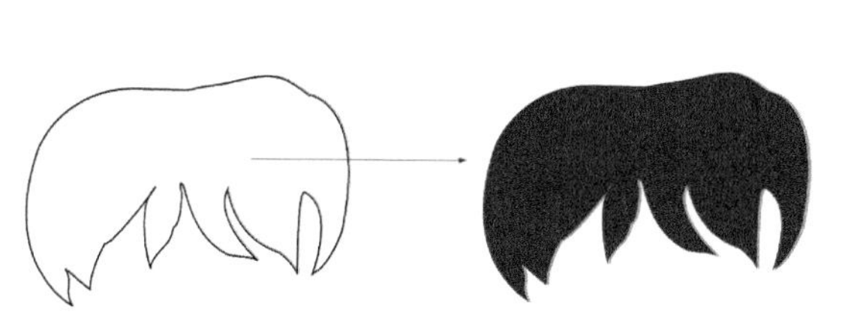

图15-16

07 用勾画顶部头发的方法，勾画出两侧的头发并取消描边，填充相同发色，如图15-17所示。

图15-17

提示 卡通人物的头发，在勾画时尽量蓬松饱满。填充颜色时一定注意，勾画形状的描边一定是闭合路径，以避免把颜色填充到形状以外的面积上去。

08 将顶部头发、两侧头发和脸型组合，调整大小和角度直到满意的比例位置，如图15-18所示，卡通少女的头部大体形象已经出来了。

图15-18

09 绘制少女的眉毛，选择左边工具栏中的钢笔工具画一段弧形，如图15-19所示。

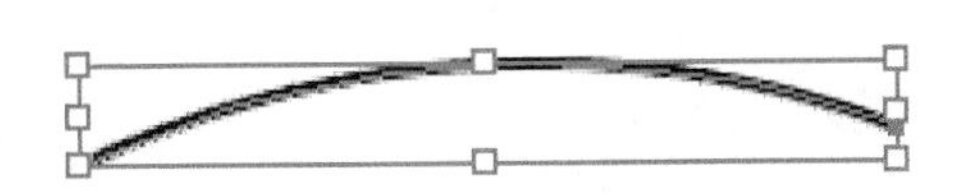

图15-19

10 选中圆弧，执行“对象→扩展”命令，然后在路径上单击鼠标右键，执行“取消编组”命令，如图15-20所示。

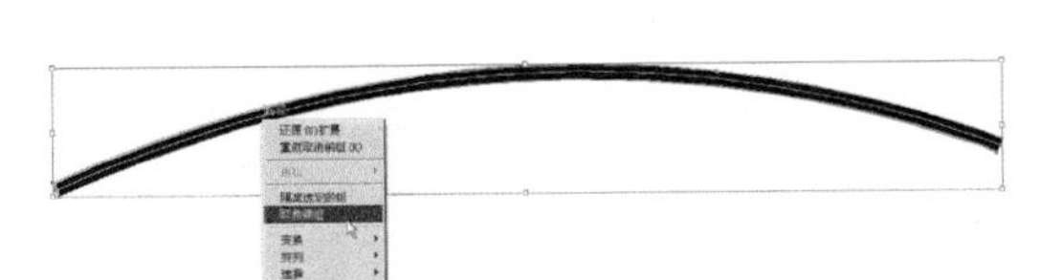

图15-20

11 选择工具栏中的直接选择工具，找到圆弧左端的两个节点，单击其中一个节点按【Delete】键将其删除，得到图15-21所示的眉毛形状。

图15-21

12 复制眉毛，选中复制的眉毛，单击鼠标右键，执行“变换→对称”命令，选择“垂直”，设置角度为“90°”，单击“确定”按钮，如图15-22所示。这样眉毛制作完成，如图15-23所示。

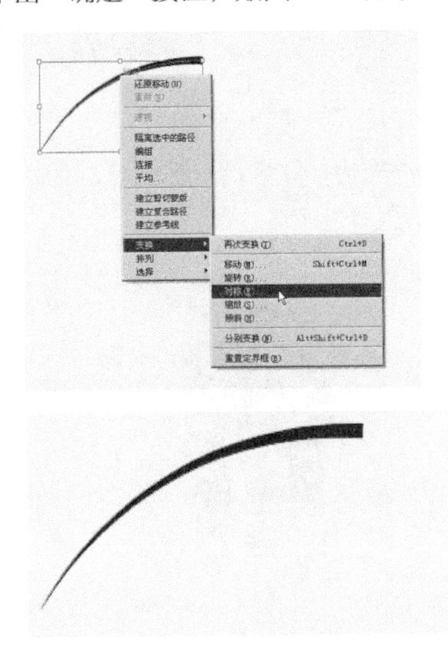

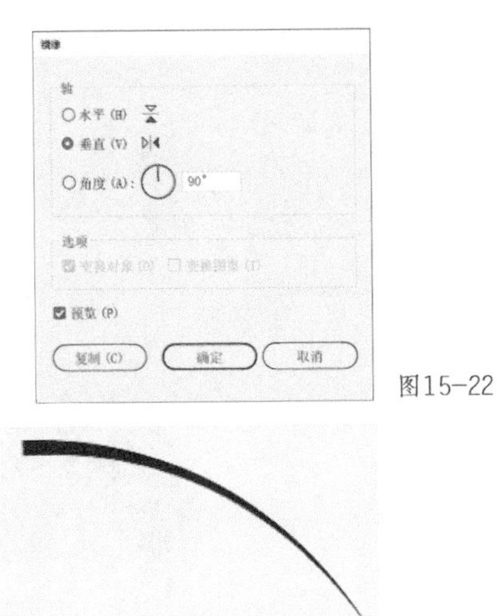

图15-22

图15-23

13 少女的眼睛制作相对复杂。首先，选择右边工具栏中的椭圆形工具画一个椭圆形，然后使用工具栏中的直接选择工具对椭圆的四个节点进行编辑，使椭圆变成一个不规则（通常上窄下宽）的图形，如图15-24所示。

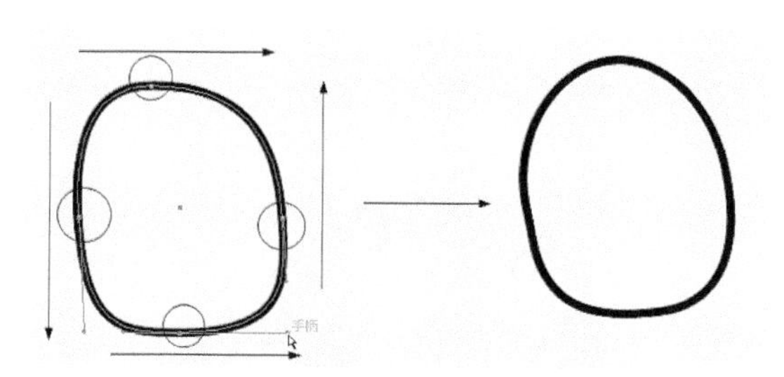

图15-24

14 为椭圆填充一个深棕色到浅棕色的线性渐变色，调整渐变的位置和角度，取消描边颜色，如图15-25所示。

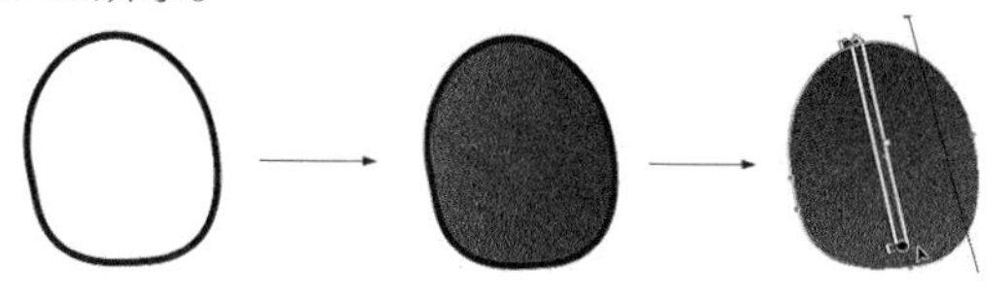

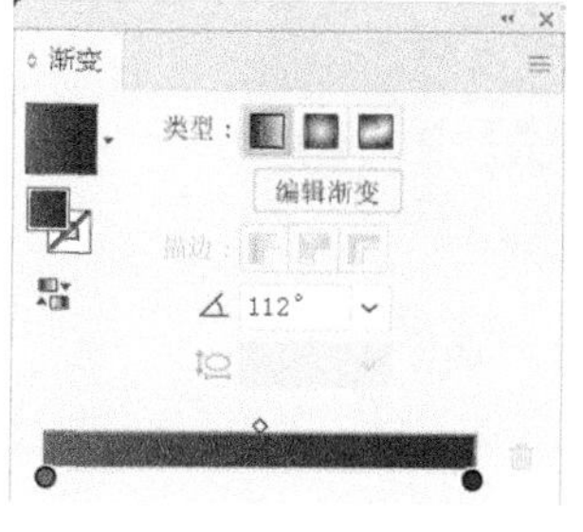

图15-25

15 执行“效果→风格化→羽化”命令，弹出“羽化”对话框，如图15-26所示，半径一般设置为“6pt”，单击“确定”按钮，将其放在之前制作好的图形中，一个卡通的瞳孔制作完成，如图15-27所示。

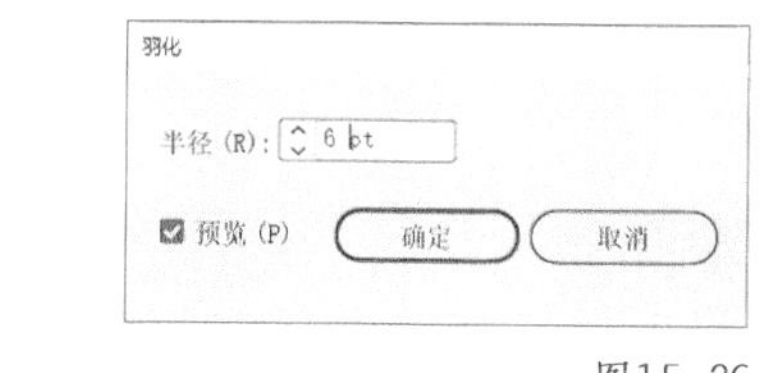

图15-26

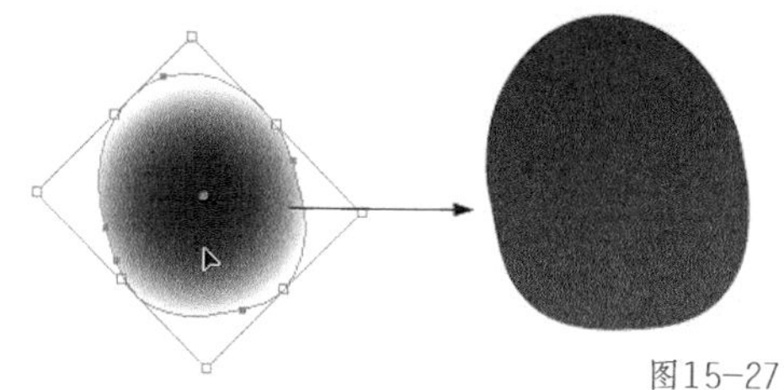

图15-27

16 再绘制一个圆形将其填充为白色，按照上面的步骤对其进行羽化，如图15-28所示。调整透明度和大小，放在眼睛中，如图15-29所示。

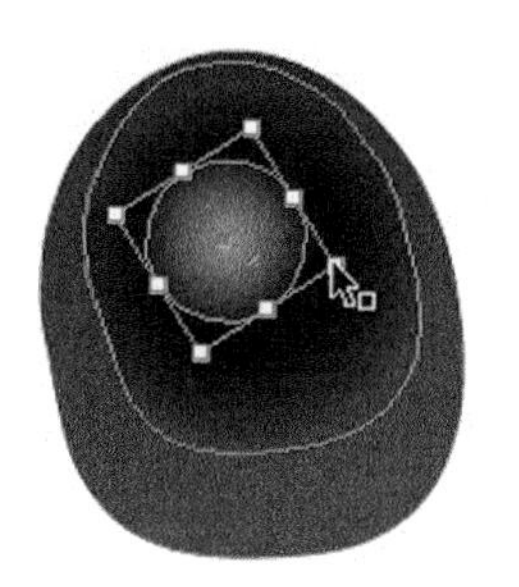

图15-28

图15-29

提示 这样相同的步骤可以重复多次，分别调整白色光点的透明度和大小来生动眼睛的内部结构，还可以利用钢笔工具勾画不规则的光点结构，如图15-30所示。最后使用圆形工具画一个白点，拉长放在瞳孔旁边，作为眼睛的高光点。

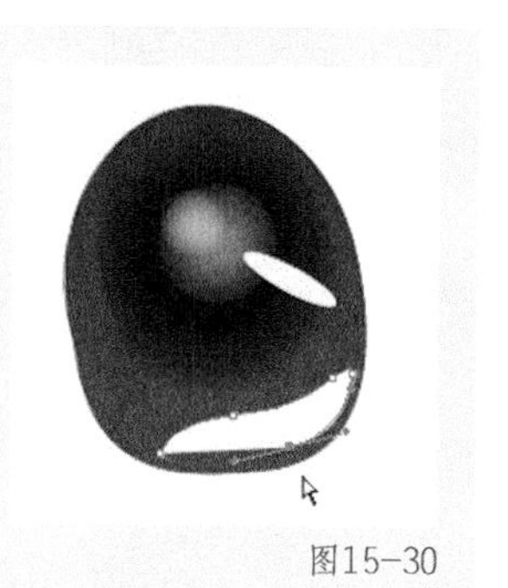

图15-30

17 使用钢笔工具围绕眼睛轮廓勾画一个黑色的眼线，如图15-31所示。取消路径描边，填充为黑色。

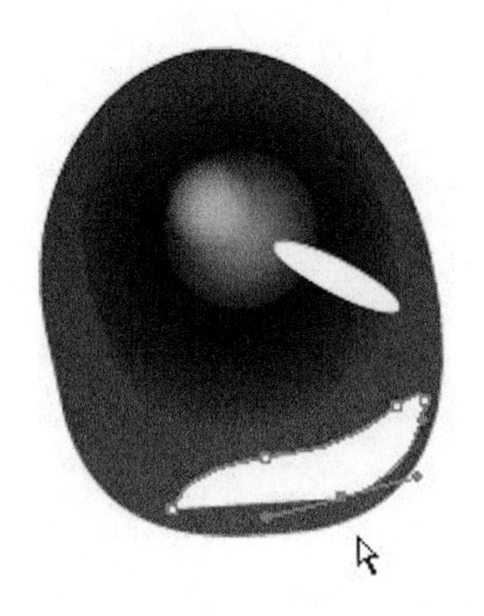

图15-31

18 勾画上眼睑，值得注意的是，内外眼睑的颜色应该加以区分，在案例中选择“皮肤色”和“浅棕”来表现，如图15-32所示。可调整眼睑的透明度，模式选择“正片叠底”，如图15-33所示。

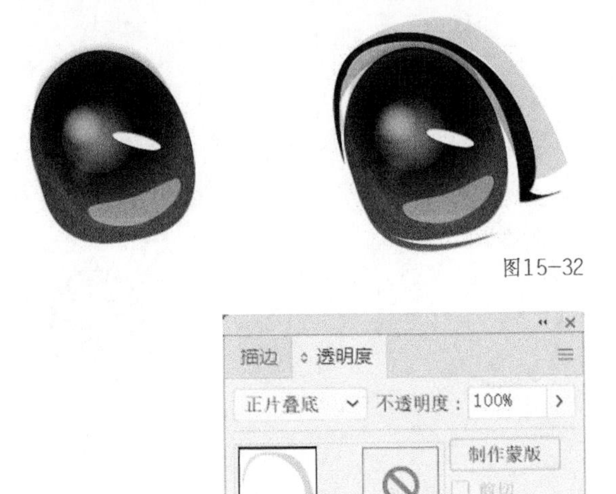

图15-32

图15-33

19 利用上面步骤中画眉毛的方法，画出少女的睫毛。可以依据个人喜好调整睫毛的长度和角度，让眼睛在视觉上更为自然，如图15-34所示。

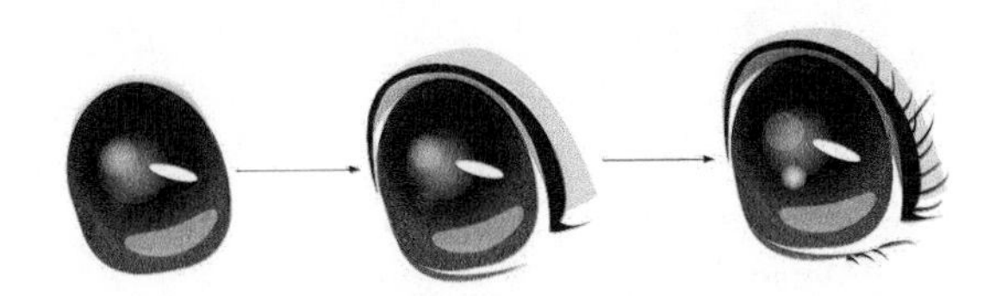

图15-34

20 全选眼睛部分，执行快捷键【Ctrl】+【G】命令将其编组，复制一个，单击鼠标右键，执行“变换→对称→垂直90度”命令，一双卡通眼睛制作完成，如图15-35所示。

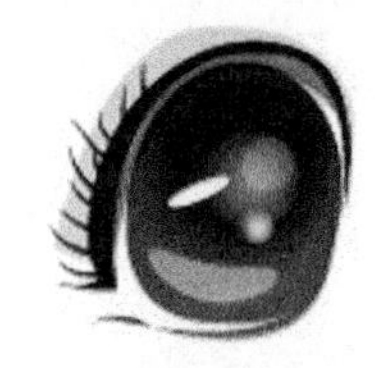

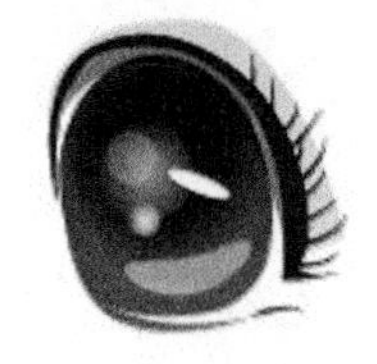

图15-35

21 勾出少女鼻子的轮廓，填充肉色，选择“正片叠底”模式，嘴巴同理，如图15-36所示。

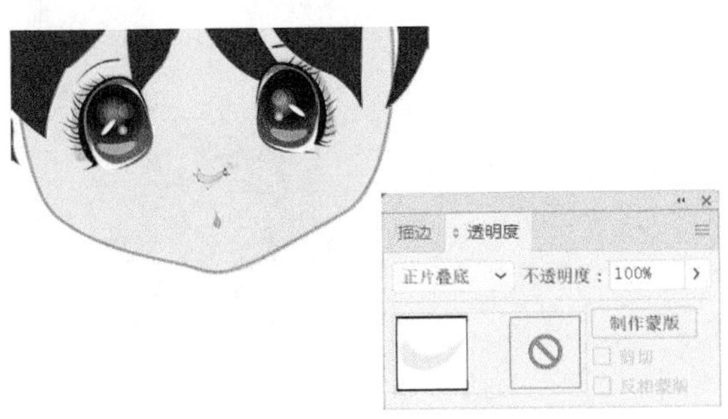

图15-36

22 脸部重点结构已经制作完成，现在需要进一步完善和细化，可以为少女加上可爱的头结，在头发上加高光等，如图15-37所示。

图15-37

提示 由于卡通人物鼻子和嘴巴较小，所以在绘制过程中，无论是鼻子还是嘴巴，它们的轮廓大小和颜色都不宜过于跳跃突出，以免破坏整体感觉。

23 选中整个头部结构，执行快捷键【Ctrl】+【G】命令，对整个头部编组，使它们作为一个整体保留在“图层1”并锁定，更改图层名称为“头部”以便记忆和分类，如图15-38所示。

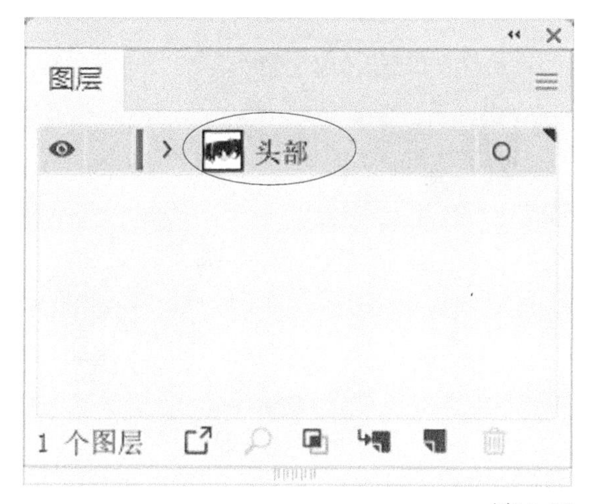

图15-38

提示 头结的制作方法和头发高光的制作方法大同小异，都需要运用钢笔工具勾画出大致轮廓并填色，颜色可根据个人喜好进行填充，通过改变高光的透明度来对高光部位进行区分，头结也可根据距离远近有深浅的区别。

24 新建一个图层，更改其名称为“身体”，将它拖曳到“头部”图层下方，如图15-39所示，接下来制作少女的身体。

图15-39

25 身体轮廓的勾画和以上“头发”“脸型”的步骤大致相同，勾勒上色完成之后的身体应该如图15-40所示。

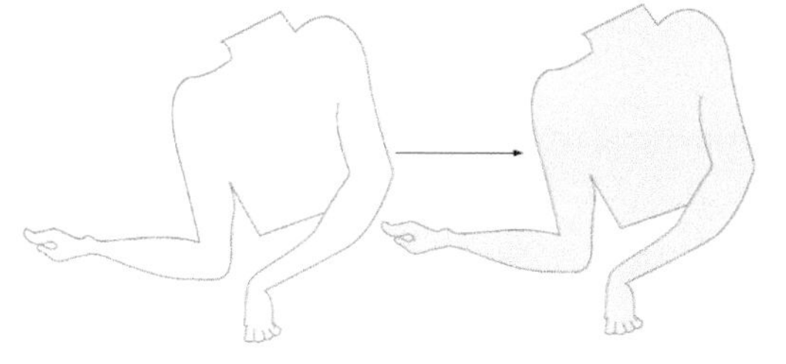

图15-40

提示 身体的颜色和描边效果应该遵循以上介绍脸部轮廓的要求，使得少女上下统一成一个整体。在身体的勾勒中，同样可以省略一部分细节刻画，例如可以被衣服遮盖的部分，直接用单个线条概括即可，根据自己事先设计好的图，必须在心里有所估计。但是裸露在外的，例如手臂和手指的刻画，尽量细致。

26 新建一个图层，改其名称为“裙子”，放在“身体”图层下，如图15-41所示。

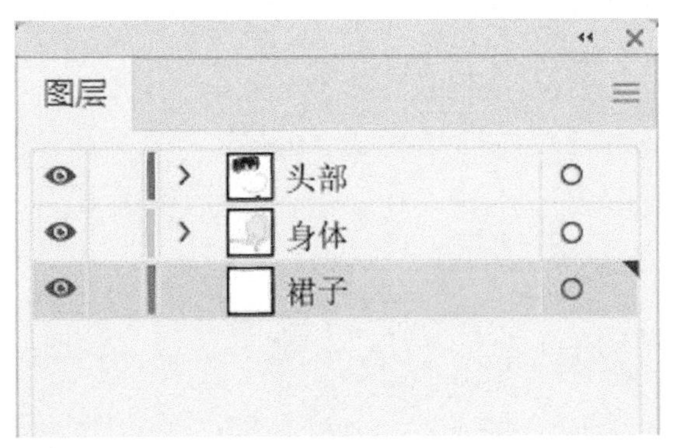

图15-41

提示 为了体现裙摆的动感和飘逸，可以勾画多个不规则的三边形所连接的钢笔闭合路径。最后取消裙摆的描边，填充颜色，也可按照之前步骤中为头发添加光泽的方式修饰裙摆，如图15-43所示。

27 进一步练习使用钢笔工具勾画少女的裙子，如图15-42所示。

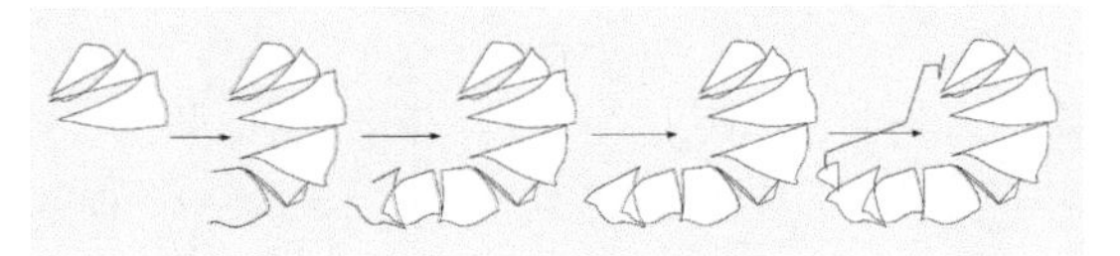

图15-42

图15-43

28 新建一个“腿”图层放置在“图层”面板最底层，如图15-44所示。

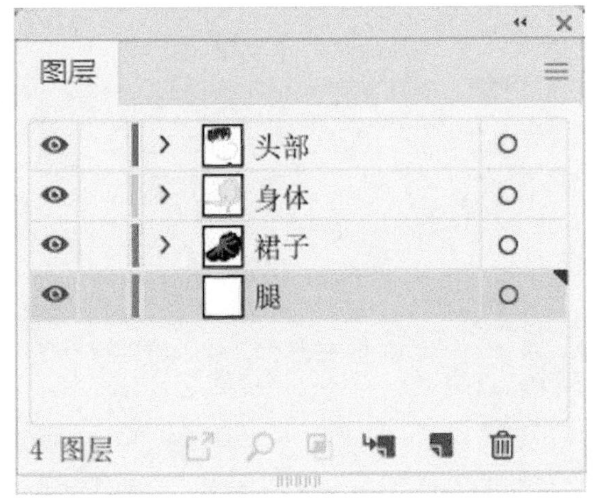

图15-44

29 少女腿部的制作和“身体”“脸”的步骤大致相同，效果如图15-45所示，填充颜色之后放置到“裙摆”以下的相应位置，少女的整个外形就基本呈现了。

图15-45

30 需要为少女增加衣服和修饰，新建图层，更改颜色和名称为“衣物”，可放置在“头部”图层的下方，如图15-46所示。

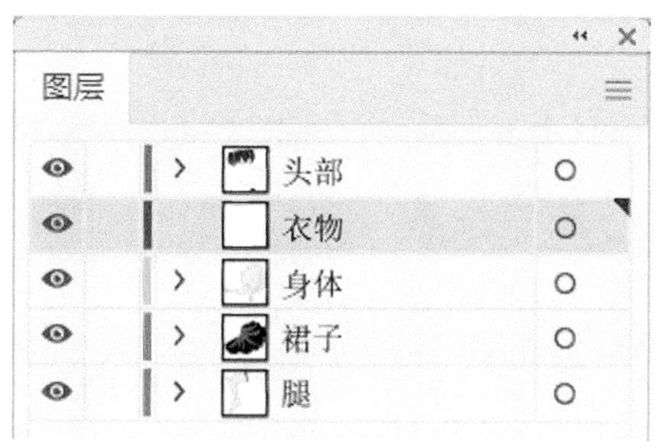

图15-46

提示 相比较钢笔工具而言，铅笔工具的使用更为灵活，可是对于鼠标的控制度和造型能力的要求更高。在不确定形状或者对鼠标掌握不够好的情况下，可以使用钢笔工具代替。衣服颜色的选择也可以根据个人喜好而定，在案例中依然选择渐变的表现手法，如图15-47所示。

31 使用工具栏中的铅笔工具，依据少女身子的宽度勾画出衣服的外形轮廓，然后上色，如图15-47所示。

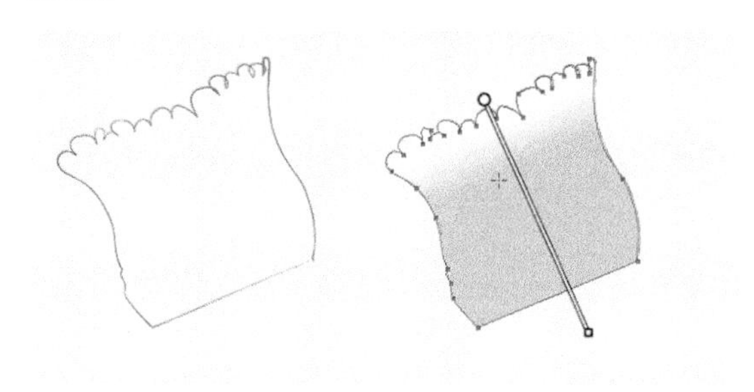

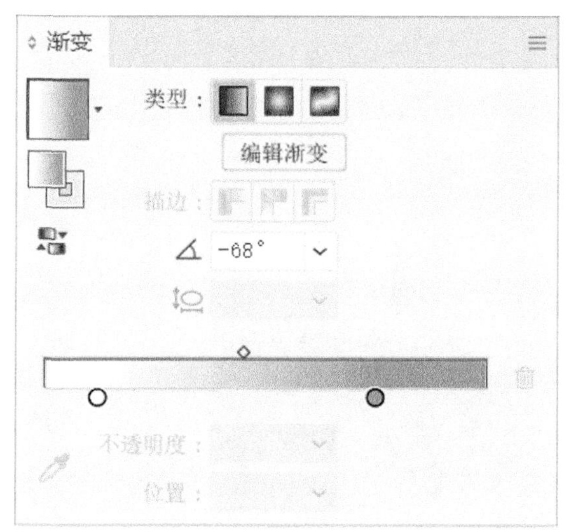

图15-47

32 还是在同一图层，根据手臂的大致轮廓使用钢笔工具勾画出手套的形状。填充白色，为体现纱质的质感，可以降低透明度，改变描边的颜色，如图15-48所示。

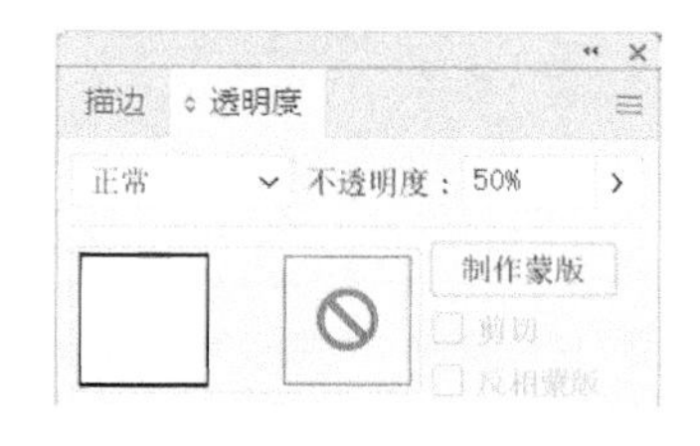

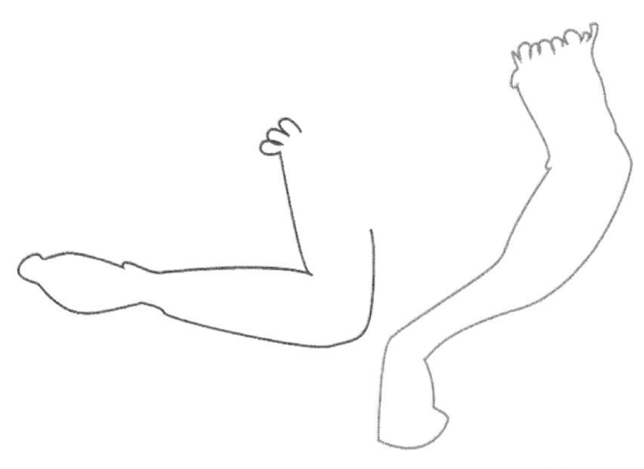

图15-48

提示 “手套”和“长袜”的外形根据手臂和脚型的大致轮廓勾画即可，不必有过多细节描绘。根据两者的质地不同，在选择颜色上可以有所变化，例如“手套”是纱质的，可以通过降低不透明度透出下面手臂的方式表现其轻薄的质感；“长袜”是棉质的， 可以直接使用白色填充，不必透出下面的脚型，以体现“棉”的厚重质感。

33 根据同样的方法画出少女的长袜，如图15-49所示。

图15-49

34 本案例的题目是“怀抱玩偶的卡通少女”，所以接下来新建图层放置最顶层，取名“玩偶”。用钢笔工具勾画出一个玩偶的外形，如图15-50所示。

图15-50

35 将玩偶调整到合适的大小和角度，放到少女手中的位置，如图15-51所示。

图15-51

36 为了绘制出“怀抱”感觉，必须在少女的左手臂和左手套上再勾画一层，放置于“玩偶”图层之上。“怀抱玩偶的卡通少女”到这一步已经基本制作完成，最后需要对画面进行完善和细节刻画，基本完成效果如图15-52所示。

图15-52

第 16 章
封面设计

封面设计是书籍装帧设计艺术的门面，它是通过艺术形象设计的形式来反映书籍的内容。在琳琅满目的图书中，书籍的封面起了一个无声推销员的作用，它的好坏在一定程度上将会直接影响人们的购买欲。本章实战案例将结合书籍封面设计的特点，向用户讲解《小故事大智慧》书籍封面设计。

16.1 封面设计

封面设计是书籍装帧设计艺术的门面，它是通过艺术形象设计的形式来反映书籍的内容。在琳琅满目的书海中，书籍封面的好坏在一定程度上将会直接影响人们的购买欲。

图形、色彩和文字是封面设计的三要素。设计者根据书的不同性质、用途和读者对象，把这三者有机结合，从而表现出书籍的丰富内涵。

有的封面设计则侧重于某一点，如以文字为主体的封面设计，设计者就不能随意地丢一些字体堆砌于画面上，否则仅仅是按部就班地传达了信息，却不能给人一种艺术享受。且不说这是失败的设计，至少对读者是一种不负责任的行为。在字体的形式、大小、疏密和编排设计等方面，设计者都需要考虑到在传播信息的同时给人一种韵律美的享受。另外，封面标题字体的设计形式必须与内容以及读者对象相统一。成功的设计应具有感情，如政治类读物设计应该是严肃的，科技类读物设计应该是严谨的，少儿类读物设计应该是活泼的等。

优秀的封面设计应该在内容的安排上做到有主有次、层次分明、简而不空，这就意味着简单的图形中要有充实的内容。例如，在色彩上、印刷上、图形的有机装饰设计上多做些细节设计，展现一种气氛、意境或者格调。

书籍不仅是商品，也是一种文化载体。因而在书籍的封面设计中，一根线、一行字、一个抽象符号、一两块色彩，都要体现一定的设计思想。既要有充实的内容，同时又要具有美感，达到雅俗共赏。

16.2 设计要素

书籍作为文字、图形的一种载体，是不能没有装帧的。书籍装帧是一个和谐的统一体，应该说有什么样的书就有什么样的装帧与它相适应。在我国，通常把书籍装帧设计叫作书的整体设计或书的艺术设计。

书籍装帧的封面设计在一本书的整体设计中具有举足轻重的地位。图书与读者见面，第一个回合就依赖于封面。封面是一本书的脸面，是一位不说话的推销员。好的封面设计不仅能吸引读者，使其一见钟情，而且耐人寻味，让人爱不释手。封面设计的优劣对书籍的形象有着非常重大的意义。封面设计一般包括书名、编著者名、出版社名等文字，以及体现书的内容、性质、体裁的装饰形象、色彩和构图。

16.2.1 封面的构思设计

封面的构思十分重要，要充分弄通书稿的内涵、风格、体裁等，做到构思新颖、切题，有感染力。构思的过程与方法大致有以下几种方法。

（1）想象：想象是构思的基点，想象以造型的知觉为中心，能产生明确的有意味的形象。

所谓灵感，就是知识与想象的积累与结晶，它是设计构思的源泉。

（2）舍弃：构思是想得越多，积累得就越多，而人们往往对多余的细节不舍得放弃，这就很容易画蛇添足，所以要学会对不重要的、可有可无的形象与细节做减法。

（3）象征：象征性的手法可用具象形象来表达抽象的概念或意境，也可用抽象的形象来意喻表达具体的事物，都能为人们所接受。

（4）探索创新：在构思过程中要尽可能避免使用流行的形式、常用的手法、俗套的语言、常见的构图和习惯性的技巧。构思要新颖，不能落于俗套，要有孜孜不倦的探索精神。

16.2.2 封面的文字设计

封面文字中除书名外，均选用印刷字体，所以这里主要介绍书名的字体。常用于书名的字体分三大类：书法体、美术体、印刷体。

1. 书法体

书法体的每个笔画都有着无穷的变化，具有强烈的艺术感染力和鲜明的民族特色以及独到的个性，且字迹多出自社会名流之手，具有名人效应，受到大众的广泛欢迎，如图16-1所示。

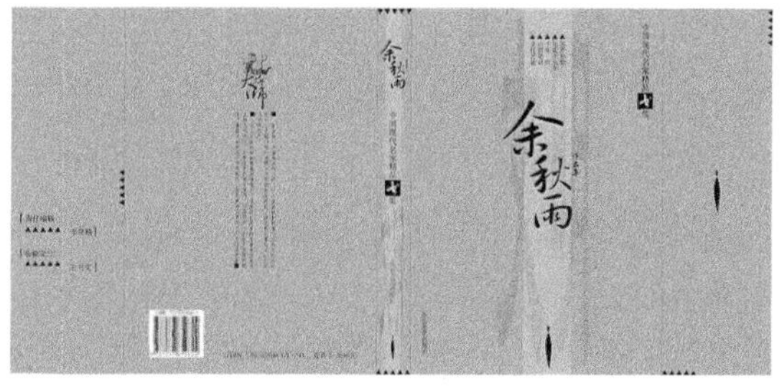

图16-1

2. 美术体

美术体可分为规则美术体和不规则美术体。规则美术体作为美术体的主流，强调外形规整，笔画统一，具有便于阅读、便于设计的特点，但样式比较呆板。不规则美术体则强调自由变形，无论从笔画处理或字体外形均追求不规则的变化，具有变化丰富、个性突出、设计空间充分、适应性强、富有装饰性的特点。不规则美术体与规则美术体及书法体比较，它兼具个性与适应性，因此许多书刊均选用这类字体，如图16-2所示。

3. 印刷体

印刷体沿用了规则美术体的特点，最初的印刷体较呆板，现在的印刷体吸纳了不规则美术体的变化规则，很大程度上丰富了印刷体的表现力，而且借助计算机印刷体处理方法既便捷又丰富，弥补了其个性上的不足，如图16-3所示。

图16-2

图16-3

16.2.3 封面的图片设计

封面的图片是设计要素中的重要部分，具备直观、明确、视觉冲击力强、易与读者产生共鸣的特点。图片的内容最常见的有人物、动物、植物、自然风光等。图片往往是画面的视觉中心，在画面中占据很大比例，因此图片设计尤为重要。例如，青年杂志和女性杂志属于休闲类书刊，符合大众的审美，它们的封面通常是当红影视歌星、模特的图片；科普刊物选图的标准是知识性，常常选择与大自然、先进科技成果相关的图片；体育杂志选图的标准必须与运动相关，常常选择体坛名将及竞技场面图片等。

16.2.4 封面的色彩设计

封面的色彩设计需要考虑内容的需要，不同色彩对比的效果可表达不同的内容和思想。书名的色彩要在封面上有一定的分量，否则就不能产生显著夺目的效果。在色彩搭配上，要根据实际情况来选取合适的颜色，如幼儿刊物的色彩具有幼儿娇嫩、单纯、天真、可爱的特点，色调往往处理成高调，减弱各种对比的力度，强调柔和的感觉；而女性书刊的色调有着明显的女性特征，色彩往往给人温柔、妩媚、典雅的感觉等。同时还要注意色彩的对比关系，包括色相、纯度、明度对比。在封面色彩设计中掌握住明度、纯度、色相的关系，通过这三者关系去寻找封面上产生弊端的缘由，能够提高色彩修养。

16.3 实战案例：书籍封面设计

目标设计

· 技术实现（Illustrator + Photoshop综合运用）

技术实现

下面使用Illustrator CC 2019来具体设计制作。

01 打开Illustrator CC 2019，新建一个W156mm × H190mm的文件，命名为“书籍封面设计”，如图16-4所示。

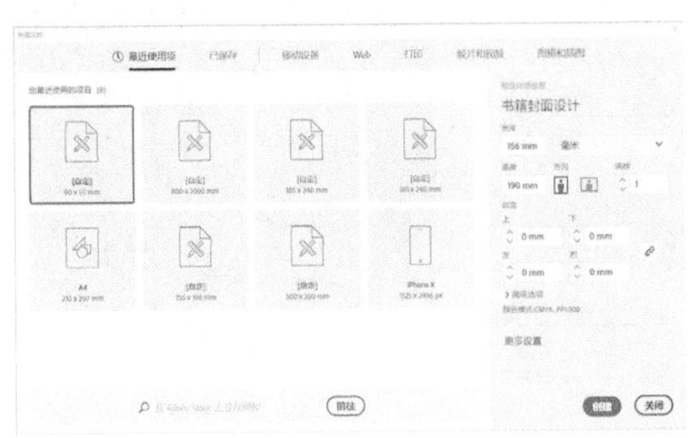

图16-4

02 置入文件“底图.jpg”，如图16-5所示。

图16-5

03 使用矩形工具在底图上创建一个同等大小的矩形，然后为其填充图16-6所示的渐变色。

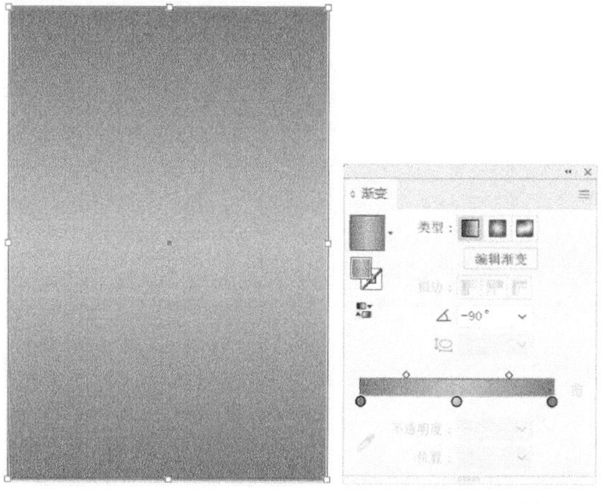

图16-6

04 将带有渐变色的矩形混合模式改为“正片叠底”，得到图16-7所示的效果。

图16-7

05 创建两个文本框，分别输入文字“小故事”和“大智慧”，设置其字体为“方正粗雅宋”，水平缩放为“73%”，如图16-8所示。

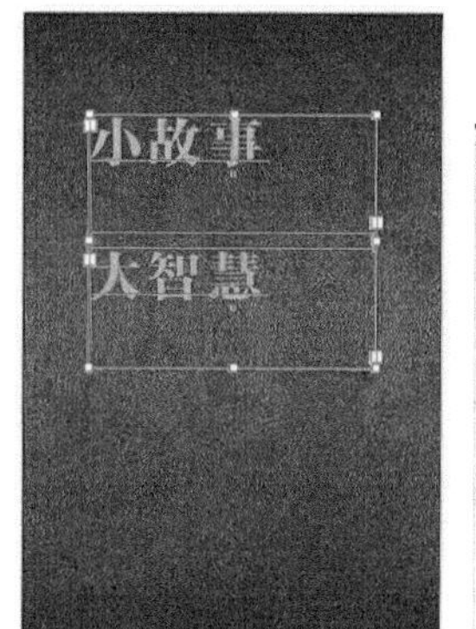

图16-8

06 执行“效果→风格化→投影”命令，给文字添加投影，如图16-9所示。

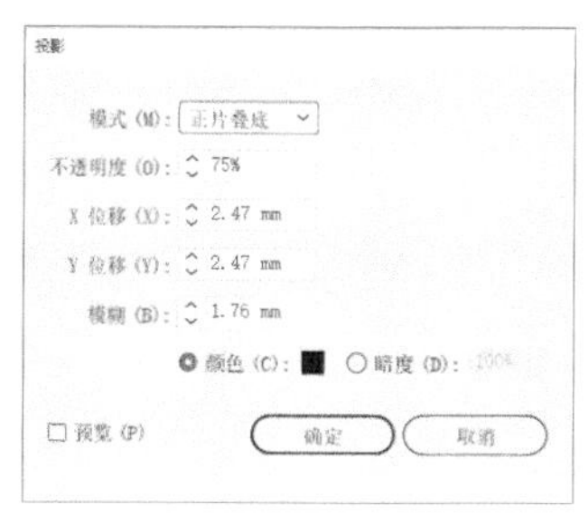

图16-9

07 使用直线工具，按住【Shift】键创建一条图16-10所示的直线，选中这条直线，使用吸管工具吸取文字“小故事”的颜色并填充，然后设置其描边为“2pt”。

图16-10

08 选中这条直线，按组合键【Shift】+【Alt】，向下复制一条直线，如图16-11所示。

图16-11

09 选中全部文字和直线，在控制面板中确认当前的对齐方式为“对齐所选对象”，然后单击“水平居中对齐”和“垂直居中分布”按钮，如图16-12所示。

图16-12

10 同理，输入文字“大全集”。设置其字体为“方正粗雅宋”，字号为“60pt”，水平缩放为“73%”，并为其设置投影效果，如图16-13所示。

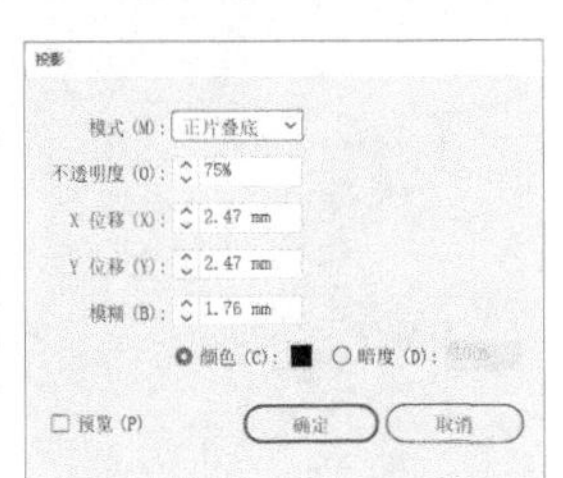

图16-13

11 在“大全集”文字下方再绘制一个带投影效果的矩形，输入文字、绘制线条，如图16-14所示。

图16-14

12 为封面设计边框。首先，绘制正方形，设置其描边粗细为“1pt”，使用吸管工具吸取其他文本的颜色。然后，按【Shift】键将其旋转45°，如图16-15所示。

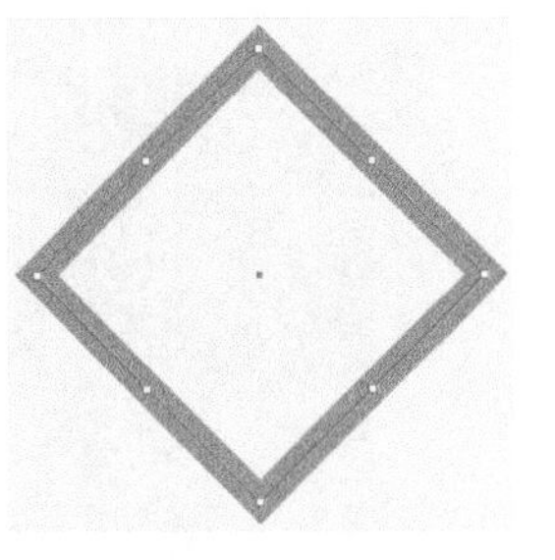

图16-15

13 选中旋转后的正方形，双击比例缩放工具，在弹出的“比例缩放”对话框中设置不等比垂直缩放为“60%”，得到图16-16所示的形状。

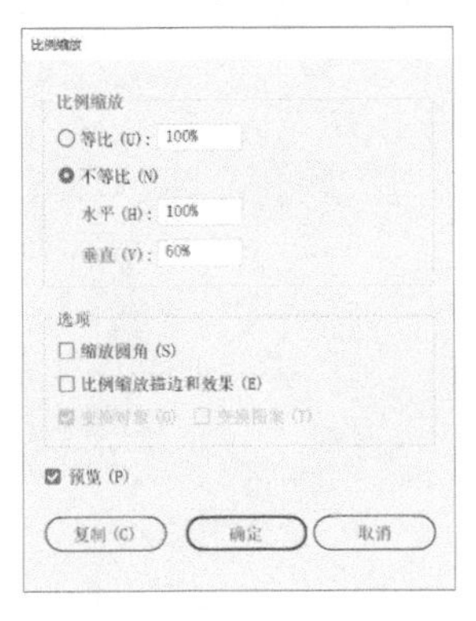

图16-16

14 选中图形，使用移动工具按住组合键【Shift】+【Alt】向右复制出一个新图形，如图16-17所示。

图16-17

15 执行快捷键【Ctrl】+【D】命令再次复制图形，如图16-18所示。

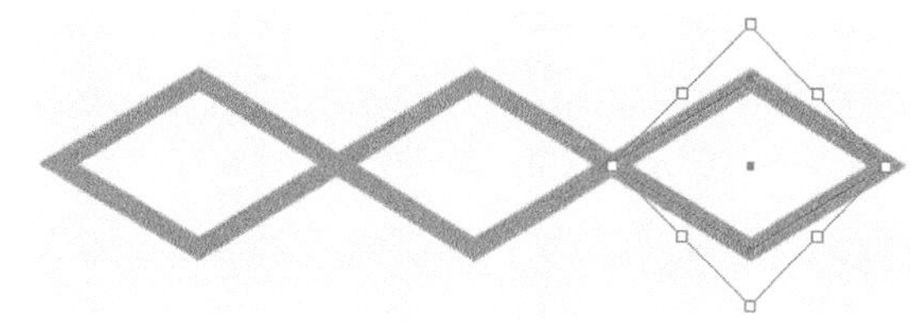

图16-18

16 使用直接选择工具选中菱形最右边的一个锚点，按【Delete】键将锚点删除，如图16-19所示。

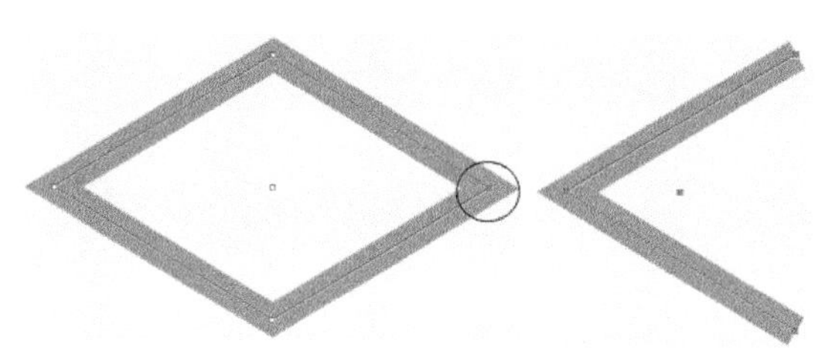

图16-19

17 双击工具箱中的镜像工具，在弹出的对话框中选择“垂直”选项，单击“复制”按钮，得到图16-20所示的图形。

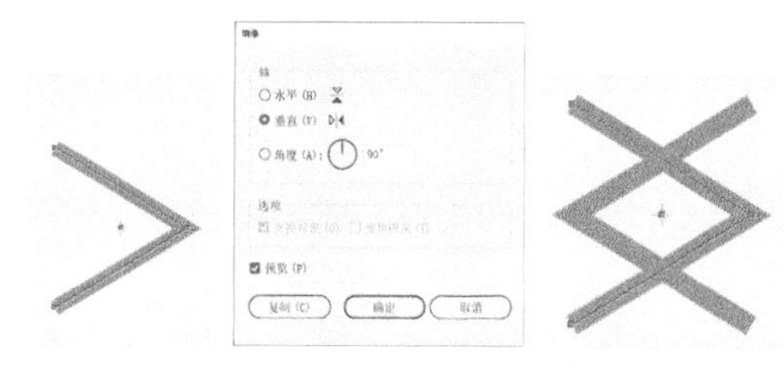

图16-20

18 按【Shift】键将图形的其中一部分向右移动，如图16-21所示。

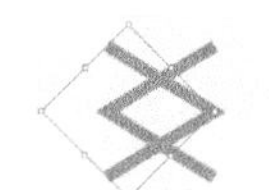
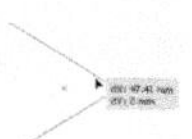

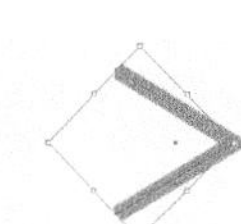

图16-21

19 使用直接选择工具选中图16-22所示的两个锚点。

图16-22

20 执行快捷键【Ctrl】+【J】命令将它们连接起来，如图16-23所示。同理，连接下方的两个点，如图16-24所示。

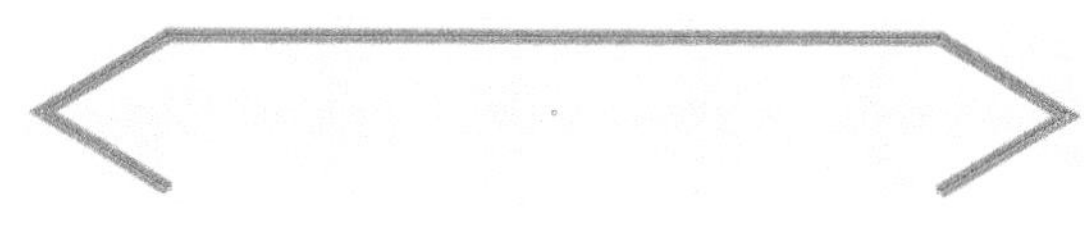

图16-23

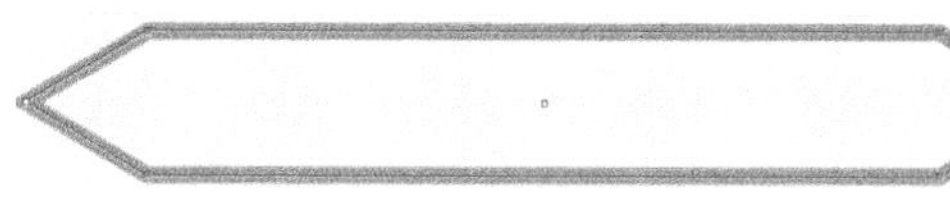

图16-24

21 按组合键【Alt】+【Shift】向右复制图16-25所示的图形。

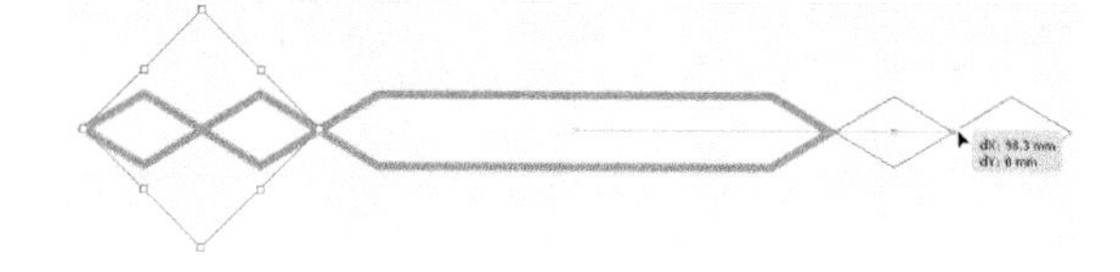

图16-25

22 再次复制出一个图形，使用直接选择工具选中图形最右边的锚点并删除，得到图16-26所示的图形。

图16-26

23 复制整组图形并将其旋转到图16-27所示的位置。

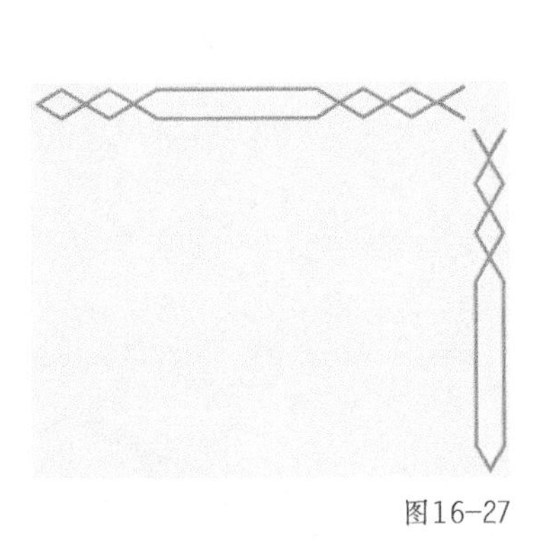

图16-27

24 使用钢笔工具连接开放的路径端点，绘制出图16-28所示的图形。

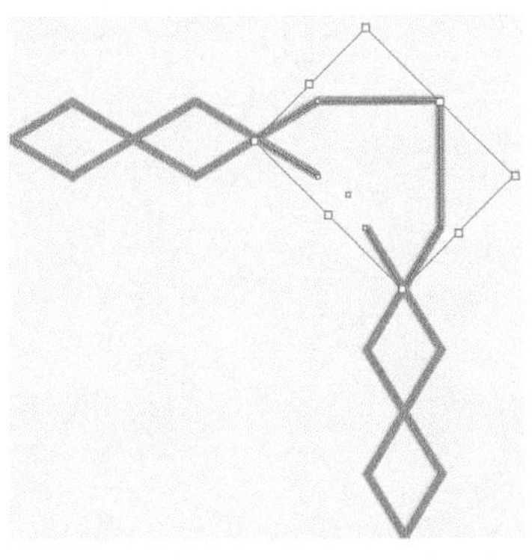

图16-28

25 使用矩形工具创建一个正方形，将其放在图16-29所示的位置。

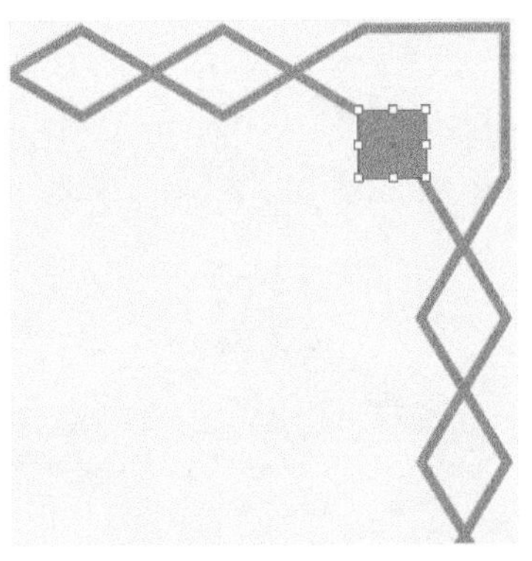

图16-29

26 同理，再次创建一个图形，将其放在图16-30所示的位置。

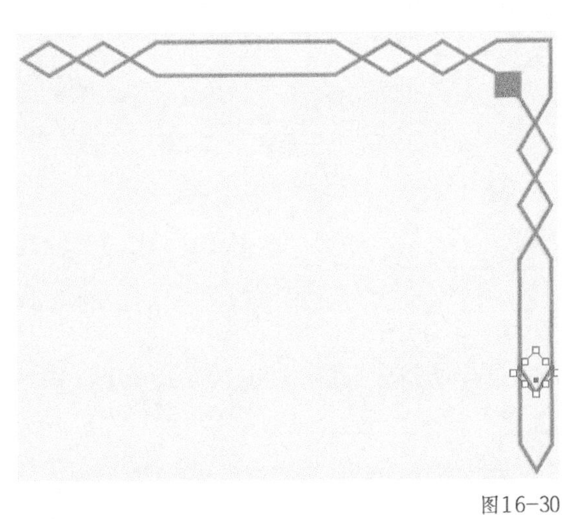

图16-30

27 将创建的图形全部选中，执行"对象→路径→轮廓化描边"命令，这样对它进行调整大小的时候可以保证线的宽度能跟随图形缩放，如果不执行这步操作，线的宽度将保持不变，如图16-31所示。

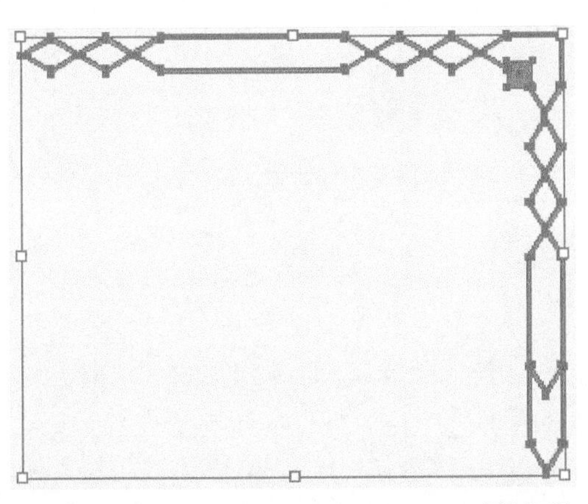

图16-31

28 将创建好的图形执行快捷键【Ctrl】+【G】命令进行编组，并放到封面的一角，如图16-32所示。

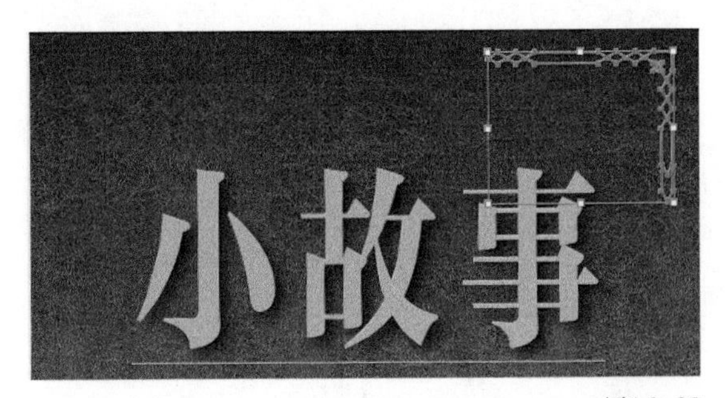

图16-32

29 选择镜像工具，在封面的中间位置按住【Alt】键单击，可将变换的基点定在单击的位置，并弹出“镜像”对话框，如图16-33所示。单击“复制”按钮，出现图16-34所示的镜像图形。

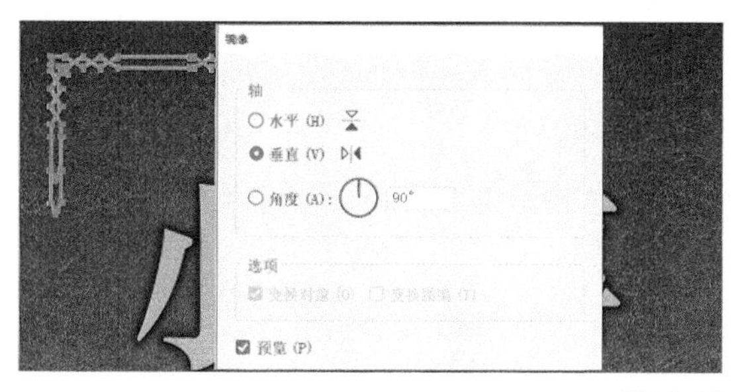

图16-33

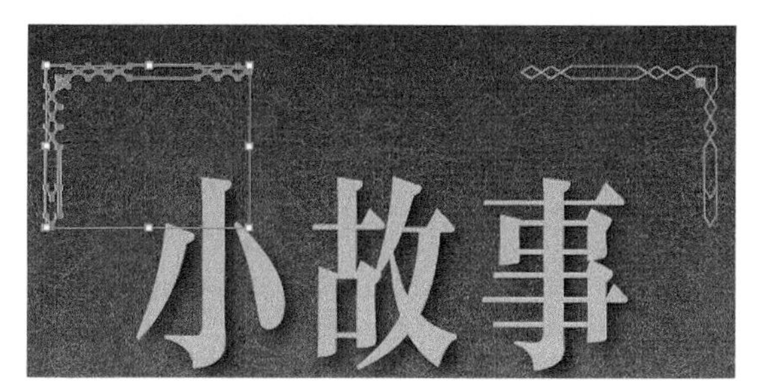

图16-34

30 同理，选中这两个图形对其进行编组，将其复制到封面的下方，如图16-35所示。

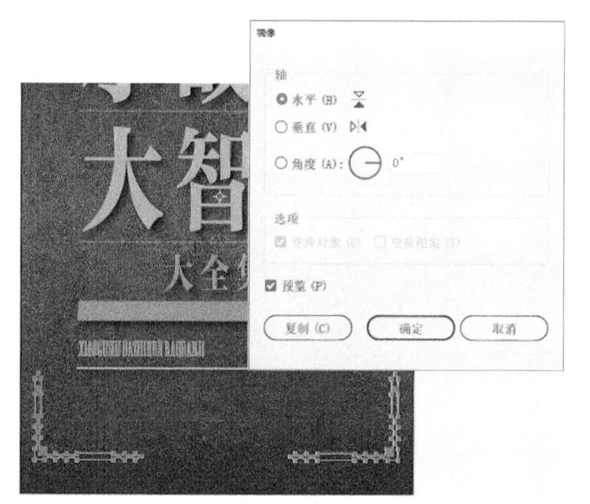

图16-35

31 使用直线工具创建图16-36所示的直线，将其描边粗细设为1pt，使用吸管工具吸取文字的颜色为其填充。将其复制到左边对称的位置，如图16-37所示。

图16-36　图16-37

32 选中图16-38所示的几个图形，将其编组，然后在控制面板上确认当前的对齐方式为“对齐画板”，再执行“水平居中对齐”和“垂直居中对齐”命令。

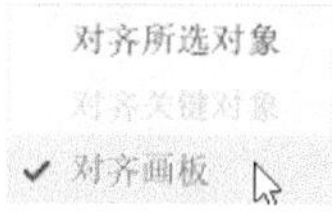

图16-38

33 置入一张古书的素材图片，将其调整到合适的大小和位置，如图16-39所示。

图16-39

34 由于古书素材的图片有底色，并且色调太亮不符合封面的色调，需要对其进行调整。启动Photoshop CC 2019，在其中打开这张素材图片，如图16-40所示。

图16-40

35 使用钢笔工具勾选图书轮廓，注意选取正确的绘制类型，如图16-41所示。

图16-41

36 将整个书勾选出来，确认路径闭合后，如图16-42所示。执行快捷键【Ctrl】+【Enter】命令将路径转为选区，如图16-43所示。

图16-42

图16-43

37 执行快捷键【Ctrl】+【J】命令复制图层，将背景层前面的“眼睛”关闭，如图16-44所示。

图16-44

38 执行“图像→裁切”命令，基于透明像素进行裁切，得到图16-45所示的图片。

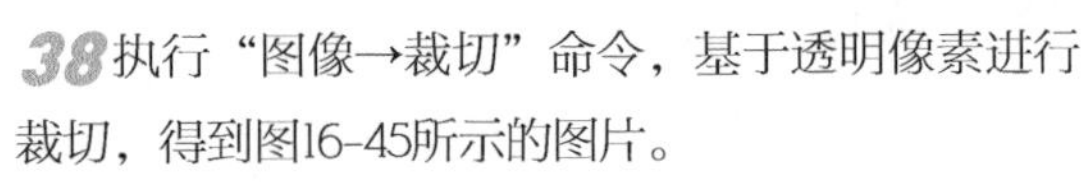

图16-45

39 对素材的颜色进行调整，执行快捷键【Ctrl】+【L】命令在弹出的“色阶”对话框中调整图片的明暗度，得到图16-46所示的效果。

图16-46

40 为了让书有发黄发旧的感觉，执行快捷键【Ctrl】+【B】命令，调整图片的色彩平衡，在“色彩平衡”对话框中依次对图片的阴影、中间调和高光进行调整，如图16-47~图16-49所示。

图16-47

图16-48

图16-49

41 执行快捷键【Ctrl】+【U】命令，调整图片的色相/饱和度，如图16-50所示。

图16-50

42 执行“文件→存储为”命令，将其另存为“古书.psd”文件，如图16-51所示。

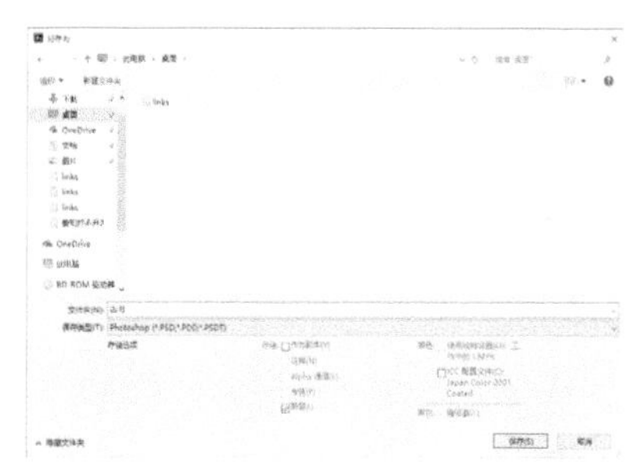

图16-51

43 返回Illustrator，在“链接”面板中单击“重新链接”按钮，弹出“置入”对话框，在里面选中刚刚保存的psd文件，如图16-52所示。单击“置入”按钮即可替换原来的图片，此时“链接”面板中的文件名称也发生了变化，如图16-53所示。

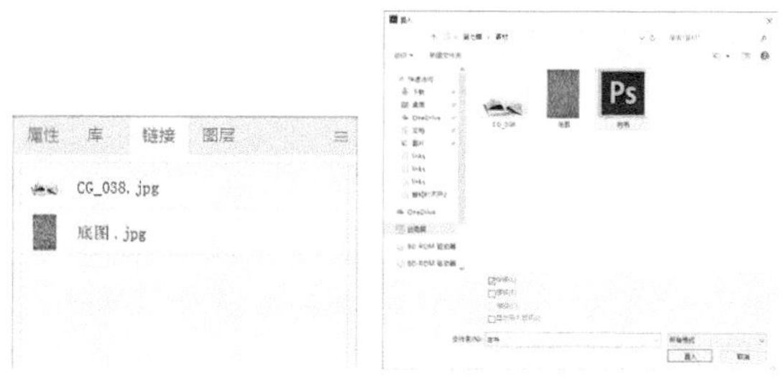

图16-52

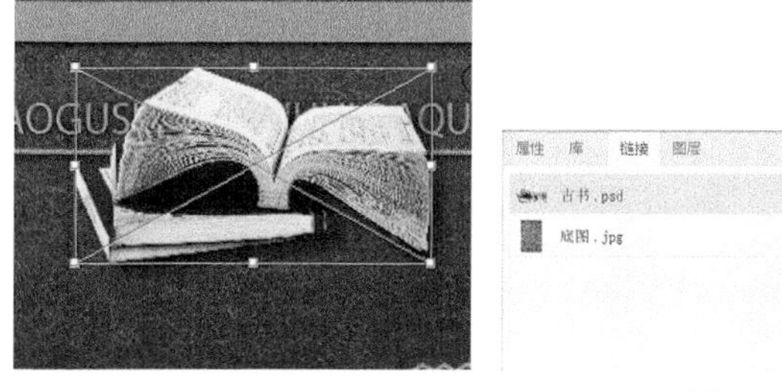

图16-53

44 如果觉得书的颜色还不够完美，可在Photoshop中对其继续修改。修改完毕后执行快捷键【Ctrl】+【S】命令保存。返回到Illustrator会弹出图16-54所示的提示更新链接信息对话框，单击“是”按钮即可。

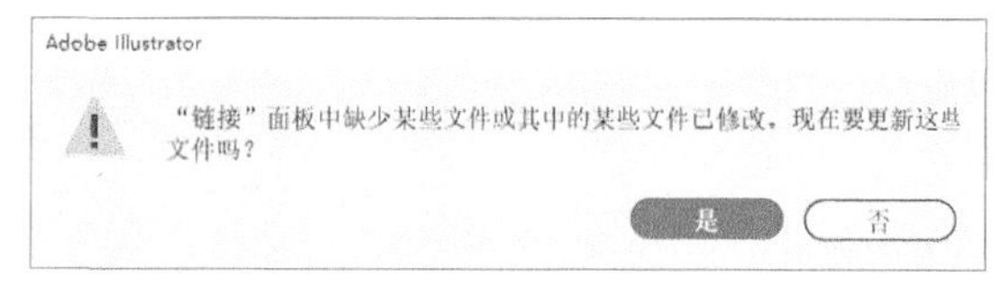

图16-54

45 为古书添加一个投影，如图16-55所示。

图16-55

46 整理各个部分的大小和位置关系等细节，效果如图16-56所示。

图16-56